航天科技图书出版基金资助出版

飞行器总体不确定性分析与优化设计

张海瑞　著

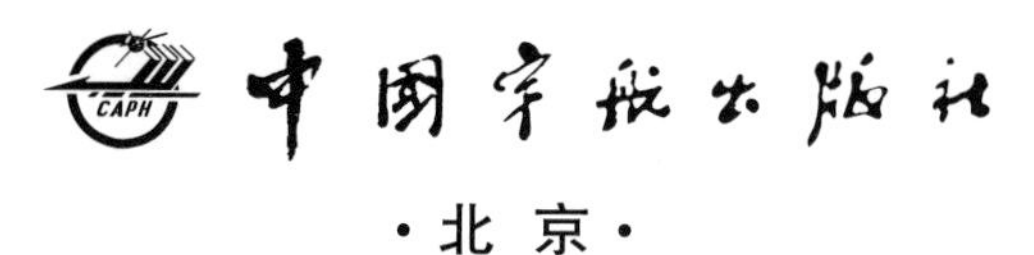

·北京·

图书在版编目（CIP）数据

飞行器总体不确定性分析与优化设计 / 张海瑞著
. -- 北京 : 中国宇航出版社, 2022.11
ISBN 978-7-5159-2162-4

Ⅰ.①飞… Ⅱ.①张… Ⅲ.①飞行器－总体设计
Ⅳ.①V47

中国版本图书馆 CIP 数据核字(2022)第 235802 号

责任编辑 臧程程　　**封面设计** 王晓武

出版发行 中国宇航出版社
社　址 北京市阜成路 8 号　**邮　编** 100830
(010)60286808　(010)68768548
网　址 www.caphbook.com
经　销 新华书店
发行部 (010)60286888　(010)68371900
(010)60286887　(010)60286804(传真)
零售店 读者服务部　(010)68371105
承　印 天津画中画印刷有限公司

版　次 2022 年 11 月第 1 版
2022 年 11 月第 1 次印刷
规　格 787×1092
开　本 1/16
印　张 15
字　数 261 千字
书　号 ISBN 978-7-5159-2162-4
定　价 78.00 元

航天科技图书出版基金简介

航天科技图书出版基金是由中国航天科技集团公司于2007年设立的，旨在鼓励航天科技人员著书立说，不断积累和传承航天科技知识，为航天事业提供知识储备和技术支持，繁荣航天科技图书出版工作，促进航天事业又好又快地发展。基金资助项目由航天科技图书出版基金评审委员会审定，由中国宇航出版社出版。

申请出版基金资助的项目包括航天基础理论著作，航天工程技术著作，航天科技工具书，航天型号管理经验与管理思想集萃，世界航天各学科前沿技术发展译著以及有代表性的科研生产、经营管理译著，向社会公众普及航天知识、宣传航天文化的优秀读物等。出版基金每年评审1～2次，资助20～30项。

欢迎广大作者积极申请航天科技图书出版基金。可以登录中国航天科技国际交流中心网站，点击“通知公告”专栏查询详情并下载基金申请表；也可以通过电话、信函索取申报指南和基金申请表。

网址：http：//www.ccastic.spacechina.com

电话：（010）68767205，68767805

前 言

飞行是人类的永恒梦想与终极浪漫，从“墨子为木鹞”到“万户探天”，从达·芬奇的手绘图到莱特兄弟的划时代飞行，无不诠释人类对未知空间的向往和追求。20世纪50年代，人类开辟了探索外层空间的新时代，航天飞行器设计成为一种承载了情怀与梦想的创造性学科，把人类文明推向更深更广的宇宙时间空间维度。“如今直上银河去，同到牵牛织女家”，随着飞行器迈入了高超声速时代，其面临的使用环境更加恶劣、设计约束条件更为严苛、不确定性影响也更为繁杂多样，上述诸多因素给新型飞行器设计与工程实践带来了前所未有的挑战。同时，此亦是新理念、新方法在该领域获得创新应用的机遇。

自20世纪90年代末期，笔者参与或主持几型固体火箭发动机助推飞行器研制，亲身经历了我国固体火箭发动机助推飞行器从弹道式到再入机动式，再到无动力滑翔式的跨代发展过程，有幸见证了飞行器技术的飞跃发展。然星辰大海之征途，不及万一，思考其中，深感先进的设计思想理念及技术方法之于飞行器发展犹川谷之于江海，飞行器总体设计技术方法决定了飞行器的设计思路和方向，也决定了飞行器整体先进性、可靠性和经济性。在设计思想和理念的指引下，遵循设计思路和方向，依托设计手段和工具，通过综合权衡、迭代优化、全面协调等实现飞行器的整体性能目标。

受不确定性原理启发，自新世纪伊始，笔者团队开展了不确定性理论方法及其在飞行器工程中的应用研究，提出了一整套飞行器总体不确定性设计方法，并成功应用于多个飞行器研制，解决了飞行器航程覆盖能力分析、级间分离起控、固体火箭发动机外防热、机载吊挂物复杂工况下投放等技术难题。不确定性设计理论为应对新型飞行器的研制挑战指明了方向，提供了设计思想理念和工程实践手段。从设计思想理念层面看，不确定性设计理论摒弃了以往在设计中根据经验留余量从而确保可靠的粗犷设计思路，转向对不确定性因素进行全面分析与精确建模，通过面向不确定性的精细化设计，最终实现功能性能与可靠性、稳健性之间的综合权衡与优化；从工程实践层面看，综合利用不确定性建模、分析与设计技术方法，精确量化总体设计中诸多不确定性因素的综合影响，在实现飞行器性能最优的同时，有效提高设计方案的稳健性和可靠性。

面向新型飞行器总体设计的工程需求，本书系统总结了适用于新型飞行器的不确定性建模与分析、不确定性优化设计等先进技术理念，并阐述了相应的基础理论与技术方法。在此基础上，将理论创新和工程应用相结合，论述了该技术方法应用于飞行器总体设计的实施途径。

随着人类探索临近空间飞行能力不断提高，这一领域将催生新的理论、方法和技术。本书的研究只是一个开始，精彩的创新定将不断涌现，不求良书道之未来，唯寄书中给出的方法和实践思路能为相关领域的研究人员带来启发。

军事科学院姚雯研究员，以及中国运载火箭技术研究院洪东跑研究员对书稿进行了仔细评阅。本书的修改完善并得以定稿，得益于以上同行专家的真知灼见，为此笔者不胜感激！本书的成稿和出版也得到了笔者诸多同仁的大力支持与帮助，他们是王尧、王浩、范晶晶、丁晨、杨松、马晓东、何沛昊、王辰琳、秦梦、杨硕和张晓赛，在此致以衷心的感谢。

本书的研究工作得到国防科工局技术基础项目（JSZL2020203B001）和航天科技图书出版基金的资助，在此表示感谢。

囿于弇浅学识，书中难免有疏漏和不妥之处，诚望读者不吝赐教，使之完善提高。

张海瑞

2022 年 11 月 16 日于北京

目　录

第1章　绪　论

1.1　飞行器不确定性优化设计方法的研究意义

随着高新技术水平的不断提升，飞行器技术发展日新月异。在追求飞行器高性能的同时，对系统可靠性和稳健性提出了越来越高的要求。系统可靠性指在一定的条件和时间内，完成典型任务或功能的能力；稳健性是系统性能或响应对不确定性因素影响的稳定程度。特别是高超声速飞行器不断向着高速度、高性能、强突防、强生存的方向发展，其使用环境更为恶劣，设计约束条件更为严格，可靠性要求更为凸显，总体、动力、气动、轨迹规划、结构、载荷、控制以及可靠性等设计专业的耦合更为紧密，使飞行器总体设计面临新的挑战。

高超声速飞行器一般指飞行速度高于5倍声速（即马赫数超过5）或超过6 000 km/h的飞行器，可实现打击时间敏感性目标、全球快速到达等任务，是目前各国军事研究的热点。根据动力和轨迹规划的不同，高超声速飞行器主要分为高超声速滑翔和高超声速巡航两大类。在高超声速滑翔领域，国外发展和规划的项目主要集中在美国和俄罗斯，旨在突破高超声速滑翔飞行的相关技术，并在军事应用上实现在短时间内对全球任意目标实施常规精确打击。目前，开展的典型项目包括：HTV－2、先进高超声速武器（AHW）和2014财年DARPA启动的“战术助推滑翔”（TBG）项目。俄罗斯研制了“先锋”高超声速助推滑翔洲际导弹系统，在2019年进入战略导弹部队服役。在高超声速巡航领域，以美国为代表的世界军事强国已陆续开展了HyFly、X－51A等飞行演示验证计划，并取得了重大突破。HyFly采用独特的双燃烧室超燃冲压发动机。X－51A是美国空军重点开展的高超声速巡航飞行器验证项目，体现了美军积极发展时敏目标快速打击能力的战略思想。目前，X－51A已经完成了所有的飞行试验，美国空军在X－51A基础之上发展HSSW高超声速打击武器，旨在为美国空军提供一型空射高超声速巡航导弹。美国X－37B、HTV－2、X－51A与HyFly等高超声速飞行器的结构外形如图1－1所示。俄罗斯早在2011

年就开始由机械制造科学生产联合体负责研发锆石高超声速巡航导弹。该导弹采用超燃冲压发动机，飞行马赫数达到 9。

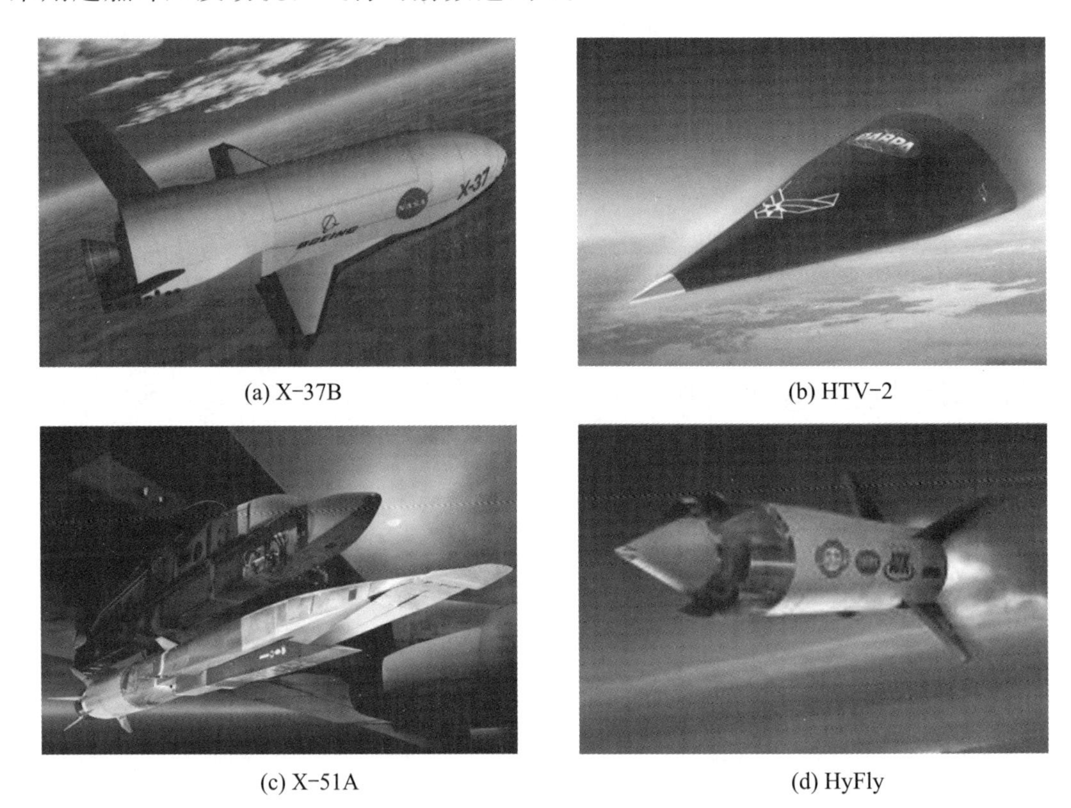

(a) X-37B

(b) HTV-2

(c) X-51A

(d) HyFly

图 1-1　美国高超声速飞行器结构外形图

由于对飞行器系统认知的不完整性、设计分析模型的不精确性以及产品加工制造的固有可变性等因素影响，总体参数往往表现出一定的不确定性或者波动性，对飞行器总体设计方案的可靠性、稳健性以及总体性能产生至关重要的影响。在不确定性的综合效应影响下，部分性能指标可能产生超差和偏移，甚至导致任务失败和飞行失利。以 2011 年 8 月 11 日美军飞行失利的飞行器 HTV-2b 为例，据分析是因为对地面风洞试验与真实飞行环境的天地一致性认识不足，难以对飞行器进行有效控制，其偏航滚转耦合加剧导致任务失败。美国国家航空航天局（NASA）对 2 500 多颗卫星进行在轨故障统计，结果发现由于环境因素不确定性导致卫星故障的比例达到 21.4%，由于零部件质量、加工装配等不确定性导致在轨故障的比例高达 30.3%，不确定性因素对在轨卫星故障影响显著。因而，为降低飞行器飞行任务失败风险，量化总体设计安全裕度，在方案设计阶段系统考虑不确定性因素影响，在追求飞行器高性能的同时，提升系统的可靠性和稳健性，已经成为当前飞行器总体设计技术的发展趋势。

在飞行器工程研制过程中，通常通过多学科多专业的交叉、融合、集成和优化，形成总体设计方案，但是由于忽略了设计变量、状态参数以及模型结构等不确定性因素的影响，其设计方案难以满足可靠性和稳健性的设计要求。针对飞行器设计中的不确定性因素，工程上通常采用安全因子、极限偏差等方法使其满足设计要求，然而，这些方法往往基于工程设计的历史经验，无法有效评估新型飞行器设计的安全裕度。为了更加有效地解决工程研制过程中存在的不确定性问题，飞行器不确定性优化理论应运而生，其目的旨在进一步考虑模型、制造以及环境等因素的不确定性，在追求飞行器高性能的同时，降低系统对不确定性的影响程度，提升设计方案的可靠性和稳健性，为提升飞行器总体设计水平提供了新的思路和方法。

目前，国内外有较多学者在不确定性优化设计领域进行了深入的研究和积极的探索，其主要关注两个方面的问题：不确定性分析和不确定性优化。不确定性分析的目的旨在通过考虑系统参数的随机特性或认知特性以得到系统性能及响应的不确定特性，如可靠度或者失效概率等，评估设计方案的可靠性或者稳健性，从而为进一步开展不确定性优化提供支撑；不确定性优化则以概率理论、非概率理论、优化理论等为基础，将设计过程中涉及的关键变量视为随机或认知变量，在满足可靠性和稳健性约束的基础上，追求飞行器综合性能最优。

综上所述，飞行器总体不确定性优化设计方法是一套以性能设计为核心，以不确定性分析为手段，以可靠性或稳健性为约束的飞行器总体优化设计理论与方法，是飞行器总体设计方法的深化和发展。飞行器不确定性优化设计方法不仅可以量化参数不确定性的影响，揭示事物本质，而且还能较全面地提供设计信息，在可靠性和稳健性满足预定要求的条件下，充分提升总体性能，实现飞行器的精细化集成设计。因此，飞行器不确定性优化设计方法是飞行器工程研制的迫切需求，具有广阔的工程应用前景，也是飞行器总体设计方法的发展趋势，具有重要的理论和工程意义。

自2002年开始，美国国家航空航天局（NASA）陆续发表白皮书《基于不确定性的飞行器设计优化方法的机遇和挑战》与《多学科不确定性量化的挑战》，将基于不确定性的飞行器总体优化设计理论列为重点研究方向。2015年美国国防部高级研究计划局（DARPA）启动了“量化物理系统的不确定性”

（EQUiPS）的种子项目，旨在通过开发数学工具和方法有效量化、传递和管理多源不确定性，实现复杂系统性能的准确预示，由此标志着基于不确定性的飞行器总体优化设计理论成为目前飞行器设计领域的前沿热点，相关技术得以快速发展。近年来，我国也逐渐关注并重视不确定性研究领域，国防科技大学、西北工业大学、北京航空航天大学等科研院校，在该领域取得了较为丰富的研究成果。

1.2 不确定性分析及优化研究进展

1.2.1 不确定性分析技术发展简介

不确定性分析（Uncertainty Analysis，UA）也称作不确定性传播（Uncertainty Propagation，UP），在给定系统输入不确定性信息条件下，用于评估系统输出响应的不确定性信息，是研究系统参数影响系统性能规律的方法。飞行器在飞行过程中受到诸多不确定性因素的影响，如质量特性不确定性、动力特性不确定性以及气动特性不确定性等，在飞行任务过程中必然引起某些性能的波动。因此在飞行不确定性因素影响下，开展飞行器性能的不确定性分析具有重要的工程和学术意义。经过近几十年的不断发展，不确定性分析方法已经取得了长足的进步和发展，根据不同的分析维度，不确定性分析方法有多种分类方式。

1）根据不确定性表征方式的不同，不确定性分析方法可分为面向随机不确定性的概率不确定性分析方法、面向认知不确定性的模糊不确定性分析方法、区间不确定性分析方法、证据不确定性分析方法等方法，以及随机与认知混合不确定性分析方法。

2）根据不确定性是否与时间相关，不确定性分析方法可分为非时变不确定性分析方法与时变不确定性分析方法。

3）根据在进行不确定性分析时是否需要修改控制方程，不确定性分析方法可分为嵌入式分析方法与非嵌入式分析方法。

4）根据所采用理论基础的不同，不确定性分析方法可分为数值模拟方法、局部展开方法、数值积分方法、代理模型方法等。

在上述分类方式中，飞行器总体不确定性分析主要涉及随机不确定性分析、非时变不确定性分析、非嵌入式分析以及代理模型方法等。目前，随机非时变非嵌入式不确定性分析方法主要包括：基于矩分析的局部展开法、基于抽样的数字模拟法以及基于代理模型的方法等。

广泛使用的基于矩分析的局部展开方法主要包括一次可靠度方法（First Order Reliability Method，FORM）和二次可靠度方法（Second Order Reliability Method，SORM），二者都是在标准正态空间中对最大可能点（Most Probable Point，MPP）进行局部泰勒展开，以此代替原功能函数，开展不确定性分析。因而两者都需要求解最大可能点（MPP），该点表征的物理意义是功能函数在标准正态空间中距离原点最近的点，同时也是具有最大失效概率密度的点。该类方法适用于求解线性功能函数问题，具有很高的效率和精度，然而，针对非线性功能函数或者多个 MPP 的情况，该类方法具有一定的局限性。后来发展的抽样方法具有很强的普适性，适用于绝大多数工程不确定性分析问题，常用的方法包括蒙特卡洛方法（Monte Carlo Simulation，MCS）、重要抽样方法（Importance Sampling，IS）、自适应抽样方法（Adaptive Sampling，AS）等。蒙特卡洛方法是最基本的抽样方法，其计算量与系统输入变量维数无关，具有无偏性和非侵入性。然而随着功能函数失效概率的降低，蒙特卡洛方法需要抽取大量的样本点才能满足相关条件，导致求解效率较低，难以满足快速设计迭代的工程需求，不适用于求解计算成本较高的工程问题。

随着不确定性因素的引入，不确定性分析及优化将产生巨大的计算成本。针对这一问题，试验设计及代理模型方法得到了国内外学者广泛的研究，具有简单直接、适用广泛的特点，是高效求解不确定性分析及优化问题的有效途径。

（1）试验设计方法

试验设计方法（Design of Experiments，DoE）是采用一定的采样策略在设计空间中选择一定数量的样本点集进行试验设计的方法，其直接决定了代理模型所需样本点数量及其空间分布。目前，常用的现代试验设计方法包括全因子设计方法（Full Factorial Design，FFD）、拉丁超立方设计（Latin Hypercube Design，LHD）、正交试验设计（Orthogonal Array Sampling，OAS）以及 Hammersley 抽样方法等。试验设计方法的选取直接决定了不确定性分析的效率。

（2）代理模型方法

代理模型（Surrogate Model，SM），亦称为近似模型或元模型，通常在工程分析及优化过程中用于替代复杂且耗时的数学模型或仿真模型。在代理模型研究方面，目前已经发展了多种代理模型方法，包括多项式响应面（Response

Surface Model，RSM）、Kriging 模型、径向基函数（Radial Basis Functions，RBFs）、支持向量机（Support Vector Machine，SVM）以及多项式混沌展开（Polynomial Chaos Expansion，PCE）等。

宋正超等提出了基于 Kriging 模型的改进高效全局优化（Efficient Global Optimization，EGO）方法，利用相应的序列采样优化流程对某多用途车车型进行整车正面偏置碰撞结构优化设计[21]。JONES 基于响应面代理模型提出了最小化代理模型预测准则的优化方法，其原理是在代理模型上直接寻找目标函数的最小值，具有简单直接、易于实现的特点[22]。高月华等基于 Kriging 模型提出了一种考虑预测值及其不确定性的多点加点准则，其计算效率对初始样本点数目依赖性较低，适用于多机同时计算或者并行计算，提升了计算收敛效率[23]。WANG 等利用 Kriging 模型和重要度抽样策略提出了一种基于自适应学习的系统可靠性分析方法，适用于求解小失效概率系统可靠性问题，具有很高的效率和精度[24]。杨希祥等提出了利用 Kriging 模型建立整流罩气动参数近似模型，解决了运载火箭整流罩气动外形设计优化计算复杂的问题，为整流罩气动外形设计优化研究提供理论参考[25]。

随着人工智能技术的兴起，基于人工智能技术的代理模型方法成为该领域新的重要发展方向。人工神经网络具有强大的非线性处理、分布式信息存储、自组织、自适应以及自主学习能力，在模式识别、图像处理、金融预测和管理等领域取得了广泛应用[2]。

内嵌物理知识的神经网络（Physics - Informed Neural Network，PINN）在保持神经网络对数据的高效利用特性的同时，在神经网络中内嵌物理知识，将神经网络的预测结果约束在物理规律之内，使机器学习方法摆脱了对实验或模型数据的根本性依赖，在提高精度的同时也大大提高了模型的可理解性，从而实现数据与物理知识的混合驱动。国防科技创新研究院无人系统技术研究中心智能设计与鲁棒学习团队（Intelligent Design and Robust Learning，IDRL），面向飞行器优化设计中物理场高效仿真问题，应用 PINN 技术进行求解，并开发形成了微分方程智能求解框架 IDRLnet，以通风管道内部流场数值仿真及其鳍片的几何参数优化为应用案例，验证了 PINN 技术的高效性与精确性[52-54]。该团队还开发形成了自主知识产权的智能辅助飞行器设计优化云平台（Intelligent Design as a Service，IDaaS）原型系统，集成了卫星组件热布局温度场近实时预测基准工具箱以及 IDRLnet 等成果。

在飞行器研制过程中，有效利用试验设计方法及代理模型方法，开展不确定性分析及优化是当前飞行器总体设计技术的重要发展方向。

1.2.2　不确定性优化技术发展简介

不确定性优化（Uncertainty－based Design Optimization，UBDO）是在给定系统不确定性信息条件下根据稳健性和可靠性设计需求对设计空间进行寻优的方法。与传统确定性优化方法相比，不确定性优化方法在前者的基础上，通过考虑安装制造、推力偏差以及飞行环境等不确定性因素影响，在追求高性能的同时，兼顾可靠性及稳健性设计要求，在指定设计空间内进行寻优，进而给出最优设计方案。

通常，考虑装备产品不确定性因素影响是为了兼顾可靠性及稳健性设计要求，因而按照设计要求的不同，不确定性优化通常可以分为可靠性设计优化（Reliability－based Design Optimization，RBDO）和稳健设计优化（Robust Design Optimization，RDO）。基于飞行器性能可靠性精细化设计分析的需求，飞行器总体方案的可靠性优化设计方法主要包括：传统双层嵌套优化方法、基于解耦策略的优化方法以及基于代理模型的优化方法等。

传统双层嵌套优化方法是求解不确定性优化设计问题最直接的方法，其将不确定性分析直接嵌入优化过程中，构成了分析与优化的双层嵌套循环结构，即优化过程的每一步迭代都需要重新开展不确定性分析，计算效率较低，同时该方法对于初始点要求较高，不适用于求解非线性程度较高的工程问题。针对这一问题，国内外学者进一步发展了基于解耦策略的优化方法，其基本思想是将不确定性分析从优化框架中解耦出来，从而分别构成不确定性分析和确定性优化两个子问题，序列执行，直至收敛。DU 等提出了序列优化和可靠性评估（Sequential Optimization and Reliability Assessment，SORA）方法，将嵌套优化问题分解为确定性优化和可靠性分析问题，迭代求解直至收敛，具有较高的效率[43]。ZOU 等提出将约束条件可靠度指标和失效概率在最大可能点进行一阶泰勒近似，实现确定性优化转化的方法[44]。HUANG 等提出了增量平移向量方法（Incremental Shifting Vector，ISV），利用最大可能点及其梯度实现确定性优化的重构，为单层序列可靠性优化设计方法提供了新的思路[45]。与此同时，基于代理模型的优化方法也得到了长足的进步和发展，BICHON 等结合 Kriging 模型特点，利用高效全局优化 EGO 和高效全局可靠性分析 EGRA 方法，序列加点，直至收敛，适用于处理非线性隐式工程问题[46]。ANDRE 等将解耦策略与响应面法相结合，通过更新响应面预示约束的平移方向，具有较高的精度和处理非线性问题的能力[47]。目前，基于解耦策略的优化方法和基于代理模型的优化方法是处理可靠性优化问题相对有效的方法，因而，面向飞行器具体特点，结合解耦策略和代理模型特点，发展一种适用于飞行器总体方案设计的不确定性优化方法是本书重点内容之一。

1.2.3 不确定性多学科设计优化发展简介

20 世纪 80 年代，为解决日益严峻的复杂工程系统大规模、多耦合问题，Sobieszczanski - Sobieski 提出了多学科设计优化（Multidisciplinary Design Optimization，MDO）的方法，得到了广泛关注。MDO 通过充分探索和利用系统中相互作用的协同机制来设计复杂系统和子系统，从系统全局的角度进行设计优化，从而达到提高产品性能和缩短研制周期的目的。

1992 年，Balling 和 Sobieszczanski - Sobieski 从两个层面对 MDO 问题的求解方法进行了分类：

1）按是否分层，分为单级优化算法和多级优化算法。单级优化过程只在系统级进行优化，各学科只进行分析或者计算，不进行优化。多级优化过程中各个学科分别进行优化，控制局部设计变量的选择，而在系统级进行各学科之间的协调和全局设计变量的优化。

2）按耦合变量或状态变量的处理方式，分为同时分析和设计算法（Simultaneous Analysis and Design，SAND）和嵌套分析和设计算法（Nested Analysis and Design，NAND）。

常见的单级优化算法包括多学科可行（Multidisciplinary Feasible，MDF，也称为 All - In - One，AIO）方法、同时分析优化算法（Simultaneous Analysis and Design，SAND，也称 All - At - Once，AAO）和单学科可行（Individual Disciplinary Feasible，IDF）方法。总的来说，单级优化算法将各学科的所有设计变量和约束都集成到系统级进行优化，其计算效率并不高，随着问题规模的扩大，所需要的计算量将会以几何级数增加。到目前为止，有关 MDO 问题的求解，出现了多种算法框架，典型的主要包括：多学科可行方法、单学科可行方法、协同优化方法、并行子空间优化方法、并行子空间设计方法、两级集成系统综合方法、分析目标级联方法等。多学科设计优化被认为是解决复杂产品设计优化问题的有效方法，已在航空航天、船舶、汽车等领域得到了成功应用，并产生了显著的技术与经济效益。

不确定性多学科设计优化（Uncertainty - based Multidisciplinary Design

Optimization，UMDO）方法是多学科设计优化（Multidisciplinary Design Optimization，MDO）的一个重要发展方向。MDO是一种通过充分探索和利用系统中相互作用的协同机制来设计复杂系统和子系统的方法，能够充分利用各学科高精度、可靠的分析模型开展协同设计，以此提高设计可信度，缩短设计周期，降低研制成本，获得飞行器整体最优方案。UMDO方法是在MDO方法基础上，进一步考虑不确定性的综合效应，以可靠性或稳健性为约束条件，追求飞行器性能最优，为提升飞行器总体设计水平提供了新的思路和方法。2010年，J. Sobieski教授在MDO提出25周年研讨会主题报告中指出："MDO正处在发展的十字路口，UMDO将是其最有发展前景的方向之一。"

结合不确定性理论和MDO过程特点，UMDO过程目前大致可以分为两类：单层序贯优化过程和基于学科分解协调的优化过程。单层序贯优化过程借鉴了不确定性优化理论中基于解耦策略的思想，将UMDO问题解耦为多学科设计优化和不确定性分析两个子问题，序贯求解，进而利用不确定性分析结果指导更新多学科设计优化问题，实现UMDO过程的迭代求解，直至收敛。单层序贯优化过程通过解耦策略避免了双层嵌套优化带来的计算复杂性，利用现有成熟MDO过程及不确定性分析建立UMDO求解框架，具有操作简单的特点。但是，MDO过程与不确定性分析需要序贯执行，无法实现UMDO过程的并行协同设计。基于学科分解协调的优化过程借鉴了MDO过程学科分解协调的思想，将复杂的UMDO问题分解为若干中等规模的不确定性优化子问题，利用分布式环境实现子问题的并行求解。刘成武等提出了一种集成两级集成系统协同优化BLISCO策略和改进功能测度法iPMA的多学科可靠性设计优化方法，实现了BLISCO过程和不确定性分析的序列求解[38]。黄洪钟等在序贯优化和可靠性分析SORA框架下提出了基于单学科可行法IDF的多学科可靠性设计优化方法，有效解决了小规模MDO问题[48]。MCALLISTER等在协同优化CO的框架下集成了一阶泰勒展开的期望方差概率估计方法，实现了基于不确定性的协同优化过程[49]。PADMANABHAN和BATILL基于CSSO的分解思想将UMDO问题分解为若干规模较小的学科设计优化问题，利用分布式环境并行计算不确定性优化子问题，实现UMDO问题的高效协同优化[50]。KOKKOLARAS等在目标层级分析ATC框架下考虑不确定性因素影响，提出了概率目标层级分析方法，有效实现随机变量层次系统UMDO问题的求解[51]。鉴于UMDO方法适用于处理复杂系统的特点，其在飞行器总体设计中具有广阔的应用前景和重要的学术价值，为提升飞行器总体设计水平、量化飞行器安全裕度提供了新的思路和方法。

1.3 飞行器不确定性优化面临的机遇与挑战

随着飞行器技术的快速发展和应用领域的日益扩大，迫切需要发展一种满足飞行器技术发展需求的总体设计理论和方法，在方案设计之初揭示事物本质，实现精细化设计。以此为背景，飞行器不确定性优化理论应运而生，并在高超声速导弹、卫星、飞机等飞行器研制中成功应用，取得了显著成效，为飞行器技术跨代发展提供了有力支撑。虽然不确定性优化理论在飞行器总体设计中具有独特的优势，但尚未建立完备的理论体系、技术方法体系，同时也缺乏软件工具支撑。总的来说，飞行器不确定性优化理论和应用的研究还处于积极探索阶段，具有广阔的发展前景和重要的应用价值。

与传统的优化理论相比，不确定性优化的理论和实现更为复杂。同时考虑到飞行器研制作为复杂的系统工程，飞行器总体不确定性优化问题的复杂程度更为凸显。飞行器系统工程固有的复杂性以及引入不确定性后带来的复杂性是不确定性理论难以在飞行器总体设计中有效应用的主要原因，飞行器不确定性优化的复杂性主要体现在以下三个方面：

1）系统复杂性。飞行器研制本身是一项复杂的系统工程，在方案设计过程中会涉及总体、动力、气动、轨迹规划、控制、姿控、结构、载荷、制导、电气、防热和可靠性等若干专业。随着飞行器总体性能的不断提升，各专业的耦合更为紧密，如何高效传递和共享各专业的设计信息，实现多专业协同集成优化是不确定性优化实现的技术难点之一。此外，由于引入不确定性，导致飞行器总体方案设计优化更为复杂。系统复杂性是飞行器系统工程固有的特性，引入不确定性将使飞行器系统的组织求解更为复杂，系统复杂程度更为凸显。

2）模型复杂性。飞行器不确定性优化问题的模型复杂性主要体现在两个方面，包括各学科分析模型的复杂性和不确定性建模的复杂性。由于飞行器总体设计涉及若干学科的综合集成，不同学科专业分析模型的复杂程度对于不确定性优化问题的组织求解至关重要。针对各学科专业分析精度和效率的不同需求，学科专业分析模型各不相同，在飞行器设计中如何根据不同阶段的任务需求合理选取学科分析模型是飞行器不确定性优化问题的技术难点之一。此外，引入不确定性导致不确定性建模相对复杂，不确定性因素通常考虑飞行器及飞行环境客观固有的可变性以及设计人员主观认知的不完整性。针对系统及飞行环境的固有可变性，一般采用概率理论将其描述为随机不确定性，其复杂性体现在合理选取分布类型及其分布参数，特别是在小样本条件下对分布参数进行准确估计。针对设计人员认知的不完整性，一般采用非概率理论将其描述为认知不确定性，如区间理论、证据理论等，其复杂性体现在不同人员对同一事物的认知因个人经验和偏好不同有所差异，选择合适的非概率理论描述认知不确定性，实现不同设计人员的多源信息融合存在较大困难。

3）计算复杂性。飞行器总体设计中涉及若干高精度学科分析模型，其本身需要占用巨大的计算资源，如计算流体力学分析等，因而模型的计算复杂程度直接决定了飞行器优化问题能否实现；同时，由于不确定性因素的引入，导致在不确定性优化过程中还需要嵌套执行复杂的不确定性分析，实现可靠性和稳健性的评估，因此与确定性优化的复杂程度相比，不确定性优化的复杂程度还要进一步剧增，导致不确定性优化问题的求解异常复杂；此外，飞行器总体设计优化问题大多为隐式黑箱模型，优化问题维数不断增加，优化非线性程度不断加剧，不确定性优化问题计算规模呈超线性增长，如何有效处理飞行器不确定性优化问题仍然是工程和学术亟需解决的难题之一。

飞行器不确定性优化问题具有系统复杂、模型复杂以及计算复杂等特性，难以在飞行器设计中有效实现，使得飞行器不确定性优化的工程应用面临巨大的挑战。尽管如此，飞行器不确定性优化能够实现飞行器总体精细化设计，量化总体设计安全裕度，降低飞行器设计风险，提升飞行器可靠性和稳健性，具有广阔的工程应用前景和重要的学术价值。因此，在国内外学者和科研人员的共同努力下，不确定性优化理论及其应用必将取得更大的发展和进步。

1.4 本书的内容安排

本书系统阐述了飞行器总体不确定性分析与优化设计方法，尝试为飞行器总体精细化设计提供一种新的思路和有效的方法。

本书共分为8章，主要包括绪论、不确定性建模与分析方法、不确定性优化设计方法、飞行器总体不确定性分析与优化设计方法、轨迹规划与制导不确定性分析与优化设计方法、姿控与分离不确定性分析与优化设计方法、热防护系统不确定性分析与优化设计方法以及总结与展望。

参考文献

[1] 熊芬芬，杨树兴，刘宇，等．工程概率不确定性分析方法［M］．北京：科学出版社，2015.

[2] 陈小前，姚雯，欧阳琦．飞行器不确定性多学科设计优化理论与应用［M］．北京：科学出版社，2013.

[3] 王振国，陈小前，罗文彩，等．飞行器多学科设计优化理论与应用研究［M］．北京：国防工业出版社，2006.

[4] HAN Z H，GOERTZ S. A hierarchical Kriging model for variable - fidelity surrogate modeling［J］．AIAA Journal，2012，50（3）：1885 - 1896.

[5] HAN Z H，ZIMMERMANN R，GOERTZ S. An alternative CoKriging model for variable - fidelity surrogate modeling［J］．AIAA Journal，2012，50（5）：1205 - 1210.

[6] 韩忠华．Kriging模型及代理优化算法研究进展［J］．航空学报，2016，37（11）：3197 - 3225.

[7] SCHMIT L A，FARSHI B. Some approximation concepts for structural synthesis［J］．AIAA Journal，1974，12（5）：692 - 699.

[8] KRIGE D G. A statistical approach to some basic mine valuations problems on the witwatersrand［J］．Journal of the Chemical，Metallurgical and Mining Engineering Society of South Africa，1951，52（6）：119 - 139.

[9] SACKS J，WELCH W J，MITCHELL T J，et al. Design and analysis of computer experiments［J］．Statistical Science，1989，4（4）：409 - 423.

[10] MULLUR A A，MESSAC A. Extended radial basis functions：more flexible and effective metamodeling［J］．AIAA Journal，2005，43（6）：1306 - 1315.

[11] CORTES C，VAPNIK V N. Support vector network［J］．Machine Learning，1995，20（3）：273 - 297.

[12] FORRESTER A I J，KEANE A J. Recent advances in surrogate - based optimization［J］．Process in Aerospace Sciences，2009，45（1）：50 - 79.

[13] PARK J，SANDBERG I W. Universal approximation using radial - basis - function networks［J］．Neural Computation，1991，3（2）：246 - 257.

[14] YAO W，CHEN X，ZHAO Y，et al. Concurrent subspace width optimization

method for RBF neural network modeling [J]. IEEE Transations on Neural Networks and Learning Systems, 2012, 23 (2): 247 - 259.

[15] WIENER N. The homogeneous chaos [J]. American Journal of Mathematics, 1938, 60 (4): 897 - 936.

[16] 石磊，王学仁，孙文爽．试验设计基础 [M]. 重庆：重庆大学出版社，1997.

[17] JAFER R, MASOUD E. Latin hypercube sampling applied to reliability - based multidisciplinary design optimization of a launch vehicle [J]. Aerospace Science and Technology, 2013, 28: 297 - 304.

[18] 杨剑秋，王延荣．基于正交试验设计的空心叶片结构优化设计 [J]. 航空动力学报，2011, 26 (2): 376 - 384.

[19] 彭名华．直升机总体多学科设计优化研究 [D]. 南京：南京航空航天大学，2009.

[20] ANTHONY A G, STEVEN F W JR, MICHAEL S E, et al. Overview of modern design of experiments methods for computational simulations [C]. 41 st Aerospace Sciences Meeting and Exhibit, Reno, 2003.

[21] 宋正超，章斯亮．基于改进 EGO 算法的汽车 40%偏置碰撞优化设计 [J]. 汽车安全与节能学报，2017, 8 (3): 246 - 251.

[22] JONES D R. A taxonomy of global optimization methods based on response surfaces [J]. Journal of Global Optimization, 2001, 21 (4): 345 - 383.

[23] 高月华，王希诚．基于 Kriging 代理模型的多点加点序列优化方法 [J]. 工程力学，2012, 29 (4): 90 - 95.

[24] WANG Y, HONG D P, MA X D, et al. A radial - based centralized Kriging method for system reliability assessment [J]. Journal of Mechanical Design, 2018, 140: 071403.

[25] 杨希祥，周张，彭科．基于 Kriging 方法的整流罩气动外形设计优化 [J]. 固体火箭技术，2014, 37 (2): 167 - 177.

[26] 熊芬芬．稳健优化设计中代理模型不确定性的研究 [J]. 机械工程学报，2014, 19: 136 - 143.

[27] ZHAO Y G, ONO T. A general procedure for first/second - order reliability method (FORM/SORM) [J]. Structural Safety, 1999, 21: 95 - 112.

[28] KIUREGHIAN A D. The geometry of random vibrations and solutions by FORM and SORM [J]. Probabilistic Engineering Mechanics, 2000, 15 (1): 81 - 90.

[29] NICLAS S. Reliability - based design optimization using SORM and SQP [J]. Struct Multidisc Optim, 2017, 56: 631 - 645.

[30] HU X Z , CHEN X Q, GEOFFREY T P. Review of improved Monte Carlo

methods in uncertainty - based design optimization for aerospace vehicles [J]. Progress in Aerospace Sciences，2016，86：20 - 27.

[31] MELCHER R. Importance sampling in structural systems [J]. Structural safety，1989，6 (1)：3 - 10.

[32] 吕震宙．结构机构可靠性及可靠性灵敏度分析 [M]. 北京：科学出版社，2009.

[33] JONES D R，SCHONLAU M，WELCH W J. Efficient global optimization of expensive black - box functions [J]. Journal of Global Optimization，1998，13 (4)：455 - 492.

[34] BICHON B. J，ELDRED M S，SWILER L P，et al. Efficient global reliability analysis for nonlinear implicit performance functions [J]. AIAA Journal，2008，46 (10)：2459 - 2468.

[35] ECHARD B，GAYTON N，LEMAIRE M. AK - MCS：An active Learning reliability method combining kriging and monte carlo simulation [J]. Structural Safety，2011，33 (2)：145 - 154.

[36] 黄晓旭，陈建桥．基于主动学习 Kriging 模型和子集模拟的可靠度分析 [J]. 应用力学学报，2016，33 (5)：866 - 871.

[37] 姚雯．不确定性 MDO 理论及其在卫星总体设计中的应用研究 [D]. 长沙：国防科技大学，2007.

[38] 刘成武，靳晓雄，刘云平，等．集成 BLISCO 和 iPMA 的多学科可靠性设计优化 [J]. 航空学报，2014，35 (11)：3054 - 3063.

[39] XIA T T，LI M，ZHOU J H. A sequential robust optimization approach for multidisciplinary design optimization with uncertainty [J]. Journal of Mechanical Design，2016，138：1 - 10.

[40] YAO W，CHEN X Q，OUYANG Q，et al. A reliability - based multidisciplinary design optimization procedure based on combined probability and evidence theory [J]. Struct Multidisc Optim，2013，48 (2)：339 - 354.

[41] YAO W，CHEN X Q，HUANG Y Y. Sequential optimization and mixed uncertainty analysis method for reliability - based optimization [J]. AIAA Journal，2013，51 (9)：2266 - 2277.

[42] YI P，ZHU Z，GONG J X. An approximate sequential optimization and reliability assessment method for reliability - based design optimization [J]. Struct Multidisc Optim，2016，54：1367 - 1378.

[43] DU X P，CHEN W. Sequential optimization and reliability assessment method for efficient probabilistic design [J]. Journal of Mechanical Design，2004，126 (2)：

225 - 233.

[44] ZOU T, MAHADEVAN S. A direct decoupling approach for efficient reliability - based design optimization [J]. Struct Multidisc Optim, 2006, 31 (3): 190 - 200.

[45] HUANG Z L, JIANG C, ZHOU Y S, et al. An incremental shifting vector approach for reliability - based design optimization [J]. Struct Multidisc Optim, 2016, 53 (3): 523 - 543.

[46] BICHON B J, ELDRED M S, MAHADEVAN S, et al. Efficient global surrogate modeling for reliability - based design optimization [J]. Journal of Mechanical Design, 2013, 135: 011009.

[47] ANDRE J T, RAFAEL H L, LEANDRO F F M. A general RBDO decoupling approach for different reliability analysis methods [J]. Struct Multidisc Optim, 2016, 54: 317 - 332.

[48] 黄洪钟，余辉，袁亚辉，等. 基于单学科可行法的多学科可靠性设计优化 [J]. 航空学报，2009，30 (10): 1871 - 1876.

[49] MCALLISTER C D, SIMPSON T W. Multidisciplinary robust design optimization of an internal combustion engine [J]. Journal of Mechanical Design, 2003, 125 (1): 124 - 130.

[50] PADMANABHAN D, BATILL S. Reliability based optimization using approximations with applications to multi - disciplinary system design [C]. The 40th Aerospace Sciences Meeting and Exhibit, Reno, 2002.

[51] KOKKOLARAS M, MOULRLATOS Z P, PAPALAMBROS P Y. Design optimization of hierarchically decomposed multilevel systems under uncertainty [J]. Journal of Mechanical Design, 2006, 128 (2): 503 - 508.

[52] CHEN XIAO QIAN, CHEN XIAN QI, ZHOU W E, et al. The heat source layout optimization using deep learning surrogate modeling [J]. Structural and Multidisciplinary Optimization, 2020, 62: 3127 - 3148.

[53] PENG W, ZHANG J, ZHOU W E, et al. IDRLnet: A Physics - Informed Neural Network Library [J]. arXiv preprint arXiv, 2107: 04320.

[54] CHEN X Q, ZHAO X Y, GONG Z Q et al. A deep neural network surrogate modeling benchmark for temperature field prediction of heat source layout [J]. Science China Physics, Mechanics & Astronomy, 2021, 11: 78 - 107.

第2章　不确定性建模与分析方法

不确定性建模指在不确定性因素识别的基础上，对不确定性因素进行度量。根据所能获取信息的不同，利用概率方法或非概率方法定量表征不确定性因素，为不确定性分析、不确定性设计优化奠定基础。

不确定性传递（Uncertainty Propagation，UP）指系统设计变量和参数的不确定性会通过系统内部作用传递给系统输出响应，对系统性能造成影响，使得系统输出响应也具有不确定性。不确定性传递过程如图2-1所示。

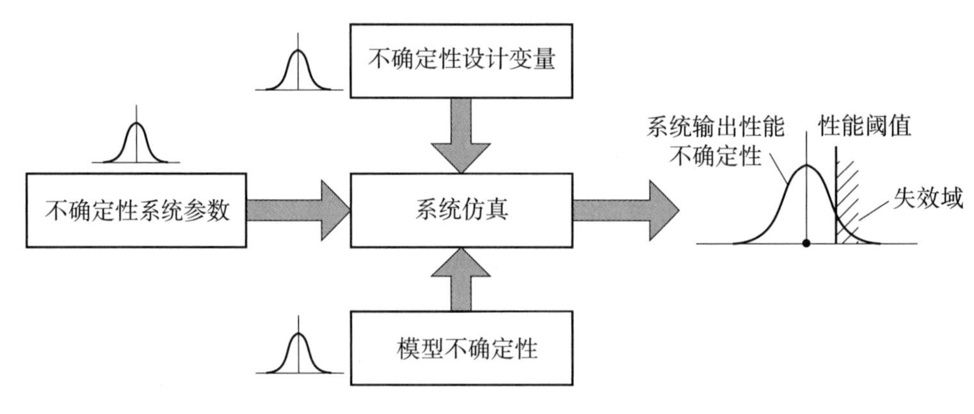

图2-1　不确定性分析示意图

不确定性分析（Uncertainty Analysis，UA）主要对设计变量和系统参数的不确定性传递的影响进行分析，对由此引起的系统输出响应的不确定性进行定性描述和定量计算。系统输出响应的不确定性一般由可靠性、稳健性来表征。因而可靠性分析是不确定性分析的一种特殊形式。可靠性分析（Reliability Analysis，RA）主要指在已知系统输出响应的失效阈值的前提下，对系统可靠性进行的定性描述和定量计算。随着飞行器功能复杂性与性能指标要求的不断提升，其功能函数的非线性特性越来越明显。与此同时，飞行器在任务过程中少故障甚至无故障的高可靠性要求也在不断加强。

飞行器设计中的非线性功能函数与极小概率失效事件成为基于模型的不确定性分析的两项重要挑战。以上两项挑战集中反映在不确定性分析精度和效率的冲突上。

经典的蒙特卡洛仿真方法（Monte Carlo Simulation，MCS）在样本量足够大的前提下，可以精确估计极小失效概率。然而，当仿真模型的单次仿真计算量很大时，取得大量样本对于实际工程来说是不现实的。因此经典 MCS 方法的不足在于分析效率较低。

为弥补经典 MCS 的不足，业界研究提出了一阶可靠性方法（First Order Reliability Method，FORM）与二阶可靠性方法（Second Order Reliability Method，SORM）等近似方法。FORM 与 SORM 在 MPP 上分别用一阶或二阶函数近似功能函数。由于 MPP 是功能函数极限状态下具有最大概率密度的点，因此当失效概率很小时，相较于 MCS，FORM 与 SORM 方法具有更高的效率。然而，当功能函数具有明显的非线性特征时，FORM 与 SORM 方法的精度难以得到保证。

在解决可靠性分析精度与效率的冲突方面，代理模型成为一种充满前景的方法。代理模型是原始仿真模型的一种近似模型，它利用有限的训练点来拟合仿真模型的输入输出关系。在近似精度满足要求后，数学结构简单的代理模型将代替计算量巨大的仿真模型进行可靠性分析，从而大大提高计算效率。常用的代理模型包括响应面（Response Surface Method，RSM）、Kriging 模型、混沌多项式（Polynomial Chaos Expansion，PCE）以及支持向量机（Support Vector Machine，SVM）。

2.1　不确定性内涵

不确定性是与确定性相对的一个概念。对于不确定性内涵中不同的关注点，业界给出了不确定性的多种定义方式。

定义 1： 不确定性指物理系统及其环境的内在可变性，以及人对物理系统及其环境认识的知识不完整性。

定义 2： 不确定性指事件出现或发生的结果不能准确地确定，系统内部和外部存在可变性、不一致性，以及在决策过程中及描述设计问题时的模糊性。

上述定义对不确定性的描述是基本一致的，均认为不确定性包含了客观对象系统自身的不确定性，以及由主观认知能力所引入的不确定性。简单来说，就是将不确定性分为随机不确定性和认知不确定性两大类。随机不确定性又称为偶然不确定性、不可简约不确定性、固有不确定性，它描述了物理系统内部的变化，具有充足的试验数据和完善的信息。随机不确定性一般采用概率的方法进行处理和度量。而认知不确定性则是由于知识经验、试验条件或其他认知能力所限造成的知识缺乏、信息不完善等，故又称为可简约不确定性、主观不确定性等。对于认知不确定性，其工程中常见的典型形式主要有两种，一是由于事物本身的复杂性，难以获得充足的数据信息而对其进行精确描述的模糊不确定性，二是由于在实际工程中受试验条件和研制成本的限制，不易得到足够的信息对不确定量进行描述，而利用有限的数据只能获得其变化幅度或界限的区间不确定性。模糊不确定性一般采用模糊集、可能性理论等进行处理和度量，而区间不确定性通常采用凸模型、证据理论以及区间分析等进行处理和度量。

在工程研制过程中，飞行器设计人员的认知能力是有限的，在设计过程中建立的设计模型以及参数模型通常与客观真实模型不完全一致，这种不一致性可称为工程设计的不确定性，往往既包含随机不确定性，又包含认知不确定性。

在飞行器设计和使用过程中，不确定性对飞行器的影响表现为可靠性与稳健性。

（1）可靠性

飞行器可靠性问题，一般是由产品长时间性能退化与各种不确定性因素相互叠加而产生的，故飞行器的故障类型一般可分为耗损型故障与随机型故障。

通过广义应力-强度干涉理论，可以清楚解释可靠性与不确定性之间的关系。材料力学中将应力定义为物体由于外因（受力或温度变化等）而变形时，在物体内各部分之间产生相互作用的内力，以抵抗这种外因的作用，并试图使物体从变形后的位置恢复到变形前的位置。而强度则用来表征工程材料抵抗断裂和过度变形的力学性能之一。

广义应力、广义强度分别是应力与强度概念的泛化。针对复杂系统来说，广义应力指引起系统失效的负荷，而广义强度则表征系统抵抗失效的能力。其中，广义应力可用下式表示：

$$s=h(L,T,A,p,t,m) \tag{2-1}$$

式中，L 表示载荷；T 表示温度；A 表示产品几何尺寸；p 表示材料物理属性（如弹性模量、泊松比、热膨胀系数等）；t 表示时间；m 表示其他因素。由于广义应力 s 会随着时间波动，因此是一个时变参数，广义应力函数中含有时间变量。

广义强度可用下式表示：

$$S=g(C,G,Q,T,t,m) \tag{2-2}$$

式中，C 表示系统的物理组成（或材料类型）；G 表示系统制造所采用的工艺方法；Q 表示系统的质量控制措施；T 表示温度；t 表示时间；m 表示其他因素。由于系统的广义强度 S 会随着时间退化，因此也是一个时变参数，广义强度函数中含有时间变量。

复杂系统可靠性问题，即系统正常或失效，取决于系统广义应力与广义强度的关系。当广义强度大于广义应力时，系统能够正常工作；当广义强度小于广义应力时，系统将发生失效。因此，要求系统在规定条件下和规定时间内完成规定功能，必须满足以下条件：

$$S>s \text{ 或 } S-s>0 \tag{2-3}$$

式中，S 表示广义强度；s 表示广义应力。

在实际工程中，复杂系统的广义强度函数和广义应力函数中的诸多变量一般都具有不确定性，例如加工制造误差造成的产品几何尺寸具有分散性，实际使用环境条件的不确定性造成系统载荷与环境温度的不确定性等。上述变量的不确定性将会导致系统广义强度和广义应力的不确定性。

如果利用概率理论对上述不确定性因素进行定量描述，则系统广义强度和广义应力都是具有概率分布函数的随机变量。图 2-2 中显示了广义强度和广义应力的概率密度函数，横坐标刻画广义强度和广义应力的数值大小，纵坐标刻画广义强度和广义应力的概率密度，而函数 $f(S)$ 和 $f(s)$ 则分别表示广义强度和广义应力的概率密度。当广义强度均值大于广义应力均值时，图中的阴影部分表示广义强度和广义应力的干涉区域，即广义强度小于广义应力的情况（系统失效情况）。上述这种根据广义强度和广义应力的干涉情况，计算干涉区域广义强度小于广义应力概率（失效概率）的理论模型，称为广义应力-强度干涉理论模型。

在广义应力-强度干涉模型中，根据可靠性的定义，广义强度大于广义应力的概率可表示为

$$R=P(S>s)=P(S-s>0) \tag{2-4}$$

通过数学推导可得到可靠度的一般表达式：

$$R=\int_{-\infty}^{+\infty} f(s)\cdot\left[\int_{s}^{+\infty} f(S)\mathrm{d}S\right]\mathrm{d}s \tag{2-5}$$

上述可靠度表达式是在没有考虑广义强度和广义应力时变特性的前提下得到的，即假设系统广义强度和广义应力不随时间变化。在工程实际中，系统广

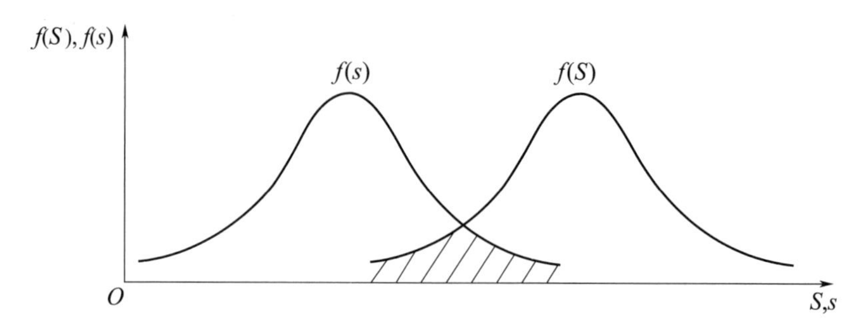

图 2-2 广义应力-强度干涉模型示意图

义强度往往随着时间逐渐退化，而广义应力往往随着时间波动。面对时变可靠性问题，一般采用首次穿越方法进行求解。

（2）稳健性

稳健性（Robustness）一般定义为“系统性能在不确定性因素影响下的稳定程度”。在《IEEE 核电站可靠性指南》中将稳健性定义为性能统计结果受到参数、模型、假设条件微小变化的影响不大。稳健性良好的系统，对系统本身及其工作环境的波动不敏感。

稳健性概念由质量控制中的田口方法发展而来。田口方法将产品质量控制的重点由生产制造阶段前置到设计阶段。该方法认为不可控制的噪声因素（如温度、湿度等环境因素以及加工制造误差等）造成了产品质量特性偏离其目标值，导致了质量损失，因此降低这些噪声因素对产品质量特性的影响是提升产品质量的关键。

设产品质量特性的目标值为 y_0 ，产品实际的质量特性为 y ，产品质量特性的偏差为 δ_y ，则

$$y = y_0 + \delta_y \tag{2-6}$$

其中，产品质量特性的偏差 δ_y 是服从一定概率分布的随机变量，当其服从正态分布时，$\delta_y \sim N(\mu, \sigma^2)$ 。图 2-3 给出了三种不同设计方案的质量特性波动情况。设计方案 1 的产品质量特性的散布最小，但其均值 μ_{y_1} 与目标值 y_0 有较大偏差；设计方案 2 和 3 的均值 μ_{y_2} 和 μ_{y_3} 都与目标值 y_0 一致，但设计方案 2 的产品质量特性散布范围小于设计方案 3 的产品质量特性散布范围。综合来看，设计方案 2 在稳健性方面更优。

由图 2-3 的案例可以看出，提升产品稳健性应从两方面入手：1）尽可能消除或减少产品质量特性（或性能响应）的均值与设计目标值的偏差；2）尽可能缩小产品质量特性（或性能响应）的散布范围，即减小质量特性（或性能

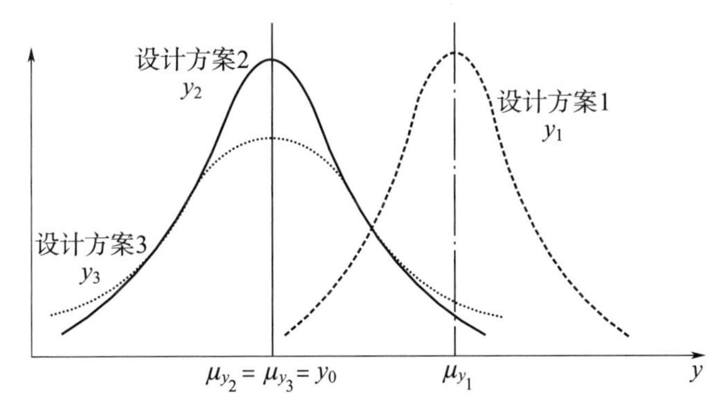

图 2-3　产品质量特性波动

响应）的方差。

稳健性设计是一种使产品质量特性与理想质量特性的偏差，以及产品质量特性波动尽量小的设计方法。其目的是确定可控因子（或设计变量）的最佳组合，消除或减少噪声因素对产品质量特性的影响。质量特性即为用户关心的产品性能输出。根据产品性能输出的期望特性，可以将其分为望目特性、望小特性、望大特性，即分别为性能输出值越接近目标值越好、越小越好、越大越好。

由可靠性与稳健性的概念与内涵可以看出，二者分别描述了工程实践中由不确定性带来的不同问题。可靠性主要关注的是产品的故障，从数学角度来讲，即是关注产品性能输出概率密度函数的尾部，也就是所谓的极端事件。稳健性主要关注的是产品性能波动，从数学角度来讲，即是关注产品性能输出在其均值附近的分布问题，可靠性与稳健性的关系，如图 2-4 所示。

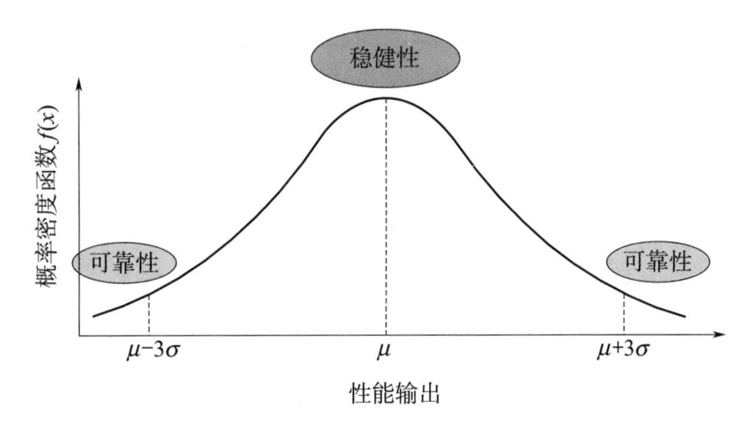

图 2-4　可靠性与稳健性的关系

2.2 不确定性分类

2.2.1 针对系统研制过程的不确定性分类

飞行器研制过程中的不确定性主要包括设计问题描述及决策过程不确定性、建模与仿真不确定性以及信息来源不确定性，如图 2－5 所示。

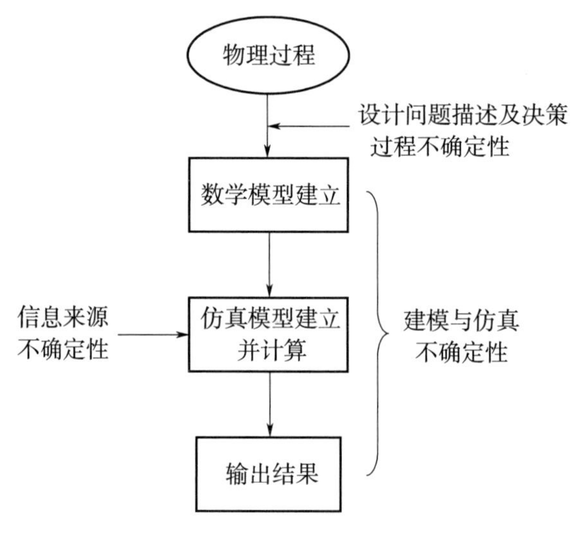

图 2－5 不确定性来源

由于对自然规律的认知不足，按照自然规律建立的科学理论本身也并不一定是物理过程的真实反映。这种对实际物理过程的认知偏差以及设计理论的不确定性，导致了设计问题描述及决策过程不确定性。

建模与仿真不确定性，指由于知识和信息的掌握不足或人为假设简化等导致的所建立模型与系统实际的不一致性，以及仿真模型与数值求解过程中，可能出现的由于算法的离散化处理、舍入误差等导致的数值误差。

模型处理过程中，需要很多外部信息的支撑。例如，作为设计变量的结构尺寸，它的确定需要同时考虑到加工精度和测量精度等，这些零件制造过程导致了实际数据与真实数据的差异。因此，信息来源不确定性主要是由工程实际条件或环境的不同引起的。

2.2.2 针对数据掌握程度的不确定性分类

根据数据信息的掌握程度，不确定性因素可以分为随机不确定性与认知不确定性，两者的定义和特点如下：

1）随机不确定性来源于系统的固有随机性，可以根据重复性随机实验来刻画，被认为是一种难以完全消除的不确定性。

2）认知不确定性来源于数据缺失或知识缺乏（例如，语言描述的不准确、建模信息不足、早期设计信息不完整、算法不精确等），可以随着认识的不断深入而逐渐减小。

通常采用概率论与数理统计方法处理随机不确定性。而应用该方法来描述参数的随机不确定性必须具备以下前提条件：

a）参数的意义和物理内涵明确清晰，不存在认知上的不足。

b）参数对应的对象具有概率重复性并具有明确的分布规律。

c）具有足够多的样本数来得出该参数的统计规律。

d）参数对应的对象不受外界或人为因素的干扰。

以上 4 个条件通常难以同时得到满足，例如，由于材料内在构成的复杂性和设计人员知识上的缺乏，在高温下材料的失效机理难以掌握，因此失效的临界点往往也难以准确预测；像武器装备这类的高价值、强破坏系统，不可能进行大量的实验，子样数非常有限，无法用统计的方法得出一些规律性的信息；研究对象所表现出来的特性往往会受工作环境、气候、操作人员等因素的影响，因此通过实验或测试所得到的数据往往和真实数据有一定的差距；对于新型飞行器，由于没有使用先例，统计信息往往无从获取。这些情况被认为属于认知不确定性的范畴，需要用认知不确定性度量工具来刻画描述。

对于认知不确定性的度量，应用广泛的数学工具包括模糊与可能性理论、凸集理论与区间分析（或称非概率可靠性）、证据理论等。在飞行器研制过程中，一些特殊情况下需要考虑混合不确定性，即同时考虑随机不确定性与认知不确定性。

2.3　不确定性建模方法

不确定性建模指对不确定性因素的定量描述。针对随机不确定性因素，一般采用概率论通过随机变量或随机过程对其进行建模，对于随机变量来说，不确定性建模包括选择合适的概率分布函数，对分布函数的参数进行准确估计，验证概率分布函数的合理性等。而针对认知不确定性因素，可采用的不确定性建模方法包括模糊与可能性理论、凸集理论与区间分析（或称非概率可靠性）、证据理论等。

2.3.1　概率建模方法

近年来，国内在飞行器总体设计过程中，部分专业逐渐开始采用概率方法分析参数不确定性，如轨迹规划专业利用蒙特卡洛方法进行打靶仿真，给出落点分布及其圆概率偏差，分离设计专业利用蒙特卡洛方法研究了不确定性因素对分离运动的影响，给出了分离运动参数的包络曲线。不确定性概率建模方法的内容主要是分布类型及其分布参数。对于具有大样本数据的参数，概率特征可以通过参数拟合方式进行估计，通常都可以给出精确的描述方式，例如测量数据的几何尺寸、结构质量等往往服从正态分布；但是对于无法得到大样本的数据，通常采用工程经验及仿真数据估计其概率特征，因而这种描述本身具有一定的不确定性，例如气动数据等。

飞行器总体设计中常用的设计变量分布类型及概率特征见表 2-1。

表 2-1　常用概率分布类型及其参数

分布	概密度函数	分布参数
正态分布	$p(x)=\dfrac{1}{\sigma\sqrt{2\pi}}\exp\left(\dfrac{-(x-\mu)^2}{2\sigma^2}\right)$	μ:均值 σ:标准差
均匀分布	$p(x)=\begin{cases}\dfrac{1}{b-a}, & a<x<b\\ 0, & 其他\end{cases}$	a:分布下界 b:分布上界
极值分布	$p(x)=\dfrac{1}{\sigma}\exp\left(\dfrac{x-\mu}{\sigma}\right)\exp\left[-\exp\left(\dfrac{x-\mu}{\sigma}\right)\right]$	μ:位置参数 σ:尺度参数
瑞利分布	$p(x)=\dfrac{x}{b^2}\exp\left(-\dfrac{x^2}{2b^2}\right)$	b:分布参数
伽玛分布	$p(x)=\dfrac{1}{b^a\Gamma(a)}x^{a-1}\exp\left(-\dfrac{x}{b}\right)$	a:分布参数 b:分布参数

常用的几类概率分布对不确定性的表述能力有限，对于参数呈现的多峰特性，单一分布难以有效描述。目前，国内外学者研究提出了通过两种及两种以上概率分布函数组合的混合概率分布函数，用以描述不确定性，取得了较好的效果[9,10]。混合概率分布函数的提出，进一步促使设计人员采用概率方法分析飞行器设计过程中的不确定性。

2.3.2　区间建模方法

采用非概率穷举法描述参数不确定性是工程中常见的方法，穷举法要求参数不确定性以区间形式描述，并且需要已知其连续和离散情况。因此为满足计算要求能够包括以往的经验信息，各专业之间通过区间形式进行参数传递。故区间形式作为不确定性非概率建模方法普遍存在于飞行器设计过程中，这种不确定性通常表示为参数偏差形式，见表 2-2。

表 2-2　飞行器初始数据偏差量（示意）

名称	单位	名称	单位
初始质量偏差	kg	升力系数偏差	%
质心轴向偏差	mm	转动惯量 J_x 偏差	%
质心横移偏差	mm	平均推力相对偏差	%

尽管区间描述形式为各个专业之间的参数传递带来了许多方便，但是由于这种描述形式导致参数重要信息的缺失，在区间传递过程中使得不确定性逐渐累积并扩张，在多约束情况下，难以获得合理的总体方案。

2.3.3　证据理论建模方法

证据理论也称 Dempster - Shafer 理论（简称 D - S 理论），最早是由 Dempster 提出的。其学生 Shafer 对该理论进行了扩展，并于 1976 年出版了专著 *A Mathematical Theory of Evidence*，从而使证据理论成为一种完整的处理不确定性的理论。

证据理论最基本的概念是辨识框架 Ω，定义为关于命题互不相容的所有可能答案或假设的一个有限集合。辨识框架的元素称为基本命题，辨识框架包含了所有有限的基本命题，类似于概率论中有限的样本空间。辨识框架的幂集 2^{Ω} 定义为集合 Ω 的所有子集的集合。

基本可信度赋值（Basic Probability Assignment，BPA）是证据理论的一个非常重要的概念，用于描述命题的可信任程度，类似于概率理论中的概率密度函数（Probability Density Function，PDF）。

定义 1： 基本可信度赋值：设 Ω 为辨识框架，则基本可信度赋值 m 定义为从集合 2^{Ω} 到 $[0,1]$ 的映射函数，即 $m: 2^{\Omega} \to [0,1]$，其中 2^{Ω} 为 Ω 幂集，函数 m 需满足以下三个条件：

$$\begin{cases} \forall A \in 2^{\Omega}, m(A) \geqslant 0 \\ m(\varnothing) = 0 \\ \sum\limits_{A \in 2^{\Omega}} m(A) = 1 \end{cases} \tag{2-7}$$

式中，A 表示辨识框架所对应幂集 2^{Ω} 的任意子集，可以解释为某一事件；$m(A)$ 称为事件 A 的基本可信数，其中 $m(A)>0$ 的区间 A 称为 m 的焦元。$m(A)$ 反映了证据命题 A 为真实的信任程度。

构造 BPA 函数是建立基于证据理论的不确定性模型的关键，在多源冲突信息条件下，利用聚合准则保留多源信息中的一致信息，摒除矛盾信息，进而描述认知不确定性。

证据理论对于认知不确定性的描述是由一对上、下概率值构成的区间 $[\mathrm{Bel}(A), \mathrm{Pl}(A)]$。下界 $\mathrm{Bel}(A)$（$0 \leqslant \mathrm{Bel}(A) \leqslant 1$）和上界 $\mathrm{Pl}(A)$（$0 \leqslant \mathrm{Pl}(A) \leqslant 1$）分别被称为可信度与似然度。

定义 2：可信性函数：命题 A 在辨识框架 Ω 上的一个从集合 2^{Ω} 到 $[0, 1]$ 的映射，若 A 表示任一子集，其满足：

$$\mathrm{Bel}(A)=\sum_{B \subseteq A} m(B)(\forall A \subset \Omega, B \subset 2^{\Omega}) \tag{2-8}$$

则称 $\mathrm{Bel}(A)$ 为命题 A 的可信性函数，即 A 中的每个子集 BPA 之和，它描述了证据对于集合 A 所对应事件为真的信任程度。如果辨识框架 Ω 中子集 A 的 BPA 函数 $m(A)>0$，则称子集 A 为可信性函数 Bel 的焦元，可信性函数全部焦元的并集称为可信性函数的核。$\mathrm{Bel}\{\overline{A}\}$ 表示怀疑命题 A 的程度，即对 A 否命题的信任程度。

定义 3：似然性函数：命题 A 在辨识框架 Ω 上的一个从集合 2^{Ω} 到 $[0, 1]$ 的映射，若 A 表示任一子集，其满足：

$$\mathrm{Pl}(A)=1-\mathrm{Bel}(\overline{A})=\sum_{A \cap B \neq \varnothing} m(B)(\forall A \subset \Omega, B \subset 2^{\Omega}) \tag{2-9}$$

则称 $\mathrm{Pl}(A)$ 为命题 A 的似然性函数，表示对命题 A 为非假的信任程度，即所有与 A 相交集合的 BPA 之和，且有 $\mathrm{Bel}(A) \leqslant \mathrm{Pl}(A)$。

可信性和似然性提供了命题 A 概率测度 $\mathrm{Pr}\{A\}$ 的下限和上限，满足：

$$\mathrm{Bel}(A) \leqslant \mathrm{Pr}(A) \leqslant \mathrm{Pl}(A) \tag{2-10}$$

2.3.4 不确定性建模示例

在飞行器总体参数设计时，通常需要计算稳定力矩系数。稳定力矩系数 b 是俯仰力矩系数、法向力系数、质心、动压等总体参数的函数：

$$b=-\left(\frac{\partial Cmz}{\partial \alpha}+\frac{\partial Cn}{\partial \alpha} x / l\right)(1-d_{cmz}) qsl / J_{z} \tag{2-11}$$

式中，Cmz 为俯仰力矩系数；α 为攻角；Cn 为法向力系数；x 为质心；l 为长度；

d_{cmz} 为俯仰力矩系数偏差量；q 为动压；s 为参考面积；J_z 为绕 z 轴转动惯量。飞行器各参数的取值见表 2－3，其中对于变量参数，通常视其服从正态分布，给出了偏差为 3σ 的取值区间。

表 2－3　飞行器总体设计参数示例

序号	参数	均值	偏差	参数类型
1	$\frac{\partial Cmz}{\partial \alpha}$	－1.4	—	常量
2	$\frac{\partial Cn}{\partial \alpha}$	2.19	—	常量
3	x	5.5 m	0.055 m	变量
4	l	13.5	—	常量
5	d_{cmz}	0	0.15	变量
6	q	14 000 Pa	1 400 Pa	变量
7	s	1.5 m^2	—	常量
8	J_z	13 500 kg·m^2	1 350 kg·m^2	变量

把表 2－3 中变量参数处理为区间变量，利用穷举法计算稳定力矩系数，同时把表 2－3 中变量参数处理为服从正态分布的独立随机变量，分别利用泰勒展开法和蒙特卡洛方法计算稳定力矩系数，三种方法的计算结果见表 2－4。

表 2－4　某型飞行器稳定力矩系数计算结果

序号	计算方法	均值	区间	偏差
1	穷举法	－27.4	[－37.0,－17.8]	9.6
2	泰勒展开法	－26.0	[－31.4,－20.6]	5.4
3	蒙特卡洛法	－26.4	[－31.7,－21.1]	5.3

由表 2－4 可知蒙特卡洛计算方法所得的偏差与泰勒展开法接近，均小于传统的穷举法所得的偏差。利用蒙特卡洛产生的 N 个响应变量对稳定力矩系数进行正态性检验，检验结果表明稳定力矩系数服从正态分布，如图 2－6 和图 2－7 所示。由于稳定力矩系数具有正态特性，因此利用泰勒展开法和蒙特卡洛法得到的结果较为接近。

通过对概率方法和传统方法进行对比可知，在给定设计输入参数条件下，在设计输出参数满足 3σ 要求的同时，传统的穷举方法过于保守，给工程设计带来了一定的难度。而概率方法能给出较为精确的结果，满足工程实际使用要

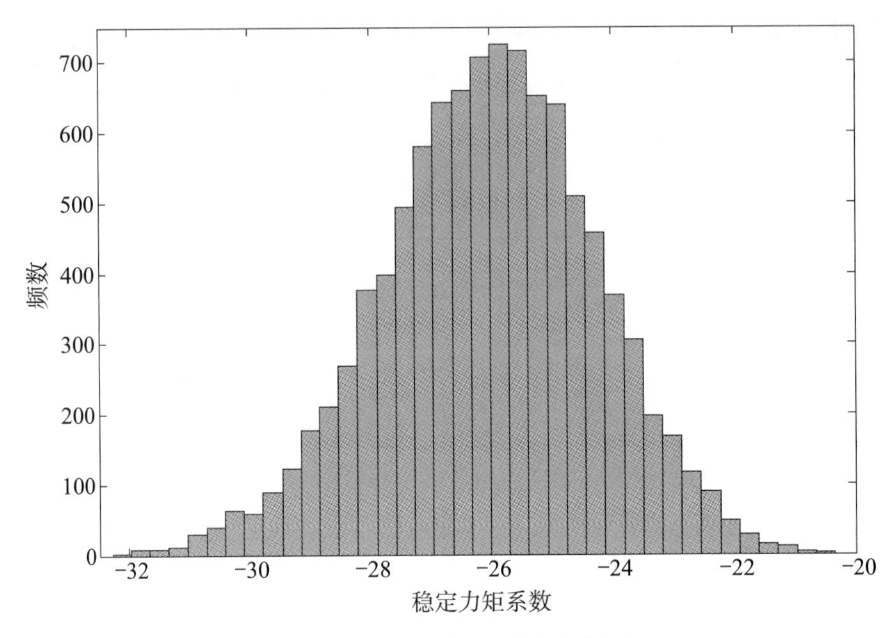

图 2-6　稳定力矩系数直方图

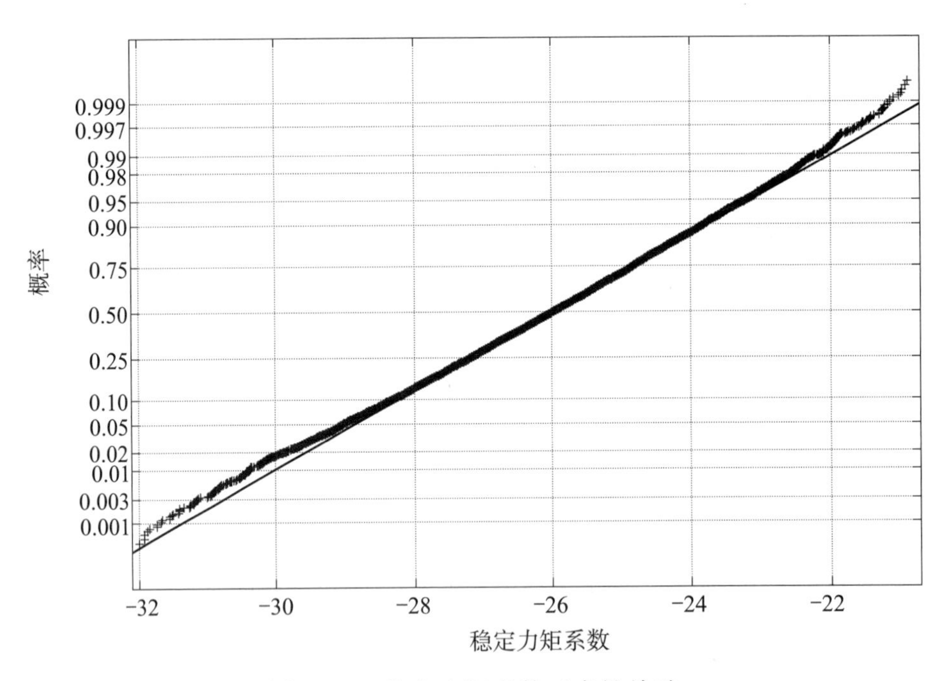

图 2-7　稳定力矩系数正态性检验

求，同时也符合新型飞行器总体精确设计的发展趋势。进一步，对泰勒展开法和蒙特卡洛方法进行对比分析，泰勒展开法可以给出偏差的解析表达式，计算较为简单，但要求输出函数有解析式，而蒙特卡洛方法适用于各种分布，但无法给出偏差的解析表达式。在工程实践中，可根据实际情况，二者中选择一种合适的方法。

2.4　灵敏度分析方法

灵敏度分析（Sensitivity Analysis，SA）指利用特定的方法识别系统性能对设计变量及其他参数变化的敏感程度，筛选主要因素，进而为指导设计和辅助决策提供支撑，实现分析或设计的降维，避免考虑过多因素而增加系统的复杂性。

经过数十年的发展，灵敏度分析可分为单学科灵敏度分析和多学科灵敏度分析。灵敏度分析的目的是探究输入不确定性对系统输出响应的影响程度，即探究模型输出不确定性的来源。利用灵敏度分析可以给出输入不确定性对输出响应的相对贡献大小，进而以最小的代价减小系统输出响应的不确定性，提高设计方案的稳健性；此外，将次要输入不确定性设定为一个确定值，可以减少飞行器总体设计参数数量，提高设计分析效率。基于抽样的灵敏度分析方法是常用的灵敏度分析方法，主要包括相关系数法、基于二阶响应面的灵敏度分析方法以及基本效应灵敏度分析方法。

基于抽样的灵敏度分析方法一般步骤如下：

1）针对任一系统模型，建立系统输出响应 $\boldsymbol{y}$ 与输入不确定性因素 $\boldsymbol{x}=(x_1, x_2, \cdots, x_n)$ 的“黑箱”模型 $\boldsymbol{y}=f(\boldsymbol{x})$。

2）利用试验设计方法在输入不确定性分布空间中选取 k 个样本点，如拉丁超立方抽样方法或者 Hammersley 抽样方法，构造样本点集 $\boldsymbol{X}=(x_{ij})_{k\times n}$，$i=1, 2, \cdots, k$，$j=1, 2, \cdots, n$，$\boldsymbol{X}$ 为 $k\times n$ 矩阵；针对每一个样本点进行系统分析，获取相应的输出响应集 $\boldsymbol{Y}=(y_i)_{k\times 1}$，$i=1, 2, \cdots, k$，$\boldsymbol{Y}$ 为 $k\times 1$ 向量。

3）利用灵敏度分析方法对输入不确定性进行重要性排序，识别对系统输出影响显著的输入不确定性因素。

2.4.1　相关系数法

基于概率论与数理统计中的相关性分析，相关系数法直接建立输入不确定性和系统输出响应之间的线性关系，相关系数 $\rho(x_{\cdot j}, y)$ 可以表述为

$$\rho(\boldsymbol{x}_{\cdot j},\boldsymbol{y})=\frac{\mathrm{Cov}(\boldsymbol{x}_{\cdot j},\boldsymbol{y})}{\sqrt{D(\boldsymbol{x}_{\cdot j})}\sqrt{D(\boldsymbol{y})}}=\frac{E\{[\boldsymbol{x}_{\cdot j}-E(\boldsymbol{x}_{\cdot j})][\boldsymbol{y}-E(\boldsymbol{y})]\}}{\sqrt{E\{[\boldsymbol{x}_{\cdot j}-E(\boldsymbol{x}_{\cdot j})]^2\}}\sqrt{E\{[\boldsymbol{y}-E(\boldsymbol{y})]\}}} \tag{2-12}$$

式中，$\boldsymbol{x}_{\cdot j}$ 表示所有样本点第 j 个分量的向量；$\mathrm{Cov}(\boldsymbol{x}_{\cdot j},\ \boldsymbol{y})$ 为 $\boldsymbol{x}_{\cdot j}$ 与 $\boldsymbol{y}$ 的协方差；$D(\cdot)$ 为方差；$E(\cdot)$ 为期望。结合样本点集 X 和输出响应集 $\boldsymbol{Y}$，式（2-12）可以进一步表述为

$$\rho(\boldsymbol{x}_{\cdot j},\boldsymbol{y})=\frac{\sum_{i=1}^{k}(x_{ij}-\bar{x}_{\cdot j})(y_i-\bar{y})}{\left[\sum_{i=1}^{k}(x_{ij}-\bar{x}_{\cdot j})^2\right]^{\frac{1}{2}}\left[\sum_{i=1}^{k}(y_i-\bar{y})^2\right]^{\frac{1}{2}}} \tag{2-13}$$

式中，x_{ij} 表示第 i 个样本的第 j 个分量；$\bar{x}_{\cdot j}$ 为所有样本点第 j 个分量的均值；$\bar{y}$ 为所有样本点系统输出响应集的均值，可表述为

$$\bar{x}_{\cdot j}=\frac{\sum_{i=1}^{k}x_{ij}}{k},\bar{y}=\frac{\sum_{i=1}^{k}y_i}{k} \tag{2-14}$$

相关系数 $\rho(\boldsymbol{x}_{\cdot j},\ \boldsymbol{y})$ 取值介于－1 到 1 之间，若 $\rho(\boldsymbol{x}_{\cdot j},\ \boldsymbol{y})$ 为 0，则第 j 个不确定性因素与输出响应 y 之间没有线性相关性；若 $\rho(\boldsymbol{x}_{\cdot j},\ \boldsymbol{y})$ 的绝对值为 1 时，则第 j 个不确定性因素与输出响应 y 之间完全线性相关。该方法在统计学以及工程领域有着广泛的应用，其缺点在于仅仅识别输入不确定性与输出响应两者之间的线性相关性，无法判断两者的非线性映射关系。

2.4.2 基于二阶响应面的灵敏度分析

为了进一步识别输入不确定性与输出响应两者之间的非线性关系，通过构造设计空间的二阶多项式响应面，利用二阶多项式系数进行灵敏度分析，从而识别主要输入不确定性，滤除次要不确定性因素。基于二阶多项式响应面的近似函数表述如下：

$$\hat{y}(\boldsymbol{x})=\beta_0+\sum_{i=1}^{n}\beta_i x_i+\sum_{i=1}^{n}\sum_{j=i}^{n}\beta_{ij}x_i x_j \tag{2-15}$$

式中，β_0，β_i 和 β_{ij} 为二阶多项式回归参数。记回归参数列向量为 $\boldsymbol{\beta}$，则

$$\boldsymbol{\beta}=(\beta_0,\beta_1,\beta_2,\cdots,\beta_n,\beta_{11},\beta_{12},\cdots,\beta_{1n},\beta_{22},\beta_{23},\cdots,\beta_{2n},\cdots,\beta_{nn})^{\mathrm{T}} \tag{2-16}$$

基于二阶多项式特点，$\boldsymbol{\beta}$ 分量个数为 $(n+1)(n+2)/2$，记二阶多项式回归

基函数行向量为 $\boldsymbol{F}^{\mathrm{T}}(\boldsymbol{x})$，则

$$\boldsymbol{F}^{\mathrm{T}}(\boldsymbol{x})=(1,x_1,x_2,\cdots x_n,x_1^2,x_1x_2,\cdots,x_1x_n,x_2^2,x_2x_3,\cdots,x_2x_n,\cdots,x_n^2) \tag{2-17}$$

进而，式（2－15）的近似函数可进一步表述为

$$\hat{y}(\boldsymbol{x})=\boldsymbol{F}^{\mathrm{T}}(\boldsymbol{x})\cdot\boldsymbol{\beta} \tag{2-18}$$

通常，基于样本点集 $\boldsymbol{X}$ 和输出响应集 $\boldsymbol{Y}$，最小化式（2－13）估计 $\boldsymbol{\beta}$：

$$J(\boldsymbol{x})=\sum_{i=1}^{k}[\boldsymbol{F}^{\mathrm{T}}(\boldsymbol{x}_{i\cdot})\cdot\boldsymbol{\beta}-y_i]^2 \tag{2-19}$$

式中，$\boldsymbol{x}_{i\cdot}$ 是第 i 个样本点向量，记 $\boldsymbol{P}=(\boldsymbol{F}(\boldsymbol{x}_{1\cdot}),\ \boldsymbol{F}(\boldsymbol{x}_{2\cdot}),\ \cdots,\ \boldsymbol{F}(\boldsymbol{x}_{k\cdot}))^{\mathrm{T}}$；$y_i$ 是第 i 个样本点的响应值。进而利用最小二乘法对回归参数向量 $\boldsymbol{\beta}$ 估计如下：

$$\boldsymbol{\beta}=(\boldsymbol{P}^{\mathrm{T}}\boldsymbol{P})^{-1}\boldsymbol{P}^{\mathrm{T}}\boldsymbol{Y} \tag{2-20}$$

回归参数向量 $\boldsymbol{\beta}$ 中除 β_0 以外，其余参数均表示相应回归基函数的导数，对回归参数做归一化处理：

$$s_i=\frac{\beta_i}{\sum_{i=2}^{(n+1)(n+2)/2}|\beta_{(i)}|}\left(i=2,3,\cdots,\frac{(n+1)(n+2)}{2}\right) \tag{2-21}$$

式中，β_i 表示回归参数向量 $\boldsymbol{\beta}$ 中第 i 个分量。s_i 绝对值越大，表示二阶多项式对应的回归基函数项对系统输出响应 y 的影响程度越大，按照 s_i 绝对值大小对回归基函数项进行排序，就可以给出回归基函数项对系统响应影响的重要性排序图。

与相关系数法相比，基于二阶响应面的灵敏度分析方法不仅仅可以识别输入不确定性与输出响应两者之间的线性相关性，同时还可以考虑输入不确定性与输出响应两者的二阶非线性相关性，能够获取更多的灵敏度信息。该方法适用于非线性程度较低的问题，可以给出精确的灵敏度分析结果，然而对于非线性程度较高的特殊问题，可能具有较大的计算误差。

2.4.3　基本效应灵敏度分析

基于有限差分的局部灵敏度分析方法，进一步发展了基本效应灵敏度分析方法，用于从大量输入不确定性因素中筛选出重要的影响因素，具有计算效率高、适用广泛的特点。定义第 i 个输入变量 $x_i(i=1,\ \cdots,\ n)$ 的基本效应为

$$EE_i=\frac{f(x_1,x_2,\cdots,x_{i-1},x_i+\delta_i,x_{i+1},\cdots,x_n)-f(x_1,x_2,\cdots,x_n)}{\delta_i} \tag{2-22}$$

式中，δ_i 为输入不确定性在 x_i 方向的步长；$f(x_1, x_2, \cdots, x_n)$ 为相应的输出响应值，式（2－22）的基本效应 EE_i 是一个局部灵敏度信息，其表征的是输入不确定性 x_i 在当前某点处的变化对输出响应 y 的影响。为进一步得到全局灵敏度信息，MORRIS 提出将基本效应 EE_i 分布的均值 μ_i 和标准差 σ_i 作为输入不确定性 x_i 的灵敏度分析指标[30]。因此，均值 μ_i 表征输入不确定性 x_i 在其不确定性空间波动时对输出响应 y 的平均影响；标准差 σ_i 表征输入不确定性 x_i 与其他变量变化之间的相互影响对输出响应影响是线性的还是非线性的。给定一组基本效应值，均值 μ_i 和标准差 σ_i 的估计值如下式所示：

$$\mu_i = \frac{\sum_{j=1}^{k} EE_i^j}{k}, \sigma_i^2 = \frac{\sum_{j=1}^{k} (EE_i^j - \mu_i)^2}{k-1} \tag{2-23}$$

然而针对非单调性模型，上述方法计算给出的一组基本效应 EE_i 可能同时出现正数和负数，这种条件下计算给出的均值 μ_i 会非常小，若直接采用均值 μ_i 衡量灵敏度测度，此时会导致采用均值 μ_i 的灵敏度分析结果不准确，但 σ_i^2 值可能较大，因而，可以认为输入不确定性 x_i 对输入响应 y 具有较大的重要性。为了解决均值 μ_i 较小的问题，CAMPOLONGO 等人进一步提出用基本效应 EE_i 的绝对值均值 μ_i^* 替代 μ_i 作为灵敏度分析指标，从而避免了计算均值 μ_i 过程中出现的正负抵消情况[31]。同时，CAMPOLONGO 等人指出当方差指标 σ_i^2 的近似计算成本较高时，可以采用绝对值均值 μ_i^* 作为灵敏度分析指标。绝对值均值 μ_i^* 的估计如下式所示：

$$\mu_i^* = \frac{\sum_{j=1}^{k} |EE_i^j|}{k} \tag{2-24}$$

显然，计算均值 μ_i、绝对值均值 μ_i^* 以及方差 σ_i^2 这 3 个关键指标时，会产生 k 个样本点，针对每一个样本点计算一个基本效应 EE_i 需要两个样本点，因而，在输入不确定性维数为 n 的条件下，共计需要 $2nk$ 个样本点。因而，基本效应灵敏度分析方法的计算量随着输入变量维数的增加而线性增加。

2.5 经典不确定性分析方法

经典不确定性分析方法一般包括泰勒展开近似法、以蒙特卡洛为代表的数值模拟方法、以一阶可靠性分析法（First Order Reliability Method，FORM）

为代表的局部展开方法等。

2.5.1　泰勒展开近似法

对于简单的工程问题，一般应用泰勒展开近似法进行不确定性分析。设系统输入参数 $\boldsymbol{x}$ 为 n 维随机向量，均值向量为 $\boldsymbol{\mu}_x$，标准差向量为 $\boldsymbol{\sigma}_x$。不考虑系统模型 $f(\cdot)$ 的不确定性，则系统输出响应 $y=f(\boldsymbol{x})$ 的均值 μ_y 和标准差 σ_y 近似计算公式为

$$\begin{cases}\mu_y=f(\mu_{x_1},\mu_{x_2},\cdots,\mu_{x_n})+\dfrac{1}{2}\displaystyle\sum_{i=1}^{n}\dfrac{\partial^2 f}{\partial x_i^2}\sigma_{x_i}^2+\sum_{i=1}^{n}\sum_{j=i+1}^{n}\dfrac{\partial^2 f}{\partial x_i\partial x_j}\rho_{ij}\sigma_{x_i}\sigma_{x_j}\\ \sigma_y=\sqrt{\displaystyle\sum_{i=1}^{n}\left(\dfrac{\partial f}{\partial x_i}\right)^2\sigma_{x_i}^2+2\sum_{i=1}^{n}\sum_{j=i+1}^{n}\dfrac{\partial f}{\partial x_i}\dfrac{\partial f}{\partial x_j}\rho_{ij}\sigma_{x_i}\sigma_{x_j}}\end{cases} \tag{2-25}$$

式中，ρ_{ij} 为相关系数。如果输入变量不相关，忽略二阶梯度，则系统输出响应的均值和标准差的近似计算公式为

$$\begin{cases}\mu_y=f(\mu_{x_1},\mu_{x_2},\cdots,\mu_{x_n})\\ \sigma_y=\sqrt{\displaystyle\sum_{i=1}^{n}\left(\dfrac{\partial f}{\partial x_i}\right)^2\sigma_{x_i}^2}\end{cases} \tag{2-26}$$

泰勒展开近似法直观简单，便于计算与应用，但存在一定的局限性，该方法要求系统输入参数的标准差或变化区间不能太大，系统模型的非线性程度不能太大，否则分析精度会受到极大影响。虽然存在上述不足，但综合考虑计算复杂性和求解精确性，该方法仍不失为一个可行有效的不确定性近似分析方法。

2.5.2　蒙特卡洛方法

蒙特卡洛方法是经典而且应用最普遍的一种抽样方法。该方法在不确定性参数取值空间按照一定分布规律进行抽样，计算各个样本点对应的系统响应值，并基于不确定性变量信息分析系统响应的概率分布特征以及其他统计量。系统响应的均值与方差可近似表示为

$$\boldsymbol{\mu}_y\approx\frac{1}{N}\sum_{k=1}^{N}\boldsymbol{y}_k \tag{2-27}$$

$$\sigma_y^2\approx\frac{1}{N-1}\sum_{k=1}^{N}(\boldsymbol{y}_k-\boldsymbol{\mu}_y)^2 \tag{2-28}$$

估计误差为

$$e=\frac{\sigma_y}{\sqrt{N}} \tag{2-29}$$

由上式可以看出，计算结果与抽样次数 N 有关，而且当 N 越大时，该方法的计算结果越精确。但是 N 的无限增大，会使得计算量非常大，因此选取合适的 N 对于该方法的使用非常重要。

如果区间变量 $x_i(i=1,\cdots,n)$ 服从均匀分布或者均匀分布和正态分布的混合分布，则可以利用蒙特卡洛方法模拟产生输入变量 $\boldsymbol{X}$ 的随机数，由随机数计算响应量 y，得到概率为 $1-\alpha$ 的近似概率区间，其步骤如下：

1）如果输入区间向量 $\boldsymbol{X}=(x_1,\cdots,x_n)$ 中的区间变量都是独立的，则由 x_i 的分布产生随机数 x'_i，其中 $\underline{x}_i \leqslant x'_i \leqslant \overline{x}_i$；如果有变量不是独立的，则独立的变量按各自的分布产生随机数，不独立向量根据其联合分布产生随机数，如 x_i 和 x_j 不独立，其联合分布函数为 $F(x_i,x_j)$，则由 $F(x_i,x_j)$ 产生随机数 x'_i 和 x'_j，由随机数 $\boldsymbol{X}'=(x'_1,\cdots,x'_n)$ 计算可得响应变量 $y'=f(\boldsymbol{X}')$。

2）重复1）N 次，得到 N 个响应变量 y'，当 N 越大，得到的概率区间越精确，计算量也越大，一般取 $N=10\ 000$ 就可以达到较好的收敛效果（当输入变量的维数较高时，N 可适当取大点）。

3）对 N 个响应变量 y' 进行从小到大排列得 $y''_1\cdots y''_N$，在给定概率水平 $1-\alpha$ 下，取 $\underset{\sim}{y}=y''_{k_1}$，$\tilde{y}=y''_{k_2}$，其中 $k_1=N\alpha/2$，$k_2=N-k_1$（选择 N 使 k_1 和 k_2 为整数），则响应量 y 的概率区间为 $[\underset{\sim}{y},\tilde{y}]$。

关于蒙特卡洛法随机数的产生，最常用直接抽样，但它没有避免随机数的重复产生，随着蒙特卡洛方法广泛应用到工程中，随机数的抽样方法也得到了进一步研究，包括重要抽样方法和分段抽样方法等。其中作为分段抽样方法的一种，拉丁超立方抽样方法强制保证抽样点离散分布于整个抽样空间，计算循环次数可因此减少，而且计算精度相对提高，该方法的主要思想是根据仿真次数 N 将不确定性变量的区间划分为 N 个互不重叠的子区间，最后在每个子区间内分别进行上述均匀分布、正态分布等分布的抽样，区间的划分可根据变量的分布情况进行调整。

这种根据不确定性变量的概率分布随机生成样本点的方法要求已知所有输入的分布规律。虽然飞行器总体设计中不确定性变量的分布往往未知，但是对于一些不具有大样本的参数，以往经验分布能够满足设计精度要求，对于具有大样本的参数，通过精确的拟合方法也能够满足设计要求。

2.5.3　高效抽样方法

（1）随机抽样方法

随机抽样方法利用计算机伪随机函数在区间 $[a, b]$ 生成服从均匀分布的若干随机数，作为试验样本点集，完成试验设计。当试验点充分多时，随机抽样方法能够较为全面地获取精确模型信息。

（2）拉丁超立方设计

拉丁超立方试验设计最早由 MCKAY 等提出[32]，利用少量的试验样本点获取设计空间更多的信息，其试验样本点集散布性更好、代表性更强，在工程和学术中有着较为广泛的应用。

拉丁超立方的抽样策略如下：设在一个 n 维设计空间中选取 k 个样本点，将 n 维设计空间的每一维坐标区间平均划分为 k 个子空间，用 $(\pi_{1i}, \cdots, \pi_{ki})^{\mathrm{T}}$ 表示第 i 维坐标的 k 个标号的任意随机排序，且保证 n 个随机排列相互独立，形成一个 $k \times n$ 阶子空间矩阵。进而，在每个子空间上随机选取一个试验点，形成 k 个试验点。拉丁超立方抽样策略可以保证每一个设计变量的每一个子空间仅出现一次，即具有一维均匀分布的特性，保证了试验样本点集的均匀性。图 2－8 为拉丁超立方设计在 2 维空间中选取 4 个设计点时试验样本集的分布。

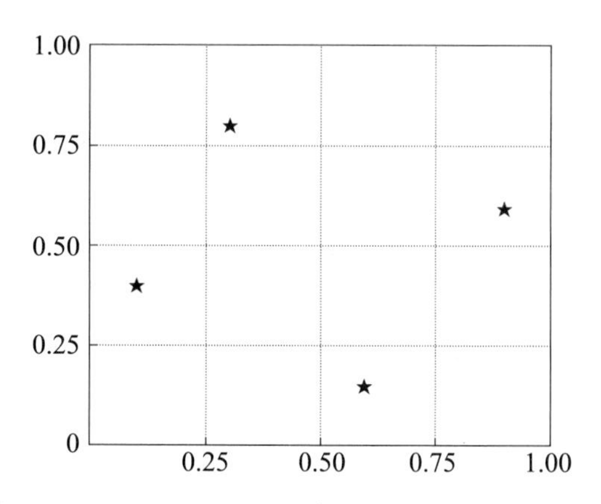

图 2－8　$k=4$，$n=2$ 时拉丁超立方样本点分布

（3）汉默斯里序列抽样

汉默斯里序列抽样方法是一种基于数论的计算机试验设计方法，其抽样原理是利用整数以 R 为基的计数法生成一系列 Hammersley 样本点，利用 R 为

基的计数法将整数 P 表示为

$$\begin{aligned} P &= P_0 + P_1 R + P_2 R^2 + \cdots + P_m R^m \\ &= (P_m P_{m-1} \cdots P_2 P_1 P_0)_R \end{aligned} \tag{2-30}$$

式中，m 为整数 P 以 R 为基的位数，位数 m 可以通过如下公式计算：

$$m = [\log_R P] = \left[\frac{\ln P}{\ln R}\right] \tag{2-31}$$

式中，$[\cdot]$ 表示向下取整。例如对于整数 $P=756$，在以 $R=7$ 为基的计数法中，位数 m 计算得 $m=[\ln 756/\ln 7]=[3.406]=3$，进而计算得到 $P_0=0$，$P_1=3$，$P_2=1$，$P_3=2$，从而将整数 P 表示为 $P=(2\ 130)_7=2\times 7^3+1\times 7^2+3\times 7+0$。进而利用 R 为基的反基函数生成区间 $[0,\ 1]$ 的数：

$$\begin{aligned} \varphi_R(P) &= P_0 R^{-1} + P_1 R^{-2} + \cdots + P_m R^{-m-1} \\ &= 0.\ P_0 P_1 \cdots P_m \end{aligned} \tag{2-32}$$

进而，在 n 维设计空间中抽取 k 个样本点，利用 Hammersley 抽样方法生成的第 i 个样本点为

$$x^i(P) = (x_1^i, x_2^i, \cdots, x_k^i) = \left(\frac{P}{k}, \varphi_{R_1}(P), \varphi_{R_2}(P), \cdots, \varphi_{R_{k-1}}(P)\right) \tag{2-33}$$

其中 $P=0,\ 1,\ 2,\ \cdots,\ k-1$，基 R_1，R_2，$\cdots$，R_{k-1} 为前 $k-1$ 个质数，如 2，3，5，7，11，13，17，…，从而生成 k 个 n 维样本点。Hammersley 抽样方法具有低差异性，与拉丁超立方试验设计方法相比，其样本点空间分布更为均匀。

2.5.4 FORM 方法

在系统参数的概率分布函数已知且功能函数连续可导的条件下，可靠性分析的实质是一个多元函数求积分的问题。

$$P[g(\boldsymbol{x},\boldsymbol{p}) \leqslant 0] = \int_{g(\boldsymbol{x},\boldsymbol{p}) \leqslant 0} f_{xp}(\boldsymbol{x},\boldsymbol{p}) \mathrm{d}\boldsymbol{x} \mathrm{d}\boldsymbol{p} \tag{2-34}$$

式中，$\boldsymbol{x}$ 为设计变量；$\boldsymbol{p}$ 为系统参数；$g(\boldsymbol{x},\ \boldsymbol{p})$ 为系统的功能函数，当 $g(\boldsymbol{x},\ \boldsymbol{p}) \leqslant 0$ 时系统功能正常；$f_{xp}(\boldsymbol{x},\ \boldsymbol{p})$ 为设计变量 $\boldsymbol{x}$ 和参数 $\boldsymbol{p}$ 的联合概率密度函数。

当产品功能结构复杂，其设计变量和参数较多，即 $\boldsymbol{x}$ 和 $\boldsymbol{p}$ 的维数高，$g(\boldsymbol{x},\ \boldsymbol{p}) \leqslant 0$ 的区域难于准确描述，上式积分计算困难。如果已知功能函数的

概率分布函数 f_g ，则式（2－34）可简化为

$$P[g(\boldsymbol{x},\boldsymbol{p})\leqslant 0]=\int_{-\infty}^{0} f_g(g)\mathrm{d}g \tag{2-35}$$

在工程实际中，$f_g(g)$ 很难获取，因此其应用范围十分有限。

FORM方法将实际参数空间 $\boldsymbol{x}$ 空间转换为标准正态分布空间 $\boldsymbol{u}$ 空间，利用标准正态分布的优秀特性对约束可靠度进行近似计算。

记随机设计变量 $\boldsymbol{x}$ 在标准正态分布空间对应于向量 $\boldsymbol{u}$ ，第 i 个分量 u_i 计算如下：

$$u_i=\Phi^{-1}(F(x_i)) \tag{2-36}$$

式中，$\Phi^{-1}(\cdot)$ 是标准正态分布函数的反函数；$F(\cdot)$ 是 $\boldsymbol{x}$ 的概率分布函数。

则原空间的约束条件 $g(\boldsymbol{x})\leqslant 0$ 在 $\boldsymbol{u}$ 空间内表述如下：

$$g(\boldsymbol{u})\leqslant 0 \tag{2-37}$$

2.6　代理模型

在解决可靠性分析精度与效率的冲突方面，代理模型成为一种充满前景的方法。代理模型是原始仿真模型的一种近似模型，它利用有限的训练点来拟合仿真模型的输入输出关系。在近似精度满足要求后，数学结构简单的代理模型将代替计算量巨大的仿真模型进行可靠性分析，从而大大提高计算效率。常用的代理模型包括响应面（Response Surface method，RSM）、Kriging模型、混沌多项式（Polynomial Chaos Expansion，PCE）以及支持向量机（Support Vector Machine，SVM）。

2.6.1　响应面方法

由Box和Wilson提出的响应面模型（Response Surface Model，RSM），又被称作多项式回归模型，是一种常用的代理模型。对于 p 维问题，使用 m 次多项式对源函数 y 近似得到 $\hat{y}$ ：

$$\hat{y}=\beta_0+\sum_{i=1}^{p}\beta_i x_i+\sum_{i_1=1}^{p}\sum_{i_2=1}^{p}\beta_{i_1 i_2}x_{i_1}x_{i_2}+\cdots+\sum_{i_1=1}^{p}\sum_{i_2=1}^{p}\cdots\sum_{i_m=1}^{p}\beta_{i_1 i_2\cdots i_m}x_{i_1}x_{i_2}\cdots x_{i_m} \tag{2-38}$$

通常使用二次多项式函数来近似源模型：

$$\hat{y}=\beta_0+\sum_{i=1}^{p}\beta_i x_i+\sum_{i=1}^{p}\sum_{j\geqslant i}^{p}\beta_{ij}x_i x_j \tag{2-39}$$

将系数 β 按向量排序得到：

$$\hat{y}=\beta_0+\sum_{i=1}^{p}\beta_i x_i+\sum_{i=1}^{p}\sum_{j\geqslant i}^{p}\beta_{p+(i-1)(p-1)+j}x_i x_j \tag{2-40}$$

其待定系数 β 向量的元素个数为 $K+1$ 个：

$$K=2p+\mathop{C}\limits_{p}^{2} \tag{2-41}$$

对 N 个采样点（$\boldsymbol{X}_i$，y_i）($i=1, 2, \cdots, N, N>K$)，采用最小二乘法求待定系数。将（$\boldsymbol{X}_i$，y_i）代入式（2-41），规整为

$$\boldsymbol{Xb}=\boldsymbol{y} \tag{2-42}$$

$$\boldsymbol{X}=\begin{bmatrix}1 & x_{11} & x_{12} & \cdots & x_{1K}\\ 1 & x_{21} & x_{22} & \cdots & x_{2K}\\ \vdots & \vdots & \vdots & & \vdots\\ 1 & x_{N1} & x_{N2} & \vdots & x_{NK}\end{bmatrix},\boldsymbol{b}=\begin{bmatrix}\beta_0\\ \beta_1\\ \vdots\\ \beta_K\end{bmatrix},\boldsymbol{y}=\begin{bmatrix}y_1\\ y_2\\ \cdots\\ y_N\end{bmatrix} \tag{2-43}$$

其中 $\boldsymbol{X}$ 为设计矩阵，其元素 $\boldsymbol{x}_{ij}$ 为：当 $1\leqslant j\leqslant p$ 时，$\boldsymbol{x}_{ij}$ 为一次项值，即第 i 个点的 j 维坐标值；当 $p+1\leqslant j\leqslant K$ 时，$\boldsymbol{x}_{ij}$ 为二次项值，为第 i 个点的 l 维坐标乘以 m 维坐标，满足：

$$p+(p-1)(l-1)+m=j,l\leqslant m,1\leqslant l,m\leqslant p \tag{2-44}$$

$\boldsymbol{b}$ 向量中元素 $\boldsymbol{\beta}_j$ 与式（2-43）中一致。由式（2-44）得到：

$$\boldsymbol{b}=(\boldsymbol{X}^{\mathrm{T}}\boldsymbol{X})^{-1}\boldsymbol{X}^{\mathrm{T}}\boldsymbol{y} \tag{2-45}$$

RSM 具有效率高的特点，适用于低阶低维问题的近似，而且利用它可直接从标准化回归模型的系数识别出不同设计因素的特征；其缺点是不适合高维非线性问题。RSM 还有多种改进形式，包括双向 RSM、改进 RSM、随机 RSM 和自适应 RSM 等，可以改善简单 RSM 的性能。

2.6.2 Kriging 方法

Kriging 模型又称为高斯过程模型（Gaussian Process Model，GPM）。在计算科学中，Kriging 模型被当作一种代理模型来使用。由于 Kriging 模型考虑了设计点之间的空间相关性，因此某个设计点的 Kriging 预计值将受到这个设计点周围的训练点的影响。与此同时，Kriging 模型能够在某一设计点提供预测值的完整的高斯分布，包括预测值的期望值与方差，而不像其他代理模型

只能提供某一个设计点的预测值。增加 Kriging 模型的训练点将会减小每个设计点预测值的方差（不确定性），因此能够整体上提高 Kriging 模型的预测精度。

令一个功能函数为 $y=g(\boldsymbol{x})$，它的 Kriging 近似表示为

$$\hat{g}(x)=\boldsymbol{h}^{\mathrm{T}}(\boldsymbol{x})\boldsymbol{p}+Z(\boldsymbol{x}) \tag{2-46}$$

式中，$\boldsymbol{h}(\cdot)$ 表示趋势函数，由一组回归函数的向量组成；$\boldsymbol{p}$ 表示趋势系数的向量；$Z(\boldsymbol{x})$ 表示一个稳态高斯过程，它的均值是零，协方差函数为

$$\mathrm{Cov}[Z(\boldsymbol{a}),Z(\boldsymbol{b})]=\sigma_Z^2 R(\boldsymbol{a},\boldsymbol{b}) \tag{2-47}$$

式中，σ_Z^2 表示过程方差；$R(\boldsymbol{a},\ \boldsymbol{b})$ 表示相关函数，平方指数函数（Squared - Exponential Function）（又称为各向异性高斯模型）是一种常用的相关函数，其形式如下：

$$R(\boldsymbol{a},\boldsymbol{b})=\exp\left[-\sum_{i=1}^{n}\theta_i(a_i-b_i)^2\right] \tag{2-48}$$

式中，n 表示随机变量总数；a_i 和 b_i 分别表示向量 $\boldsymbol{a}$ 和 $\boldsymbol{b}$ 的第 i 个元素；θ_i 表示第 i 个维度上相关长度的乘法逆元。

令一组训练点为 $(\boldsymbol{x}^{(1)},\ \cdots,\ \boldsymbol{x}^{(m)})\in\boldsymbol{R}^n$，根据函数关系 $y=g(\boldsymbol{x})$ 得到的相应的响应为 $[y^{(1)},\ \cdots,\ y^{(m)}]\in\boldsymbol{R}$。那么该函数的 Kriging 近似模型，在任意一点 $\boldsymbol{x}$ 的预测值期望 $\mu_{\hat{g}}(\boldsymbol{x})$ 和方差 $\sigma_{\hat{g}}^2(\boldsymbol{x})$ 可以表示为

$$\mu_{\hat{g}}(\boldsymbol{x})=\boldsymbol{h}^{\mathrm{T}}(\boldsymbol{x})\boldsymbol{p}+\boldsymbol{r}^{\mathrm{T}}(\boldsymbol{x})\boldsymbol{R}^{-1}(\boldsymbol{y}-\boldsymbol{F}\boldsymbol{p}) \tag{2-49}$$

$$\sigma_{\hat{g}}^2(\boldsymbol{x})=\sigma_Z^2(1+u^{\mathrm{T}}(\boldsymbol{x})(\boldsymbol{1}^{\mathrm{T}}\boldsymbol{R}^{-1}\boldsymbol{1})^{-1}u(\boldsymbol{x})-\boldsymbol{r}^{\mathrm{T}}(\boldsymbol{x})\boldsymbol{R}^{-1}\boldsymbol{r}(\boldsymbol{x})) \tag{2-50}$$

式中，$u(\boldsymbol{x})=\boldsymbol{1}^{\mathrm{T}}\boldsymbol{R}^{-1}\boldsymbol{r}(\boldsymbol{x})-1$；$\boldsymbol{R}$ 表示一个 $m\times m$ 的相关矩阵，它的元素是每对训练点之间的相关系数；$\boldsymbol{r}(\boldsymbol{x})$ 表示一个向量，它的元素为 $\boldsymbol{x}$ 与 $\boldsymbol{m}$ 个训练点中的任意一对的相关系数，其形式如下：

$$\boldsymbol{r}(\boldsymbol{x})=\{R(\boldsymbol{x},\boldsymbol{x}^{(i)})\}_{i=1,\cdots,m} \tag{2-51}$$

$\boldsymbol{F}$ 表示一个 $m\times q$ 的矩阵，矩阵的行向量 $\boldsymbol{h}^{\mathrm{T}}(\boldsymbol{x}_i)$ 表示第 i 个训练点的趋势函数，而 q 表示趋势函数 $\boldsymbol{h}(\cdot)$ 中回归函数的数目。

在 $\boldsymbol{x}$ 点处的 Kriging 预测值 $\hat{y}$ 服从高斯分布，表示为

$$\hat{y}\sim N(\mu_{\hat{g}}(\boldsymbol{x}),\sigma_{\hat{g}}^2(\boldsymbol{x})) \tag{2-52}$$

对于训练点 $\boldsymbol{x}^{(i)}$ 来说，$\mu_{\hat{g}}(\boldsymbol{x}^{(i)})=g(\boldsymbol{x}^{(i)})$ 且 $\sigma_{\hat{g}}^2(\boldsymbol{x}^{(i)})=0$。这意味着 Kriging 模型 $\hat{g}(\boldsymbol{x})$ 穿过所有的训练点。

2.6.3 PCE 方法

混沌多项式（Polynomial Chaos Expansion，PCE）是利用一组正交多项式为基底的随机空间，对含有不确定性的实际系统的输出响应进行拟合的代理模型技术。Wiener 最初提出“齐次混沌展开”理论，该理论后来发展为 Wiener – Askey 混沌多项式。近年来，混沌多项式成为不确定性量化领域的研究热点。

混沌多项式根据其求解是否需要修改控制方程，可以分为嵌入式方法和非嵌入式方法。嵌入式方法通过将控制方程投影到基底函数上来求解混沌多项式的未知系数。它需要对仿真代码进行修改。对于基于仿真模型的可靠性分析来说，嵌入式方法的应用将会十分困难。

非嵌入式混沌多项式（Non – Intrusive Polynomial Chaos，NIPC）将仿真模型视为黑盒，利用抽样方法求解未知系数。将 NIPC 用于可靠性分析的代理模型，可以在保证近似精度的前提下，提高代理模型建立的效率。系统响应的混沌多项式可以表述为如下形式：

$$
\begin{aligned}
r(\boldsymbol{\xi}) = a_0 + \sum_{i_1=1}^{\infty} a_{i_1}\Gamma_1(\xi_{i_1}) + \sum_{i_1=1}^{\infty}\sum_{i_2=1}^{i_1} a_{i_1 i_2}\Gamma_2(\xi_{i_1},\xi_{i_2}) + \\
\sum_{i_1=1}^{\infty}\sum_{i_2=1}^{i_1}\sum_{i_3=1}^{i_2} a_{i_1 i_2 i_3}\Gamma_3(\xi_{i_1},\xi_{i_2},\xi_{i_3}) + \cdots
\end{aligned}
\tag{2-53}
$$

式中，$r(\boldsymbol{\xi})$ 是系统响应；a_i 是 PCE 的系数；$\Gamma_p(\xi_{i_1}, \cdots, \xi_{i_p})$ 是多项式的基底；$\boldsymbol{\xi}$ 是一个向量，其中的元素为具有指定概率密度函数的随机变量，而概率密度函数的形式需要与多项式基底相对应。这些基底函数的最优选择，取决于连续分布概率密度函数相对应的权函数的正交特性。根据 Askey 原则，连续概率分布的标准形式与多项式基底的对应关系见表 2 – 5。

当随机变量服从标准正态分布时，对应的最优基底函数为 Hermite 多项式，因而 $\Gamma_p(\xi_{i_1}, \cdots, \xi_{i_p})$ 可以表示为

$$
\Gamma_n(\xi_{i_1},\cdots,\xi_{i_n}) = (-1)^n e^{\frac{1}{2}\boldsymbol{\xi}^{\mathrm{T}}\boldsymbol{\xi}} \frac{\partial^n}{\partial\xi_{i_1}\cdots\partial\xi_{i_n}} e^{-\frac{1}{2}\boldsymbol{\xi}^{\mathrm{T}}\boldsymbol{\xi}} \tag{2-54}
$$

式中，$\boldsymbol{\xi}$ 为由标准正态分布随机变量组成的向量。

表 2-5　连续概率分布与多项式基底函数的对应关系

概率分布	多项式基底函数	取值范围
正态 Normal	Hermite	$[-\infty,+\infty]$
均匀 Uniform	Legendre	$[-1,1]$
贝塔 Beta	Jacobi	$[-1,1]$
指数 Exponential	Laguerre	$[0,+\infty]$
伽玛 Gamma	Generalized Laguerre	$[0,+\infty]$

实际应用中，PCE 中仅含有有限个数的随机变量。因此式（2-53）可以表示为一维 Hermite 多项式的加和形式：

$$r(\boldsymbol{\xi})=\sum_{j=0}^{N_c-1}a_j\Psi_j(\boldsymbol{\xi}) \tag{2-55}$$

式中，$\Psi_j(\boldsymbol{\xi})=\prod_{i=1}^{p}\psi_{m_i^j}(\xi_i)=\Gamma_p(\xi_{i_1},\cdots,\xi_{i_p})$；$N_c$ 表示 PCE 系数的总数，可以通过下式计算：

$$N_c=1+\frac{n!}{(n-1)!}+\frac{(n+1)!}{(n-1)!\ 2!}+\cdots+\frac{(n-1+p)!}{(n-1)!\ p!}=\frac{(n+p)!}{n!\ p!} \tag{2-56}$$

式中，p 为混沌多项式的阶次；n 是标准正态随机变量的总数。

NIPC 通过基于抽样的方法来求解其未知系数，配置点法（Point-Collocation，PC）是其中的一种。该方法以预先选择的配置点作为系统输入，通过原始模型的仿真获得系统响应，最后利用回归的方式计算混沌多项式的未知系数。WALTERS[32]第一次提出配置点法，并将其应用于随机热传导问题的混沌多项式的系数求解。HOSDER 等[33]将配置点法应用于随机流体动力学问题的分析计算。他们通过试验发现当配置点集合的数目等于未知系数数目的二倍时，各阶混沌多项式能够获得更好的近似精度。

采用 HOSDER 提出的配置点法求解混沌多项式的系数。根据配置点法，取配置点集合的数目为 PCE 未知系数总数的二倍。混沌多项式的系数可以由下式求解：

$$\begin{pmatrix}r(\xi_1)\\r(\xi_2)\\\vdots\\r(\xi_q)\end{pmatrix}=\begin{pmatrix}\Psi_0(\xi_1)&\Psi_1(\xi_1)&\cdots&\Psi_{N_c-1}(\xi_1)\\\Psi_0(\xi_2)&\Psi_1(\xi_2)&\cdots&\Psi_{N_c-1}(\xi_2)\\\vdots&\vdots&\ddots&\vdots\\\Psi_0(\xi_q)&\Psi_1(\xi_q)&\cdots&\Psi_{N_c-1}(\xi_q)\end{pmatrix}\begin{pmatrix}a_0\\a_1\\\vdots\\a_{N_c-1}\end{pmatrix} \tag{2-57}$$

式中，ξ_j 表示第 j 组配置点集合（$j=1, 2, \cdots, q$）；q 为配置点集合的总数（$q=2N_c$）。式（2-57）可以表示为简化形式：

$$\boldsymbol{r}(\Xi)=\boldsymbol{\Psi}(\Xi)\boldsymbol{a} \tag{2-58}$$

式（2-58）是一个线性方程组，可用最小二乘法对其进行求解，其形式如下：

$$\boldsymbol{a}=(\boldsymbol{\Psi}^{\mathrm{T}}\boldsymbol{\Psi})^{-1}\boldsymbol{\Psi}^{\mathrm{T}}r \tag{2-59}$$

这里定义：

$$\boldsymbol{D}=(\boldsymbol{\Psi}^{\mathrm{T}}\boldsymbol{\Psi})^{-1}\boldsymbol{\Psi}^{\mathrm{T}} \tag{2-60}$$

因此，PCE 的系数向量 $\boldsymbol{a}$ 的计算公式可以简化为

$$\boldsymbol{a}=\boldsymbol{D}(\Xi)\boldsymbol{r}(\Xi) \tag{2-61}$$

2.6.4 SVM 方法

随着近年来机器学习技术的研究与发展，支持向量机法（Support Vetor Machines，SVM）作为一种新的代理模型方法，被引入不确定性分析领域中。SVM 作为一种新的机器学习方法，具有很好的小样本学习能力和良好的泛化性。用较少的样本建立 SVM 分类模型，代替真实的功能函数，可以有效解决含有隐式或高度非线性功能函数的可靠性分析问题。

SVM 方法是基于线性可分情况下的最优分类超平面（Optical Hyper Plane）提出的。假定 n 个样本的训练集 $D\{(x_i, y_i) \mid i=1, 2, \cdots, N\}$，$x \in \boldsymbol{R}^n$，$y \in \{-1, 1\}$ 能被一个超平面 $w \cdot x + w_1 = 0$ 分开，且训练集离超平面最近的向量与超平面的距离是最大的，则认为这个超平面是所有能够正确划分这组样本的超平面中最优的，称之为最优超平面，如图 2-9 所示。

要求分类超平面对所有样本正确分类，必须满足：

$$y_i(w \cdot x_i + b) - 1 \geqslant 0, i=1,2,\cdots,N \tag{2-62}$$

容易验证，最优分类超平面除满足上式外，还使得 $\Phi(w)=\|w\|^2$ 最小化。这两类样本中距离分类面最近的点且平行于最优超平面的训练样本，也就是使 $\Phi(w)=\|w\|^2$ 等号成立的那些样本称为支持向量（Support Vectors，SV）。

构建最优分类超平面，必须用系数的模最小的超平面，把属于两个不同类别样本集中的向量分开。要找到这个超平面，需要求解下面的二次规划问题，最小化泛函。

$$\Phi(w)=\frac{1}{2}\|w\|^2=\frac{1}{2}(w \cdot w) \tag{2-63}$$

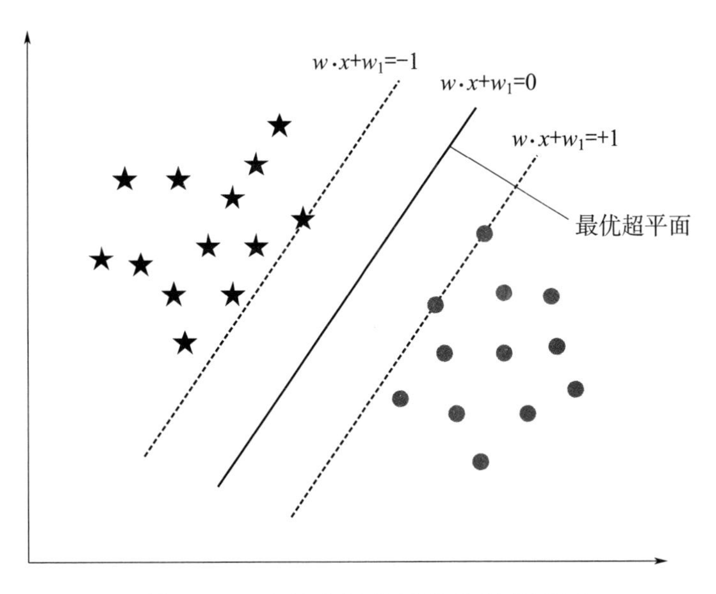

图 2-9　支持向量机最优分类超平面

该优化问题的解由下面的 Lagrange 函数的鞍点给出。

$$L(w,b,a)=\frac{1}{2}(w\cdot w)-\sum_{i=1}^{n}a_i[y_i(w\cdot x_i+b)-1] \qquad (2-64)$$

其中，$a_i>0$ 为 Lagrange 系数，该函数的主要作用是对 w 和 b 求极小值。即在式（2-64）中使得函数分别对 w 和 b 求偏导，并令其等于 0，可以得到原问题的对偶问题：在约束条件 $\sum_{i=1}^{n}y_ia_i=0$，$a_i>0$，$i=1$，2，…，N 下对 a 求下列函数的最大值。

$$Q(a)=\sum_{i=1}^{n}a_i-\frac{1}{2}\sum_{i,j=1}^{n}a_ia_jy_iy_j(x_i\cdot x_j) \qquad (2-65)$$

若 a^* 为最优解，则：

$$w^*=\sum_{i=1}^{n}a_i^*y_ix_i \qquad (2-66)$$

即最优分类面的权系数向量是训练样本向量的线性组合。

这是一个不等式约束条件下二次函数的极值问题，存在唯一解，根据 Karush - Kuhn - Tucker 条件，这个优化问题的解必须满足：

$$a_i[y_i(w\cdot x_i+b)-1]=0\ ,\ i=1,2,\cdots,n \qquad (2-67)$$

因此，对多数样本，a_i 将为零，取值不为零的 a_i^* 对应于使式（2-62）等号成立的样本即支持向量，它们通常只是全体样本中的很少一部分。

求解上述问题后得到的最优分类函数是

$$f(x)=\mathrm{sgn}(w^* \cdot x + b^*)=\mathrm{sgn}\left[\sum_{i=1}^{n} a_i^* y_i (x_i \cdot x) + b^*\right] \quad (2-68)$$

式中，sgn(•)为符号函数。由于非支持向量对于 a_i 均为零，因此式中的求和实际上只对支持向量进行。而 b^* 是分类的域值，可以由任意一个支持向量用式（2－62）求得，或通过两类中任意一对支持向量取中值求得。

为了在线性不可分情况下构造最优超平面，在约束条件中引入非负松弛变量 $\varepsilon_i \geqslant 0$，则式（2－62）变为

$$y_i(w \cdot x_i + b) - 1 + \varepsilon_i \geqslant 0 \ , i = 1,2,\cdots,n \quad (2-69)$$

对于足够小的 $\sigma > 0$，只要使

$$F_\sigma(\varepsilon) = \sum_{i=1}^{n} \varepsilon_i^\sigma \quad (2-70)$$

最小，就可以使得错分样本数最小。为了使计算进一步简化，求解广义最优分类超平面可以进一步演化为在条件式（2－69）的约束下求下列函数的极小值。

$$\Phi(w,\varepsilon) = \frac{1}{2}(w \cdot w) + C\sum_{i=1}^{n} \varepsilon_i \quad (2-71)$$

即需要求解最优超平面的系数 $w = \sum_{i=1}^{n} a_i y_i x_i$ ，其中 C 是给定的值，可影响分类精度。因此必须寻找一系列参数 a_i ，$i=1$，2，…，n 。于是所求问题可以转化为求解下面的二次规划：

$$\max Q(a) = \sum_{i=1}^{n} a_i - \frac{1}{2}\sum_{i,j=1}^{n} a_i a_j y_i y_j (x_i \cdot x_j) \quad (2-72)$$

其中，约束条件为 $\sum_{i=1}^{n} y_i a_i = 0, a_i = 0, 0 \leqslant a_i \leqslant C$ ，$i=1$，2，…，n 。求解 a_i 后，即可根据 $w = \sum_{i=1}^{n} a_i y_i x_i$ 确定 w ，同时必然存在 x_i 使 $|f_{w,b}(x_i)| = 1$，从而求出 b 。

支持向量机通过某种事先选择的非线性映射将输入向量 $\boldsymbol{x}$ 映射到一个高维特征空间，在这个空间中构造最优分类超平面，如图 2－10 所示。

VAPNIK 在 1992 年发现，为了在特征空间中构造最优分类超平面，并不需要以显式形式来考虑特征空间，而只需要能够计算支持向量机与特征空间中向量的内积[37]。

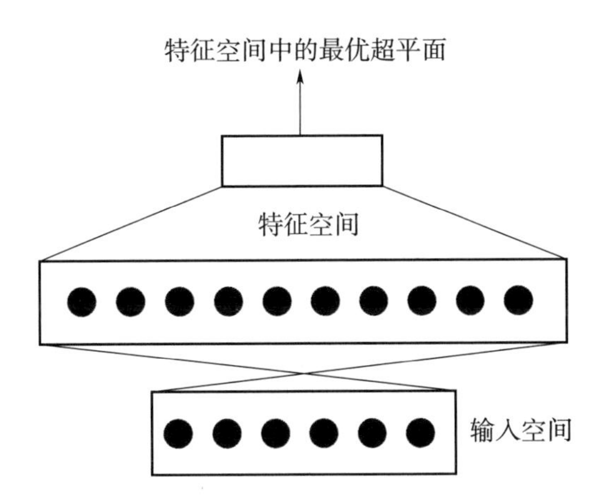

图 2－10　构造最优超平面示意图

考虑在 Hilbert 空间中内积的一个一般表达式 $(z_t, z)=K(x, x_i)$，其中 z 是输入空间中的向量 $\boldsymbol{x}$ 在特征空间中的像。根据 Hilbert－Schmidt 理论，只要一种运算满足 Mercer 条件，它就可以作为这里的内积使用。

Mercer 条件对于任意的对称函数 $K(x, x^*)$，它是某个特征空间中的内积运算的充分必要条件是，对于任意的 $\varphi(x)$ 不恒等于零，且 $\int \varphi^2(x)\,dx > 0$，有：

$$\iint K(x, x^*)\varphi(x)\varphi(x^*)\,dx\,dx^* > 0 \tag{2-73}$$

如果用内积 $K(x, x^*)$ 代替最优分类超平面中的内积，就相当于把原有特征空间映射到了新的特征空间，此时式（2－65）的优化函数变为

$$Q(a)=\sum_{i=1}^{n} a_i - \frac{1}{2}\sum_{i,j=1}^{n} a_i a_j y_i y_j K(x_i, x_j) \tag{2-74}$$

其中约束条件为 $i=1, 2, \cdots, n$，$\sum_{i=1}^{n} y_i a_i = 0$。

而相应的决策函数式（2－68）变为

$$f(x)=\operatorname{sgn}\left[\sum_{i=1}^{n} a_i^* y_k K(x_i, x) + b^*\right] \tag{2-75}$$

算法的其他条件均不变，这就是支持向量机，$K(x_i, x)$ 称为核函数。

采用不同的函数作为支持向量机的核函数 $K(x_i, x)$，可以构造实现输入空间不同类型的非线性决策面的学习机器。函数的形式主要有线性核、多项式核、径向核函数（Radial Basis Function，RBF）核、Sigmoid 核等。

1）线性核：$K(x_i, x_j)=x_i^{\mathrm{T}} \cdot x_j$（无参数）。

2）多项式核：$K(x_i, x_j)=(\gamma x_i^{\mathrm{T}} x_i + r)^d$（参数 γ、r 和 d）。

3）径向基函数核：$K(x_i, x_j)=\exp(-\gamma\|x_i - x_j\|^2)$（参数 γ）。

4）Sigmoid 核：$K(x_i, x_j)=\tanh(\gamma x_i^{\mathrm{T}} x_j + r)$（参数 γ 和 r）。

现在把估计指示函数（模式识别）中得到的结果推广到实函数估计（回归估计）中。其中，将引入一种新的损失函数（称为 ε 不敏感损失函数），它不但使支持向量回归估计具有鲁棒性，而且它是稀疏的。解的稀疏性对在高维空间中用大量数据估计依赖关系是非常重要的。

（1）ε 不敏感损失函数

设训练样本集 $D=\{(x_i, y_i) \mid i=1, 2, \cdots, n\}$，$x \in E$，$y_i \in \boldsymbol{R}$（$E$ 是欧氏空间），对于线性回归，回归方程如下所示。

$$f(x)=w \cdot x + b \tag{2-76}$$

对于一般的回归，它的损失函数为

$$L(y, f(x, \delta))=|y-f(x, \delta)|, \delta \in \Lambda \tag{2-77}$$

为了构造回归支持向量机，我们采用一种新的损失函数类型，即 ε 不敏感损失函数。

$$L(y, f(x, \delta))=L|y-f(x, \delta)|_{\varepsilon} \tag{2-78}$$

其中：

$$L(y, f(x, \delta))=\begin{cases}0, |y-f(x, \delta)| \leqslant \varepsilon \\ |y-f(x, \delta)|-\varepsilon, \text{其他}\end{cases} \tag{2-79}$$

（2）构造用于回归估计的支持向量机

如果：

1）在线性函数集合 $f(x)=w \cdot x + b$ 中估计回归问题。

2）把回归估计的问题定义成对式（2-77）的 ε 不敏感损失函数（$\varepsilon>0$）进行风险最小化的问题。

3）用 SRM 原则进行风险最小化，其中结构 S_n 的元素由不等式

$$w \cdot w \leqslant c_n \tag{2-80}$$

定义，那么就产生了对回归的支持向量估计，也称为支持向量回归估计（Support Vector Regression，SVR）。

假设给定了训练样本集 $D=\{(x_i, y_i) \mid i=1, 2, \cdots, n\}$，$x_i \in E$，$y_i \in \boldsymbol{R}$，那么寻找 w_n 和 b_n 使得在约束式 $w \cdot w \leqslant c_n$ 条件下经验风险：

$$R_{\mathrm{emp}}(w, b)=\frac{1}{n} \sum_{i=1}^{n}|y_i-w \cdot x-b|_{\varepsilon} \tag{2-81}$$

最小化的问题基本解就是求解下面的凸优化问题（以给定的调整因子 C 值），即求下式的最小值。

$$\Phi(w,\xi,\xi^{*})=\frac{1}{2}(w\cdot w)+C\left(\sum_{i=1}^{n}\xi_{i}^{*}+\sum_{i=1}^{n}\xi_{i}\right) \tag{2-82}$$

服从约束：

$$\begin{cases}(w\cdot x_{i}+b)-y_{i}\leqslant\varepsilon+\xi_{i},i=1,2,\cdots,n\\ y_{i}-(w\cdot x_{i}+b)\leqslant\varepsilon+\xi_{i}^{*},i=1,2,\cdots,n\\ \xi_{i},\xi_{i}^{*}\geqslant 0,i=1,2,\cdots,n\end{cases} \tag{2-83}$$

把式（2-83）的凸优化问题转化为在一个二次规划优化中寻找向量 $\boldsymbol{w}$ 的问题，即找到所求向量 $\boldsymbol{w}=\sum_{i=1}^{n}(a_{i}^{*}-a_{i})\boldsymbol{x}_{i}$，$a_{i}^{*}$ 和 a_{i} 为 Lagrange 乘子。于是式（2-82）可转化为求解下面的二次规划问题。

$$\begin{cases}\min\limits_{a^{(*)}\in\boldsymbol{R}^{2l}}\frac{1}{2}\sum_{i,j=1}^{l}(a_{i}^{*}-a_{i})(a_{j}^{*}-a_{j})K(x_{i},x_{j})+\varepsilon\sum_{i=1}^{l}(a_{i}^{*}+a_{i})-\sum_{i=1}^{l}y_{i}(a_{i}^{*}-a_{i})\\ \sum_{i=1}^{l}(a_{i}-a_{i}^{*})=0\\ 0\leqslant a_{i},a_{i}^{*}\leqslant\frac{C}{l},i=1,2,\cdots,l\end{cases} \tag{2-84}$$

由此可得支持向量回归估计函数为

$$f(x)=\sum_{i=1}^{l}(a_{i}^{*}-a_{i})K(x_{i},x)+b \tag{2-85}$$

2.7 高效不确定性分析方法

2.7.1 AK-MCS 方法

AK—MCS 是一种基于 Kriging 模型的高效可靠性分析方法[34]。该方法可以对具有非线性、不可微分以及非凸性功能函数的可靠性问题进行分析。它的基本思想是利用蒙特卡洛样本点将随机空间离散化，同时使得大部分的候选样本点集中于高概率密度区域。根据一种新的学习函数——U 函数选取样本点，其形式如下：

$$U(\boldsymbol{x})=\frac{|\hat{g}(\boldsymbol{x})|}{\sigma_{\hat{g}}(\boldsymbol{x})} \tag{2-86}$$

式中，$\sigma_{\hat{g}}(\boldsymbol{x})$ 表示 Kriging 模型 $\hat{g}(\boldsymbol{x})$ 的标准差。设极限状态为 $g(\boldsymbol{x})=0$，$U(\boldsymbol{x})$ 能够在概率意义上指出样本点 $\boldsymbol{x}$ 距离极限状态曲面的距离。

AK-MCS 方法的主要步骤包括：

1）计算所有预生成的蒙特卡洛样本点的 U 函数值。

2）找到具有最小 $U(\boldsymbol{x})$ 值的样本点作为下一个训练点，从而更新 Kriging 模型。

这个 Kriging 模型的主动学习过程将持续，直到最小 $U(\boldsymbol{x})$ 值大于规定值"2"，而这个规定值能够保证 Kriging 模型具有足够的近似精度。之后就可以对这个最终的 Kriging 模型进行蒙特卡洛仿真或者重要抽样，计算得到可靠度。

2.7.2　CKM 方法

随着产品功能性能要求不断提高，其结构组成越来越复杂，功能函数非线性特性越来越明显。与此同时，产品在寿命周期内少故障甚至无故障的高可靠性要求也在不断加严。这为产品可靠性分析提出了两项重要挑战，即非线性功能函数与极小概率失效事件。

针对这两项挑战，国内外技术研究和工程应用的趋势是研究利用代理模型技术中主动学习 Kriging 的思想。现有的基于主动学习 Kriging 的 EGRA、AK-MCS 与 AK-IS 方法虽然能够在一定程度上改善基于模型的可靠性分析精度和效率，然而这些方法都有各自的不足，因此仍具有改进空间。为此，通过发展主动学习 Kriging 方法，提出了一种集中式主动学习 Kriging 模型（CKM）。在极小失效概率与非线性功能函数的情况下，CKM 能够保证较高的求解精度与效率。CKM 方法的理论基础为 Kriging 理论、AK-MCS 与 FORM 方法。

集中式主动学习 Kriging 模型（CKM）致力于高效求解极小失效概率问题，由于 MPP 处于极限状态之上且具有最大的概率密度，因此 CKM 制定了预生成样本点的策略，即围绕 MPP 产生样本点。这个策略将帮助 Kriging 模型在对失效概率贡献最大的重要区域具有足够的精度，而其他区域的精度较低以保证近似过程的高效率。

CKM 方法的第一个步骤是进行 MPP 搜寻。MPP 的搜寻过程本质上是一个优化问题。由于功能函数的非线性特性，MPP 的搜寻过程可能耗费大量计算成本，甚至收敛困难。CKM 方法不需要一个精确的 MPP，因此将 MPP 搜寻与 Kriging 主动学习集成起来，仅寻找一个近似的 MPP，这样就可以大大节约计算成本，并且在得到近似 MPP 的同时，一个初步的 Kriging 模型也建立起来。第二个步骤是围绕近似 MPP 有策略地选择训练点，从而不断地对 Kriging 模型进行修正，直到满足收敛条件。最后，利用重要抽样方法在 Kriging 模型上进行采样，计算得出可靠度。这个抽样计算过程不需要调用原始功能函数。

CKM 在建立 Kriging 模型时的核心思想是围绕 MPP 训练 Kriging 模型，这也是本方法被称作集中式主动学习 Kriging 方法的原因。它主要包括三个步骤：

1）利用 Kriging 模型搜索 MPP。

2）利用集中于 MPP 周围的样本点修正 Kriging 模型。

3）利用重要抽样方法与最终的 Kriging 模型计算可靠度。

（1）CKM 理论基础

CKM 方法三个步骤的理论原理为：

1）MPP 搜寻。在 MPP 搜寻开始之前，由经典蒙特卡洛方法产生 n_{MCS} 个样本点，这些样本点被当作备选点，标记为 $\boldsymbol{x}_{\mathrm{MCS}}$。蒙特卡洛样本量一般为 $n_{\mathrm{MCS}}=10^6$。在初始迭代中，需要均匀地在 $x_i^{U,L}=F_i^{-1}(\Phi(\pm 6))$ 范围内随机选择初始训练点 $\boldsymbol{x}_{\mathrm{Trn}}$（$\boldsymbol{x}_{\mathrm{Trn}}$ 是另外选取的，与 $\boldsymbol{x}_{\mathrm{MCS}}$ 不重叠）。根据笔者的经验，初始训练点的数目为 15 时可以得到满意结果。与此相似的，AK - MCS 需要 12 个训练点来初始化 Kriging 模型。接下来，将初始训练点 $\boldsymbol{x}_{\mathrm{Trn}}$ 代入原始功能函数中获得响应值。利用初始训练点 $\boldsymbol{x}_{\mathrm{Trn}}$ 与它们的响应值就可以建立起初始 Kriging 模型 $\hat{g}(\boldsymbol{x})$。之后，这个 Kriging 模型将用于在备选点 $\boldsymbol{x}_{\mathrm{MCS}}$ 中寻找 MPP。而 MPP 的选择标准为：备选点要在极限状态曲面 $g(\boldsymbol{U})=0$ 上，或者足够接近极限状态曲面；并且这个备选点还要具有最大的概率密度，也就是在 U 空间中距离原点最近。

对于第一条标准（距离极限状态足够近），这里定义：

$$|\hat{g}(\boldsymbol{x})|-D\leqslant 0 \tag{2-87}$$

式中，D 是到极限状态的最远允许距离，在这个范围内的备选点被认为距离极限状态足够近。因此 D 决定了 MPP 的精度，以及收敛速度。

D 不是一个常量，它在最初时刻需要具有相对较大的值，以适应初始 Kriging 模型较大的近似误差。而 D 将随着训练点的不断增加、Kriging 模型的不断修正，而逐步收缩。D 逐步收缩的过程将保证每次迭代都有充足的备选

点 $\boldsymbol{x}_{\mathrm{MCS}}$ 落入 $|\hat{g}(\boldsymbol{x})|-D\leqslant 0$ 范围内，因此可以在其中选择 MPP。这个措施还保证了随着 Kriging 模型近似精度的不断提高，每次迭代过程中寻找到的 MPP 将越来越靠近极限状态曲面。为了将允许距离 D 与 Kriging 模型的精度相关联，定义第 i 次迭代中 D 的表达式为

$$D_i=\sigma_{\hat{g}}(\boldsymbol{u}_{i-1}^{*})\tilde{\beta}_{i-1} \tag{2-88}$$

式中，$\sigma_{\hat{g}}(\cdot)$ 表示 Kriging 模型预测值的标准差，它指示了 Kriging 模型的精度；$\boldsymbol{u}_{i-1}^{*}$ 表示上一次迭代过程中找到的 MPP 的坐标；$\tilde{\beta}_{i-1}$ 表示向量 $\boldsymbol{u}_{i-1}^{*}$ 的模，也就是在 U 空间中 $\boldsymbol{u}_{i-1}^{*}$ 到原点的距离。

当 Kriging 模型越来越精确的时候，MPP 附近备选点的标准差 $\sigma_{\hat{g}}(\cdot)$ 将大幅降低。在式（2－88）中使用 $\sigma_{\hat{g}}(\cdot)$ 有利于快速收敛于最终 MPP。然而，当 D 仅与 $\sigma_{\hat{g}}(\cdot)$ 有关时，可能造成 D 收缩过快，以至于没有备选点落入式（2－87）所定义的范围。因此，式（2－88）引入 $\tilde{\beta}$ 作为松弛因子，这里的 $\tilde{\beta}$ 为上一次迭代过程寻找的 MPP 向量的模。当 MPP 搜寻过程持续进行时，$\tilde{\beta}$ 趋近于可靠性问题的真实 β 值，即 U 空间中真正 MPP 到原点的距离。

为了使算法更加稳健，功能函数将在随机变量均值处进行归一化处理，具体如下：

$$g_N(\boldsymbol{x})=\frac{g(\boldsymbol{x})}{g(\boldsymbol{\mu})} \tag{2-89}$$

上述为 MPP 的第一条选择标准，即 MPP 搜寻要以 $|\hat{g}(\boldsymbol{x})|-D\leqslant 0$ 为约束。第二条选择标准涉及 U 空间中距离原点的远近程度。这里定义的样本点与原点距离如下：

$$\beta=\|\boldsymbol{u}\| \tag{2-90}$$

具有最小 β 值的备选点将被选为当前迭代过程的 MPP。根据以上两条标准寻找第 i 次迭代中 MPP 的数学模型，可以表示为

$$\begin{cases}\min\limits_{\boldsymbol{u}}\beta_i=\|\boldsymbol{u}\| \\ |\hat{g}_N(\boldsymbol{u})|-D_i\leqslant 0 \\ D_i=\sigma_{\hat{g}_N}(\boldsymbol{u}_{i-1}^{*})\tilde{\beta}_{i-1}\end{cases} \tag{2-91}$$

对于初始迭代来说，由于 Kriging 模型还未建立，因此只能利用初始训练点的信息来定义允许距离 D 。这里定义的初始允许距离 D_0 如下：

$$D_0=\min|g_N(\boldsymbol{u}_{\mathrm{Ini}})| \tag{2-92}$$

其中，$\boldsymbol{u}_{\mathrm{Ini}}$ 为初始训练点 $\boldsymbol{x}_{\mathrm{Trn}}$ 转化为标准正态分布。

搜寻 MPP 的迭代过程将持续进行，直到找到的 MPP 与之前迭代过程中已经找到的 MPP 相同，这意味着备选点 $\boldsymbol{x}_{\mathrm{MCS}}$ 中最优的 MPP 最终被发现。基于主动学习 Kriging 的 MPP 搜寻过程，如图 2－11 所示。

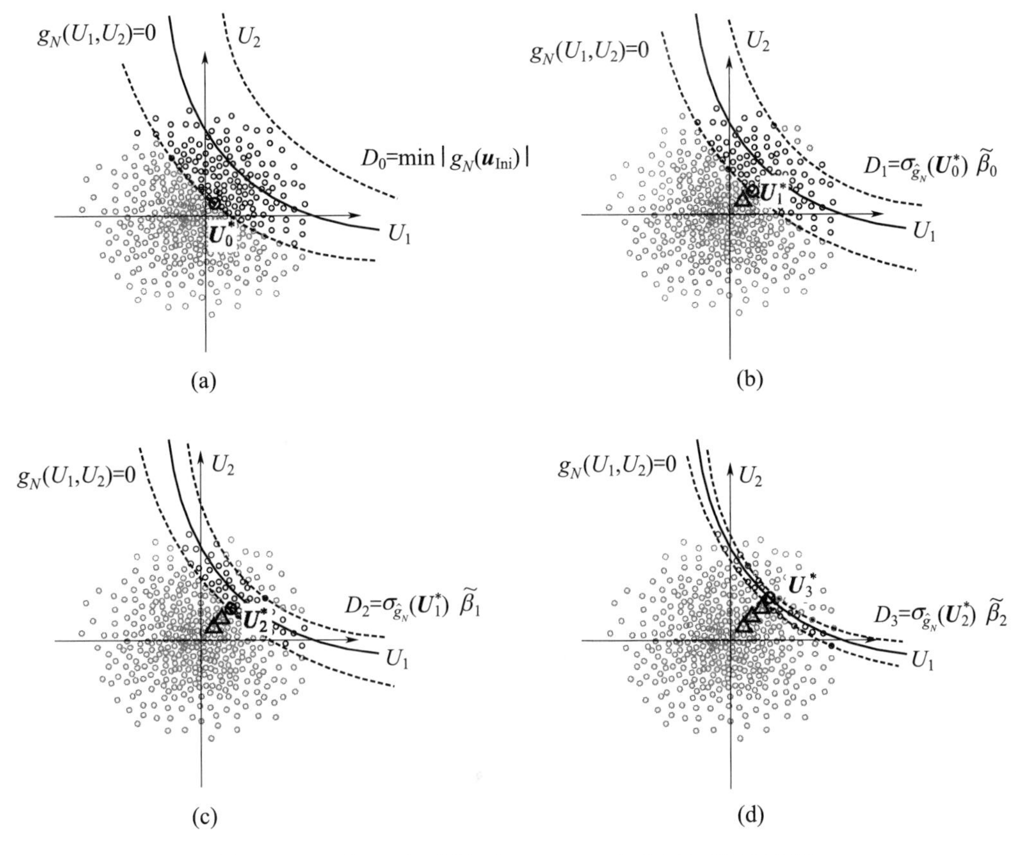

图 2－11　基于主动学习 Kriging 的 MPP 搜寻过程

图 2－11 演示了 U 空间中基于主动学习 Kriging 的 MPP 搜寻过程，其中的 U_1 和 U_2 由随机变量 X_1 和 X_2 转化而来。图中较小的圆圈表示 U_1 和 U_2 的蒙特卡洛样本点；实线表示极限状态曲面 $g_N(U_1, U_2)=0$；虚线表示由 $|\hat{g}_N(U_1, U_2)|-D\leqslant 0$ 定义的选择边界。落入两条虚线之间的样本点将被作为 MPP 备选点。而在这些备选点中，距离原点最近的点将被选取为当前迭代过程的 MPP（由较大圆圈表示）。图中还展示了 MPP 备选区域（两条虚线之间的区域）随着迭代过程的进行而不断收缩，从而使得中间迭代过程的 MPP（由三角形表示）不断接近真实的 MPP。

2）Kriging 模型的修正。在 MPP 被识别出来后，一个初步的 Kriging 模型也建立起来。由于这个初步 Kriging 模型的训练点是为了搜寻 MPP 而选择的，因此基于这些训练点的 Kriging 模型的近似精度不高，特别当原始功能函数在 U 空间中的非线性程度很高时，初步 Kriging 模型的精度难以满足要求。由于可靠性分析的精度由 Kriging 模型在极限状态曲面上的近似精度所决定，并且 MPP 附近区域具有最大概率密度，因此 CKM 方法集中于 MPP 附近选择训练点，从而进一步修正 Kriging 模型。

CKM 利用重要抽样方法在 MPP 附近产生样本点，作为候选训练点 $\boldsymbol{x}_{\mathrm{Imp}}$ 。这里的重要抽样的概率分布函数与原始分布函数相同，只是修改了分布中的某些参数。为了使样本点集中于 MPP 附近，需要以 MPP 作为重要抽样中心。尽管重要抽样产生的样本点集中于 MPP 附近，但是 Kriging 模型的训练点仍有可能距离极限状态较远。这些偏远的训练点的概率密度很小，因此对失效概率贡献很小。为了提高近似效率，CKM 利用之前找到的 MPP 的梯度信息来压缩重要抽样概率分布。简单来说它的思想是在功能函数 MPP 处的梯度方向上截断重要抽样概率分布。而功能函数的梯度方向是极限状态曲面的法向，如图 2－12 所示。

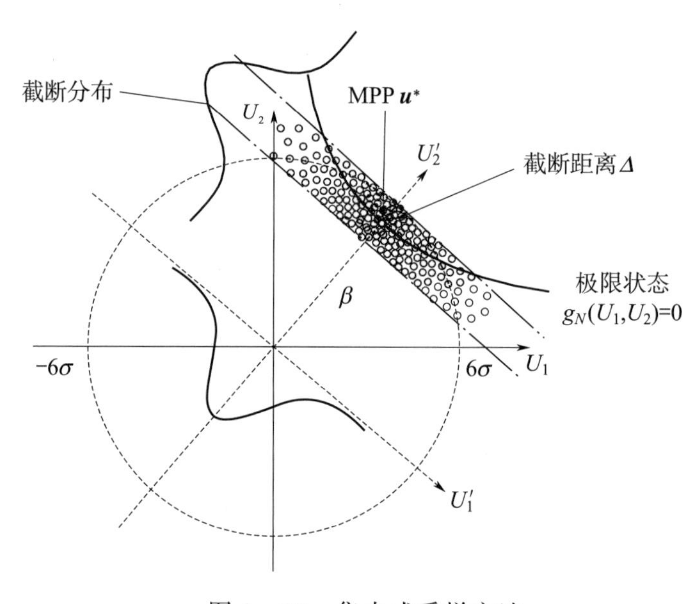

图 2－12　集中式采样方法

首先，将 U 空间中的坐标轴 $[U_1, U_2, \cdots, U_n]$ 进行旋转，使之成为旋转的 U' 空间的新坐标轴 $[U_1', U_2', \cdots, U_n']$ 。这个旋转过程使得 U' 空间中最后一个坐标 U_n'（图 2－12 中为 U_2'）指向 MPP 向量的方向，也就是 MPP 处极限状态曲面的法向。在 U' 空间中 MPP 的坐标为 $[0, 0, \cdots, \beta]$ 。这个旋转方法曾被用于 SORM 法中。

旋转之后，在 U' 空间中产生重要抽样样本点 $\boldsymbol{x}_{\mathrm{Imp}}$ 。其中，U'_i（$i=1$，2，…，$n-1$）服从独立的标准正态分布，即 $U'_i \sim N(0,\ 1)$ 。U'_n 服从一个均值为 β 、标准差为 1 的正态分布。为了压缩重要抽样分布函数，将对 U'_n 的分布进行截断，从而抛弃那些远离极限状态的样本点。这样，较小概率密度的样本点将被剔除，从而使得 Kriging 模型的候选训练点集中于极限状态附近。截断的概率密度函数（Probability Density Function，PDF）由下式给出：

$$\phi_{U'_n}^{\mathrm{T}}=\begin{cases}\dfrac{\phi_{U'_n}(u'_n)}{\Phi_{U'_n}(\mu_n+\Delta)-\Phi_{U'_n}(\mu_n-\Delta)}, & \mu_n-\Delta<u'_n<\mu_n+\Delta \\ 0, & \text{其他}\end{cases} \tag{2-93}$$

式中，$\phi_{U'_n}(\cdot)$ 是 U'_n 的 PDF；μ_n 是 U'_n 的均值，且 $\mu_n=\beta$ ；Δ 是截断距离，它决定了 CKM 的精度和效率。CKM 方法使用了一种自适应策略，根据失效概率的大小与期望精度来确定 Δ。

以图 2-12 中所示的二维问题为例，设 U 空间中存在一个以 $k\sigma$ 为半径的圆（图中为虚线圆圈），当 $k=6$ 时蒙特卡洛样本点中将有 99.999 998 5%的样本点落入这个圆圈内。这个百分比可由 χ^2 分布的 CDF 计算得到：

$$P(d^2 \leqslant 6^2)=F_{\chi^2}(6^2,2) \tag{2-94}$$

其中，d 表示样本点到原点的距离，而 CDF 中的数值 2 表示随机变量的数目。

根据图 2-12 所示，截断距离 Δ 由 $\Delta=k-\beta$ 计算得来。这个截断距离 Δ 使得样本点集中于两条点画线定义的截断区间之内。这个区域是可靠性分析最重要的区域，而 Kriging 模型也将在这个区域内选择训练点进行模型修正。由于这个百分比（99.999 998 5%）决定了 MCS 计算的精度，因此将这个百分比称作目标精度 p_{tar} 。

对于更高维度的可靠性问题，以 $k\sigma$ 为半径的圆将扩展为以 $k\sigma$ 为半径的超球体。给定目标精度 p_{tar} 后，就可以根据下式来确定 k 的取值：

$$k=\sqrt{F_{\chi^2}^{-1}(p_{\mathrm{tar}},n)} \tag{2-95}$$

式中，n 表示可靠性问题的维度；$F_{\chi^2}^{-1}(\cdot)$ 表示 χ^2 分布的逆 CDF。这样，自适应截断距离 Δ 就可以定义为

$$\Delta=k-\beta=\sqrt{F_{\chi^2}^{-1}(p_{\mathrm{tar}},n)}-\beta \tag{2-96}$$

在前述的二维问题中，定义了 $k=6$，从而决定了目标精度 $p_{\mathrm{tar}}=$ 99.999 9985% 。为了平衡计算精度与效率，CKM 方法中确定的目标精度为

$p_{tar}=1-10^{-6}$。

U 空间与 U' 空间之间的坐标变换方法为：令所有的样本点组成一个行向量，则正交变换可由下式实现：

$$\boldsymbol{U}=\boldsymbol{U}'\boldsymbol{R} \tag{2-97}$$

式中，$\boldsymbol{R}$ 为旋转矩阵，它由 Gram－Schmidt 正交步骤从另一个矩阵 $\boldsymbol{R}_0$ 推导而来，$\boldsymbol{R}_0$ 表示为

$$\boldsymbol{R}_0=\begin{pmatrix} \boldsymbol{I}_{n-1} & 0 \\ \alpha_1\alpha_2\cdots\alpha_{n-1} & \alpha_n \end{pmatrix} \tag{2-98}$$

式中，$\boldsymbol{I}_{n-1}$ 是一个 $(n-1)\times(n-1)$ 的单位矩阵；$\boldsymbol{R}_0$ 的最后一行是一个单位向量，其中的元素定义如下：

$$\boldsymbol{\alpha}=\frac{\boldsymbol{u}^*}{\|\boldsymbol{u}^*\|} \tag{2-99}$$

式中，$\boldsymbol{u}^*$ 是 MPP 的坐标向量。令 $\boldsymbol{R}_0$ 与 $\boldsymbol{R}$ 的行向量分别为 $\boldsymbol{r}_{0i}$ 与 $\boldsymbol{r}_i$（$i=1$，2，…，n）。$\boldsymbol{R}$ 由以下 Gram－Schmidt 正交步骤生成。

$$\begin{cases} \boldsymbol{r}_n=\boldsymbol{r}_{0n} \\ \boldsymbol{r}'_k=\boldsymbol{r}_{0k}-\displaystyle\sum_{j=k+1}^{n}\frac{\boldsymbol{r}_j\boldsymbol{r}_{0k}^{\mathrm{T}}}{\boldsymbol{r}_j\boldsymbol{r}_j^{\mathrm{T}}}\boldsymbol{r}_j \\ \boldsymbol{r}_k=\dfrac{\boldsymbol{r}'_k}{\|\boldsymbol{r}'_k\|},k=n-1,n-2,\cdots,1 \end{cases} \tag{2-100}$$

经过这个步骤就可以根据式（2－97）获得 U 空间中截断的样本点。

3）失效概率的计算。在获得了精确的 Kriging 模型之后，就可以在 Kriging 模型上实施重要抽样方法，完成最终的可靠性分析。失效率的计算公式如下：

$$\hat{p}_f=\frac{1}{n_{\mathrm{IS}}}\sum_{i=1}^{n_{\mathrm{IS}}}I_F(\hat{g}(\tilde{\boldsymbol{u}}^{(i)})<0)\frac{\phi_n(\tilde{\boldsymbol{u}}^{(i)})}{\varphi_n(\tilde{\boldsymbol{u}}^{(i)})} \tag{2-101}$$

式中，$\hat{p}_f$ 是失效概率的估计值；n_{IS} 是重要抽样的样本量；$\hat{g}(\cdot)$ 表示由 CKM 方法给出的近似功能函数（Kriging 模型）；$\tilde{\boldsymbol{u}}^{(i)}$ 表示 U 空间中第 i 个重要抽样样本点；$I_F(\cdot)$ 是一个指示函数；ϕ_n 表示原始随机变量的联合 PDF；φ_n 表示联合的重要抽样 PDF。如果一个重要抽样样本点 $\tilde{\boldsymbol{u}}^{(i)}$ 落入失效区域后，定义指示函数如下：

$$I_F(\hat{g}(\tilde{\boldsymbol{u}}^{(i)})<0)=1 \tag{2-102}$$

否则指示函数的值为零。

失效概率估计的精度由重要抽样样本量的大小所决定。重要抽样首先以一个预估的样本量来实施。当获得了失效概率的估计值之后，通过变异系数（Coefficient of Variation，COV）来判断是否需要扩大样本量。COV 的计算公式如下：

$$\delta_{\mathrm{IS}}=\frac{\sqrt{\operatorname{Var}[\hat{p}_f]}}{\hat{p}_f} \tag{2-103}$$

式中，$\operatorname{Var}[\hat{p}_f]$ 是失效概率估计值的方差，其公式如下：

$$\operatorname{Var}[\hat{p}_f]=\frac{1}{n_{\mathrm{IS}}}\left(\frac{1}{n_{\mathrm{IS}}}\sum_{i=1}^{n_{\mathrm{IS}}}\left(I_F(\hat{g}(\widetilde{\boldsymbol{u}}^{(i)})<0)\left(\frac{\phi_n(\widetilde{\boldsymbol{u}}^{(i)})}{\varphi_n(\widetilde{\boldsymbol{u}}^{(i)})}\right)^2\right)-\hat{p}_f{}^2\right) \tag{2-104}$$

（2）CKM 的实施步骤

CKM 方法具体实施步骤为：

步骤 1：MPP 的搜寻。

1）产生蒙特卡洛样本点 $\boldsymbol{x}_{\mathrm{MCS}}$。

2）产生训练点 $\boldsymbol{x}_{\mathrm{Trn}}$，功能函数在训练点上计算响应值。对于初始迭代，在 $x_i^{U,L}=F_i^{-1}[\Phi(\pm 6)]$ 范围内均匀地随机产生初始训练点。

3）利用训练点 $\boldsymbol{x}_{\mathrm{Trn}}$ 构造 Kriging 模型，并利用 Kriging 模型计算 $\boldsymbol{x}_{\mathrm{MCS}}$ 的预测响应值。

4）利用式（2－91）在 $\boldsymbol{x}_{\mathrm{MCS}}$ 中搜寻 MPP。如果式（2－87）的选择标准太严格以至于不能选出 MPP 时，以上一个 MPP 为中心重新产生蒙特卡洛样本点，并且回到 3)；否则转到 5)。

5）检查 MPP 搜寻过程是否收敛，如果收敛则转到 2)。

6）将新的 MPP 作为训练点加入 $\boldsymbol{x}_{\mathrm{Trn}}$ 中，功能函数在新训练点上计算响应值，转到 3)。

步骤 2：Kriging 模型的修正。

7）在旋转后的 U' 空间中产生重要抽样样本点 $\boldsymbol{x}_{\mathrm{Imp}}$，利用式（2－96）定义的截断距离将样本点截断为 $\boldsymbol{x}_{\mathrm{Trun}}$，并利用式（2－87）将 $\boldsymbol{x}_{\mathrm{Imp}}$ 与 $\boldsymbol{x}_{\mathrm{Trun}}$ 转换到原始 U 空间中。

8）利用 Kriging 模型计算 $\boldsymbol{x}_{\mathrm{Trun}}$ 的预测响应值。

9）识别新的训练点，并将之加入 $\boldsymbol{x}_{\mathrm{Trn}}$ 中；更新 Kriging 模型。

10）检查修正过程是否收敛，如果收敛则转到步骤 3；否则转到 8)。

步骤 3：失效概率的计算。

11）利用式（2－101）计算失效概率，并且利用式（2－103）计算 COV 值。

12）如果 COV 大于 5%，则扩大重要抽样样本量；否则输出失效概率值，终止算法。

CKM 方法节省的计算成本主要来自于基于 Kriging 的 MPP 搜寻与重要抽样样本的截断。而截断样本可以从以下两方面减少功能函数的调用：

1）消除了潜在的远离极限状态的训练点。

2）消除了处于极限状态上的非重要区域的训练点。

对于前者来说，AK－MCS 使用的 U 函数能够赋予那些靠近极限状态的样本点更大的权重，以使其有更大可能性被选为训练点。但是这不足以消除所有潜在的远离极限状态曲面的训练点。特别是最初几个迭代过程中，偏远的样本点由于具有较大的预测方差，因此它们可能具有较小的 U 函数值，更可能被选为训练点。而对样本的截断将从根本上排除这些点。

对于后者来说，由 U 函数选出的那些靠近极限状态曲面的训练点，其中的一些由于概率密度较小，对失效概率估计的影响很弱。特别是当功能函数的失效概率很小或者功能函数具有高度非线性特性时，这种情况将更加明显。

2.7.3 高效 SVM 分析方法

基于 SVM 的可靠性分析方法的基本思想是，首先采用 SVM 来近似功能函数，之后基于建立的 SVM 高效开展可靠性分析。该方法的特点在于，合理规划抽样区域，将训练样本规划技术与 FORM 法相结合，使得 SVM 训练样本均位于功能函数的关键区域内，因而 SVM 仅在关键区域具有高精度。对于一个具有基本随机向量 $\boldsymbol{x}=(x_1, x_2, \cdots, x_n)^{\mathrm{T}}$ 和隐式功能函数 $g(x)$ 的可靠性分析问题，该方法的 SVM 训练样本规划技术和实施步骤如下：

（1）SVM 训练样本规划

训练样本的选取是效率提升的关键。传统抽样方法按照随机变量的分布情况，利用蒙特卡洛抽样方法随机抽取样本点。例如，某结构可靠性分析的功能函数如图 2－13 所示，随机抽取了 1 000 个样本点，其中失效样本只有 3 个。按照传统方法直接抽样，其训练点散布于抽样空间中，对于失效概率极小的情况，需要抽取大量训练样本才能覆盖到失效区域。由于每个训练样本都需要调用原始功能函数进行分析，当原始功能函数为计算量庞大的仿真模型时，传统方式效率低下。

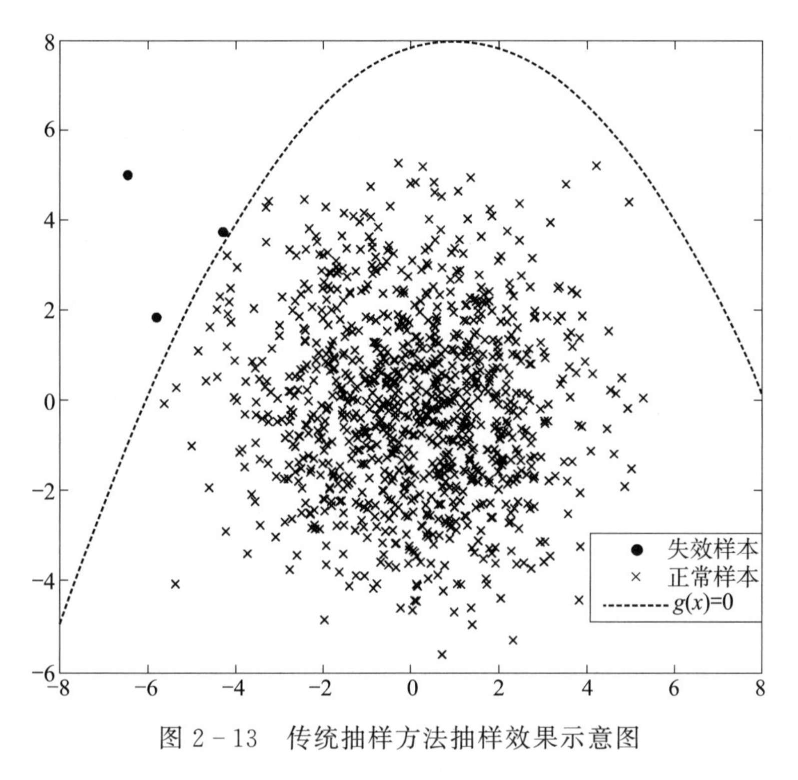

图 2－13　传统抽样方法抽样效果示意图

采用训练样本规划技术，合理规划抽样区域，有效保证落入失效区域的训练样本数量。首先利用 FORM 寻找 MPP，之后根据结构可靠性要求确定抽样区域的半径（抽样半径一般选取 3σ ），并以 MPP 为抽样中心开展抽样，新方法 SVM 训练样本规划的示意图如图 2－14 所示。随机抽取 100 个样本点，其中 57 个为失效样本。通过将训练样本点限制在提前规划的抽样区域内，保证 SVM 仅在功能函数的关键区域具有高精度，从而提升 SVM 建模效率。

基本随机变量作为输入数据常常因为物理意义和量纲不同，造成各自取值范围的差别较大，在 SVM 训练中容易出现不稳定的情况，即使训练成功，泛化性能也很差。在确定了抽样区域并随机抽取训练样本之后，需要对训练样本进行归一化处理，提高训练 SVM 的稳定性和泛化性，归一化公式为

$$x'_k=\frac{x_k-\mu_k}{\sigma_k} \tag{2-105}$$

式中，μ_k 和 σ_k 为此随机变量的均值和标准差。

（2）方法实施步骤

基于 SVM 的可靠性分析方法的实施步骤如下：

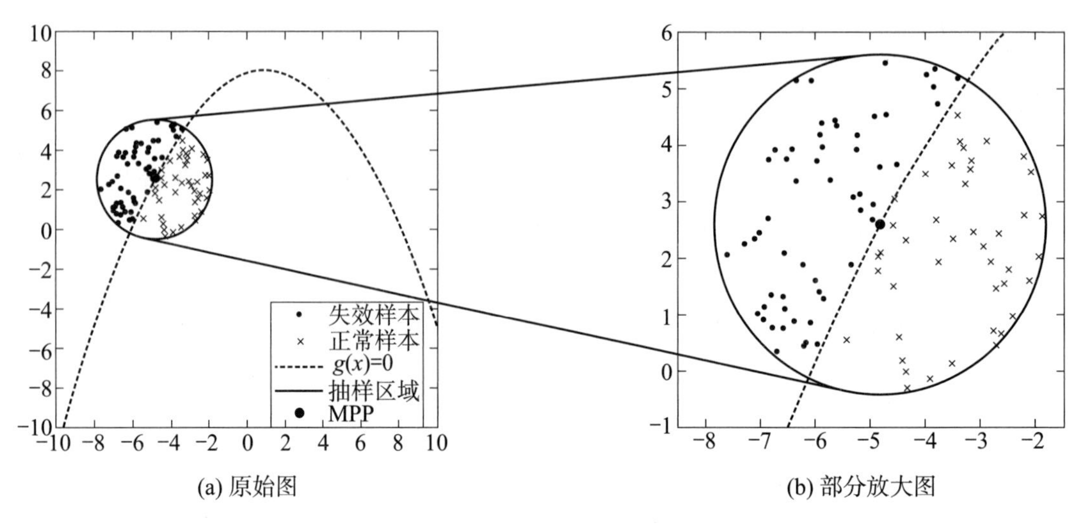

(a) 原始图 (b) 部分放大图

图 2-14 新抽样方法抽样效果示意图

步骤 1：规划抽样区域。

1）利用 FORM 方法搜寻 MPP。

2）以上一步得到的 MPP 为圆心，以 3σ 为半径的抽样区域内，通过蒙特卡洛随机抽样选定一系列的样本点作为训练样本。

3）对训练样本进行归一化处理，把样本数据每个维度的特征值映射到同一个区间范围内。

步骤 2：构建 SVM 模型。

4）选取合适的核函数和参数，一般可选取多项式核函数，其形式如下：

$$K(x_i,x)=(x_i \cdot x+1)^d d=1,2,\cdots,n \tag{2-106}$$

式中需要根据工程实际确定多项式核函数的阶数 d 。

5）根据归一化处理后的训练样本以及选取的核函数和参数，进行 SVM 训练，即解算如下优化问题：

$$\begin{cases}\min \dfrac{1}{2}\sum\limits_{i,j=1}^{l}(a_i-a_i^*)(a_j-a_j^*)K(x_i,x_j)+\varepsilon\sum\limits_{i=1}^{l}(a_i+a_i^*)-\sum\limits_{i=1}^{l}y_i(a_i-a_i^*) \\ \sum\limits_{i=1}^{l}(a_i-a_i^*)=0 \\ 0\leqslant a_i,a_i^*\leqslant C,i=1,2,\cdots,l\end{cases} \tag{2-107}$$

式中，a_i 和 a^* 为拉格朗日乘子；$K(x_i,\ x_j)$ 为核函数。解此优化问题得最优解，则回归估计函数为

$$f(x)=\sum_{x_i \in SV_S}(a_i - a_i^*)K(x_i,x)+w_1 \tag{2-108}$$

6）每次训练获得此回归估计函数，利用测试样本对生成的替代模型测试，检验其精度是否满足要求。

步骤 3：利用建立的 SVM 模型开展可靠性分析。

7）将训练成功的 SVM 模型替代原始功能函数（或仿真模型），并利用蒙特卡洛法计算失效概率 P_f 。

基于 SVM 的可靠性分析方法的流程图如图 2－15 所示。

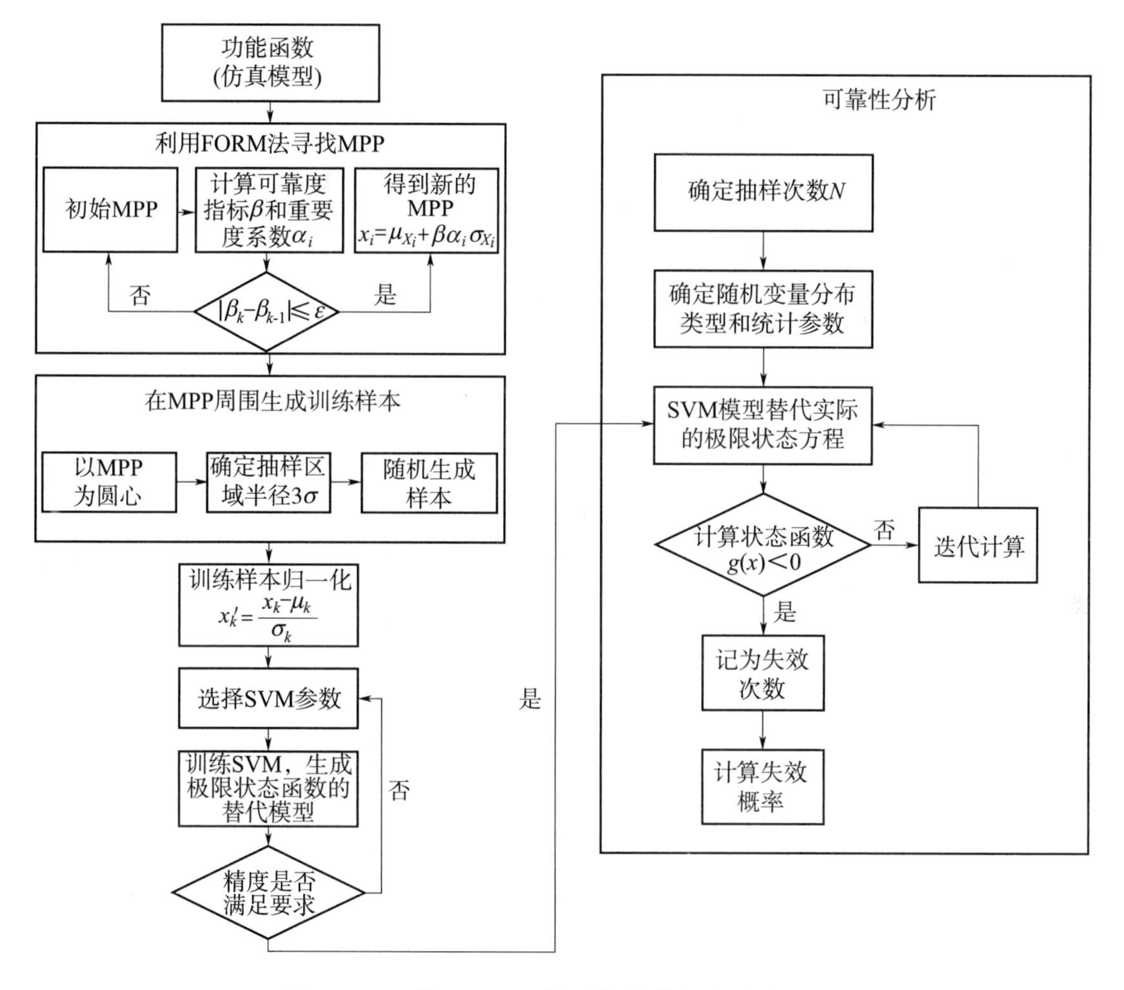

图 2－15　基于 SVM 的可靠性分析方法流程图

2.8　混合不确定性分析方法

在飞行器研制早期开展不确定性分析时，由于知识经验或试验数据的缺乏，难以对某些参数建立精确的概率分布，难以用概率理论来表征其不确定性，按照不确定性的分类，需要将其视为认知不确定性进行数学描述。而另一些参数的数据信息较多，可以通过构造一定的概率分布来表征其不确定性，因此可视其为随机不确定性。

现有的不确定性分析方法大多针对单一不确定性分析问题，难以求解上述兼有认知不确定性与随机不确定性的混合不确定性分析问题。为此，需要建立高效的混合不确定性分析方法。针对混合不确定性问题中，认知不确定性分别由模糊理论、证据理论表征的两类问题，本节分别给出了基于模糊随机理论的混合不确定性分析方法、基于证据理论的混合不确定性分析方法。

2.8.1　基于模糊随机理论的混合不确定性分析方法

基于模糊随机理论的混合不确定性分析，是对同时含有随机与认知不确定性参数的混合问题进行分析求解的方法。其中，基于概率论的随机不确定性分析通过构造一定的概率分布来实现，而基于模糊理论的认知不确定性分析则通过构造可能性分布或可信性分布来实现。可能性理论由 Zadeh 教授创立于 1978 年，之后许多学者研究和发展了这一理论，建立了与概率理论平行的理论框架。可能性本质上是人们对于事件的可发生程度或达到某种预期目标程度的一种主观反映，因此适合处理信息不完善等认知不确定性问题[5]。

可靠性问题是一类重要的不确定性分析问题。在可靠性范畴内，基于模糊随机理论的混合问题，即为模糊可靠性问题。根据可靠性的定义，其主要包括五个要素：对象、规定条件、规定时间、规定功能、能力。其中，前三个要素是可靠性的前提，是确切的、具体的，这三个要素中不包含模糊性。工程实践中的模糊性主要出现在对是否“完成规定功能”的判断和界定上，也就是说，在“完成”和“未完成”之间并不存在明显的界限，更准确的说法应该是“在某种程度上完成规定功能”。这样一来，可靠性的定义中就体现出了其可能存在的模糊性。因此，模糊可靠性的定义即为：产品在规定条件下，规定时间内，在某种程度上完成规定功能的能力[5]。

综上所述，模糊可靠性问题中包含两类模糊性，即失效判据的模糊性与参数的模糊性。对产品是否完成规定功能无法进行明确界定，这类模糊性表现出来的就是失效判据的模糊性；而某些参数由于数据缺乏或无法通过重复性试验测得随机分布，其所具有的模糊性就隶属于参数的模糊性。当失效判据和参数存在模糊性时，传统可靠性问题中的两态假设和概率假设就已不再适用。对此，则需要引入两个新的假设：一是模糊状态假设，该假设针对失效判据而言，即产品完成规定功能或未完成规定功能用模糊状态来进行描述；二是可能性假设，该假设针对参数而言，即产品的失效行为可以完全在可能性测度的基础上进行刻画。模糊可靠性理论就是基于这两个全新的假设而建立起来的。

对具体的不确定性分析问题而言，产品失效判据有两种处理方式：1）以两态假设为基础；2）以模糊状态假设为基础。所涉及的部分参数以概率分布描述，部分参数以可能性分布描述。由此，根据所涉及的模糊性种类进行不同的组合，可靠性问题可以分为四种，其中不涉及任何模糊性的以双态假设和概率假设为基础的问题即为常规可靠性问题（PROBIST 可靠性理论），其余均为模糊可靠性问题。基于此，目前模糊可靠性理论主要分为三个分支，见表 2－6。

表 2－6　模糊可靠性问题的 3 种分类

序号	分类	解释说明
1	PROFUST 可靠性理论	失效判据即产品状态具有模糊性，而参数只具有随机性时，基于模糊状态假设与概率假设进行可靠性分析的模糊可靠性理论体系
2	POSBIST 可靠性理论	失效判据即产品状态不具有模糊性，而参数具有模糊性时，基于双态假设与可能性假设进行可靠性分析的模糊可靠性理论体系
3	POSFUST 可靠性理论	失效判据即产品状态与参数均具有模糊性时，基于模糊状态假设与可能性假设进行可靠性分析的模糊可靠性理论体系

注：分类名称中前三个字母“PRO”和“POS”分别为“Probability”和“Possibility”的缩写，其表明参数基于何种假设；后四个字母“BIST”和“FUST”分别为“bi－state”和“fuzzy－state”的缩写，其表明失效判据是否具有模糊性。

（1）可能性理论

首先，给出可能性测度和必然性测度的公理化定义。

定义 1：可能性测度：论域 U 及其相应的幂集 $p(U)=2^U$，可能性测度 Pos 表示为函数 Pos：$2^U \to [0,1]$，且满足如下公理条件：1）$\mathrm{Pos}(\varnothing)=0$；2）$\mathrm{Pos}(U)=1$；3）对任意集族 $\{A_i \mid A_i \in 2^U, i \in I\}$，其中 I 为任一指标集，存在 $Pos(\bigcup\limits_{i\in I} A_i)=\sup\limits_{i\in I}\mathrm{Pos}(A_i)$。

由条件 3）可知，对于论域 U 上的两个任意集合 A 和 B，存在如下关系：$\mathrm{Pos}(A\cup B)=\mathrm{Pos}(A)\vee \mathrm{Pos}(B)$，$\max\{\mathrm{Pos}(A),\mathrm{Pos}(\overline{A})\}=1$，这说明可能性

测度具有模糊可加性，这也是可能性测度与概率测度的不同之处。

定义 2：必然性测度：论域 U 及其相应的幂集 $p(U)=2^U$，必然性测度 Nec 表示为函数 Nec：$2^U \rightarrow [0,1]$，且满足如下公理条件：1）$\mathrm{Nec}(\varnothing)=0$；2）$\mathrm{Nec}(U)=1$；3）对任意集族 $\{A_i \mid A_i \in 2^U, i \in I\}$，其中 I 为任一指标集，存在 $\mathrm{Nec}(\bigcap_{i\in I} A_i)=\inf_{i\in I}\mathrm{Nec}(A_i)$。

比较可能性测度与必然性测度的公理化定义可知，两个测度是互为对偶的关系，因此对于 $\forall A \in 2^U$，有

$$\mathrm{Nec}(A)=1-\mathrm{Pos}(\overline{A}) \tag{2-109}$$

上述公式表明一个集合 A 的必要性测度定义为对立集合的不可能性。

称 $\mathrm{Cr}\{A\}=0.5(\mathrm{Pos}\{A\}+\mathrm{Nec}\{A\})$ 为集合 A 的可信性测度，即一个集合 A 的可信性测度定义为可能性测度和必要性测度的平均值。可信性测度自对偶，即 $\mathrm{Cr}\{A\}+\mathrm{Cr}\{\overline{A}\}=1$。

命题 A 的可能性、必要性和可信性测度满足关系：$\mathrm{Nec}\{A\} \leqslant \mathrm{Cr}\{A\} \leqslant \mathrm{Pos}\{A\}$，命题 A 的可信性理论解释见表 2－7。

表 2－7　命题 A 的可信性理论解释

[Nec{A},Pos{A}]	Cr{A}	解 释
[0,0]	0	命题 A 为假
[0,0.8]	0.4(<0.5)	命题 A 为真的可能性小于为假的可能性
[0,1]	0.5	命题 A 不知真假
[0.2,1]	0.6(>0.5)	命题 A 为真的可能性大于为假的可能性
[1,1]	1	命题 A 为真

定义 3：假设 ξ 为一从可能性空间 $(U, 2^U, \mathrm{Pos})$ 到实值 $\boldsymbol{R}$ 上的函数，则称 ξ 是模糊变量，函数 $\mu(x)=\mathrm{Pos}\{\theta \in U \mid \xi(\theta)=x\}$，$x \in R$ 称为模糊变量 ξ 的隶属度函数，模糊变量 ξ 的 α 水平集定义为 $\xi_\alpha=\{\xi(\theta) \mid \theta \in U, \mathrm{Pos}\{\theta\} \geqslant \alpha\}$。

假设 ξ_1，ξ_2，…，ξ_n 为 n 个相互独立的模糊变量，其隶属度函数分别为 $\mu_1(x_1)$，$\mu_2(x_2)$，…，$\mu_n(x_n)$，假设 f：$\boldsymbol{R}^n \rightarrow \boldsymbol{R}$ 是一个实值函数，则模糊变量 $f(\xi)=f(\xi_1, \xi_2, \cdots, \xi_n)$ 的隶属度函数 $\mu(y)$ 可由 $\mu_1(x_1)$，$\mu_2(x_2)$，…，$\mu_n(x_n)$ 导出：

$$\mu(y)=\sup_{x_1,x_2,\cdots,x_n \in \boldsymbol{R}}\left\{\min_{1\leqslant i\leqslant n}\mu_i(x_i) \mid y=f(x_1,x_2,\cdots,x_n)\right\} \tag{2-110}$$

模糊事件 A：$f(\xi) \leqslant y_0$，$(y_0 \in \boldsymbol{R})$ 的可能性、必要性和可信性测度

如下：

$$\begin{cases}\mathrm{Pos}\{A\}=\sup\limits_{x_1,x_2,\cdots,x_n\in R}\{\min\limits_{1\leqslant i\leqslant n}\mu_i(x_i)\mid f(x_1,x_2,\cdots,x_n)\leqslant y_0\}\\ \mathrm{Nec}\{A\}=1-\sup\limits_{x_1,x_2,\cdots,x_n\in \boldsymbol{R}}\{\min\limits_{1\leqslant i\leqslant n}\mu_i(x_i)\mid f(x_1,x_2,\cdots,x_n)>y_0\}\\ \mathrm{Cr}\{A\}=0.5(\mathrm{Pos}\{A\}+\mathrm{Nec}\{A\})\end{cases} \tag{2-111}$$

模糊变量 $f(\xi)$ 的可能性、必要性和可信性分布函数 Φ：$(-\infty,\ +\infty)\rightarrow[0,\ 1]$ 为

$$\begin{cases}\Phi_{\mathrm{Pos}}(y)=\mathrm{Pos}\{f(\xi)\leqslant y\}\\ \Phi_{\mathrm{Nec}}(y)=\mathrm{Nec}\{f(\xi)\leqslant y\}\\ \Phi_{\mathrm{Cr}}(y)=\mathrm{Cr}\{f(\xi)\leqslant y\}\end{cases} \tag{2-112}$$

模糊变量 $f(\xi)$ 的可能性测度乐观值 $y^{\alpha}_{\mathrm{Pos\_sup}}$、悲观值 $y^{\alpha}_{\mathrm{Pos\_inf}}$ 和可信性测度乐观值 $y^{\alpha}_{\mathrm{Cr\_sup}}$、悲观值 $y^{\alpha}_{\mathrm{Cr\_inf}}$ 如下：

$$\begin{cases}y^{\alpha}_{\mathrm{Pos\_sup}}=\sup\{r\mid \mathrm{Pos}\{f(\xi)\geqslant r\}\geqslant\alpha\}\\ y^{\alpha}_{\mathrm{Pos\_inf}}=\inf\{r\mid \mathrm{Pos}\{f(\xi)\leqslant r\}\geqslant\alpha\}\\ y^{\alpha}_{\mathrm{Cr\_sup}}=\sup\{r\mid \mathrm{Cr}\{f(\xi)\geqslant r\}\geqslant\alpha\}\\ y^{\alpha}_{\mathrm{Cr\_inf}}=\inf\{r\mid \mathrm{Cr}\{f(\xi)\leqslant r\}\geqslant\alpha\}\end{cases} \tag{2-113}$$

式中，$\alpha\in(0,\ 1]$ 为置信水平。模糊变量 $f(\xi)$ 的均值和方差如下：

$$\begin{cases}E_{\mathrm{Cr}}[f(\xi)]=\int_0^{+\infty}\mathrm{Cr}\{f(\xi)\geqslant y\}\,\mathrm{d}y-\int_{-\infty}^{0}\mathrm{Cr}\{f(\xi)\leqslant y\}\,\mathrm{d}y\\ V_{\mathrm{Cr}}[f(\xi)]=E_{\mathrm{Cr}}[(f(\xi)-E_{\mathrm{Cr}}[f(\xi)])^2]\end{cases} \tag{2-114}$$

模糊事件 A：$f(\xi)\leqslant y_0$，$y_0\in\boldsymbol{R}$ 的可能性、必要性和可信性测度的模糊模拟算法见表 2-8，模糊变量 $f(\xi)$ 的可能性测度乐观值和悲观值的模糊模拟算法见表 2-9，模糊变量 $f(\xi)$ 的分布函数的模糊模拟算法见表 2-10。

表 2-8　模糊事件的可能性、必要性和可信性测度模糊模拟算法

步骤 1	$\alpha\approx 0.000\ 01$，$\mathrm{Pos}\{A\}=\alpha$，$\mathrm{Nec}\{A\}=1-\alpha$
步骤 2	分别从模糊变量 ξ_i 的 α 水平集中均匀随机抽样产生 $x_i(i=1,2,\cdots,n)$
步骤 3	令 $\mu_{\min}=\min\{\mu_i(x_i),i=1,2,\cdots,n\}$
步骤 4	如果 $f(x_1,x_2,\cdots,x_n)\leqslant y_0$ 且 $\mathrm{Pos}\{A\}<\mu_{\min}$，$\mathrm{Pos}\{A\}=\mu_{\min}$ 如果 $f(x_1,x_2,\cdots,x_n)>y_0$ 且 $\mathrm{Nec}\{A\}>1-\mu_{\min}$，$\mathrm{Nec}\{A\}=1-\mu_{\min}$
步骤 5	令 $\alpha=\mathrm{Pos}\{A\}$，重复步骤 2 至步骤 4 共 N 次

续表

步骤 6	返回模糊事件 A 的可能性 $\mathrm{Pos}\{A\}$、必要性 $\mathrm{Nec}\{A\}$ 和可信性 $\mathrm{Cr}\{A\}=0.5(\mathrm{Pos}\{A\}+\mathrm{Cr}\{A\})$

表 2-9 模糊变量的可能性测度乐观值和悲观值模糊模拟算法

步骤 1	令 $y^{\alpha}_{\mathrm{Pos\_sup}}=-\infty, y^{\alpha}_{\mathrm{Pos\_inf}}=+\infty$
步骤 2	采用随机抽样方法,分别从模糊变量 ξ_i 的 α 水平集中均匀随机抽样产生 M 个样本点 x_i^j, $i=1,2,\cdots,n,j=1,2,\cdots,M$
步骤 3	令 $y^{\alpha}_{\mathrm{Pos\_sup}}=\max\{f(x^j),j=1,2,\cdots,M\}$, $y^{\alpha}_{\mathrm{Pos\_inf}}=\min\{f(x^j),j=1,2,\cdots,M\}$
步骤 4	返回模糊变量的可能性测度乐观值和悲观值

表 2-10 模糊变量的分布函数模糊模拟算法

步骤 1	令 $\alpha=k/K, k=1,K$ 为大于 1 的正整数
步骤 2	调用表 2-9 所示的模糊模拟算法计算模糊变量的可能性测度乐观值和悲观值,令 $y^k_{\mathrm{sup}}=y^{\alpha}_{\mathrm{Pos\_sup}}, y^k_{\mathrm{inf}}=y^{\alpha}_{\mathrm{Pos\_inf}}$
步骤 3	令 $k=k+1$,重复步骤 1 至步骤 2,共 K 次
步骤 4	模糊变量的可能性、必要性和可信性分布函数为 $\Phi_{\mathrm{Pos}}(y)=\begin{cases}0, y<y^1_{\mathrm{inf}}\\ \frac{k-1}{K}+\frac{1}{K}\cdot\frac{y-y^{k-1}_{\mathrm{inf}}}{y^k_{\mathrm{inf}}-y^{k-1}_{\mathrm{inf}}}, y^{k-1}_{\mathrm{inf}}\leqslant y\leqslant y^k_{\mathrm{inf}}\\ 1, y>y^K_{\mathrm{inf}}\end{cases}$ $\Phi_{\mathrm{Nec}}(y)=\begin{cases}0, y<y^K_{\mathrm{sup}}\\ 1-\frac{k}{K}+\frac{1}{K}\cdot\frac{y-y^{k-1}_{\mathrm{sup}}}{y^{k-1}_{\mathrm{sup}}-y^k_{\mathrm{sup}}}, y^k_{\mathrm{sup}}\leqslant y\leqslant y^{k-1}_{\mathrm{sup}}\\ 1, y>y^1_{\mathrm{sup}}\end{cases}$ $\Phi_{\mathrm{Cr}}(y)=0.5(\Phi_{\mathrm{Pos}}(y)+\Phi_{\mathrm{Nec}}(y))\ (k=1,2,\cdots,K)$

(2) 基于模糊随机理论的混合不确定性分析方法

模糊随机变量是从概率空间到模糊变量构成集合的可测函数，定义如下：

定义：假设 ζ 为一从概率空间 $(\Omega, \Lambda, \mathrm{Pr})$ 到模糊变量构成集合的函数，并且对于 $\boldsymbol{R}$ 上的任何 Borel 集 B, $\mathrm{Pos}\{\zeta(\omega)\in B\}$ 是 ω 的可测函数，则称 ζ 为一个模糊随机变量；称从 $(0, 1]$ 到 $[0, 1]$ 的函数：

$$\mathrm{Ch}(\alpha)=\mathrm{Ch}\{\zeta\in B\}(\alpha)=\sup\{\beta \mid \mathrm{Pr}\{\omega\in\Omega \mid \mathrm{Cr}\{\zeta(\omega)\in B\}\geqslant\beta\}\geqslant\alpha\} \tag{2-115}$$

为模糊随机事件 $\zeta\in B$ 的 α 机会测度。

如果 $\boldsymbol{\xi}$ 为可能性空间 $(\Theta, 2^{\Theta}, \mathrm{Pos})$ n 个相互独立的模糊变量构成的模糊向量，$\boldsymbol{\eta}$ 为概率空间 $(\Omega, \Lambda, \mathrm{Pr})$ m 个相互独立的随机变量构成的随机向量，

$y=f(\boldsymbol{\xi},\boldsymbol{\eta})$ 为模糊向量 $\boldsymbol{\xi}$ 和随机向量 $\boldsymbol{\eta}$ 的实值函数，定义 $y(\omega)=f(\boldsymbol{\xi},\boldsymbol{\eta}(\omega))$，$\forall\omega\in\Omega$，则模糊变量 $y(\omega)$ 的可能性测度 $\mathrm{Pos}\{y(\omega)\in B\}$、必要性测度 $\mathrm{Nec}\{y(\omega)\in B\}$、可信性测度 $\mathrm{Cr}\{y(\omega)\in B\}$ 和均值 $E_{\mathrm{Cr}}[y(\omega)]$ 均可作为随机变量处理，因而将 $y=f(\boldsymbol{\xi},\boldsymbol{\eta})$ 作为模糊随机变量处理。模糊随机事件 A：$f(\xi,\eta)\leqslant y_0(y_0\in R)$ 的 α 机会测度如下：

$$\mathrm{Ch}(\alpha)=\mathrm{Ch}\{A\}(\alpha)=\sup\{\beta\mid\mathrm{Pr}\{\omega\in\Omega\mid Cr\{f(\boldsymbol{\xi},\boldsymbol{\eta}(\omega))\leqslant y_0\}\geqslant\beta\}\geqslant\alpha\} \tag{2-116}$$

模糊随机变量 $y=f(\boldsymbol{\xi},\boldsymbol{\eta})$ 的机会分布函数 Φ_{Ch}：$(-\infty,+\infty)\times(0,1]\rightarrow[0,1]$ 如下：

$$\Phi_{\mathrm{Ch}}(y,\alpha)=\mathrm{Ch}\{f(\boldsymbol{\xi},\boldsymbol{\eta})\leqslant y\}(\alpha) \tag{2-117}$$

模糊随机变量 $y=f(\boldsymbol{\xi},\boldsymbol{\eta})$ 的机会测度乐观值 $y_{\mathrm{Ch\_sup}}^{\alpha;\beta}$ 和悲观值 $y_{\mathrm{Ch\_inf}}^{\alpha;\beta}$ 如下：

$$\begin{cases}y_{\mathrm{Ch\_sup}}^{\alpha;\beta}=\sup\{r\mid\mathrm{Ch}\{f(\boldsymbol{\xi},\boldsymbol{\eta})\geqslant r\}(\alpha)\geqslant\beta\}\\ y_{\mathrm{Ch\_inf}}^{\alpha;\beta}=\inf\{r\mid\mathrm{Ch}\{f(\boldsymbol{\xi},\boldsymbol{\eta})\leqslant r\}(\alpha)\geqslant\beta\}\end{cases} \tag{2-118}$$

模糊随机变量 $y=f(\boldsymbol{\xi},\boldsymbol{\eta})$ 的均值和方差如下：

$$\begin{cases}E_{\mathrm{Ch}}[f(\boldsymbol{\xi},\boldsymbol{\eta})]=\displaystyle\int_0^{+\infty}\mathrm{Pr}\{\omega\in\Omega\mid E_{\mathrm{Cr}}[f(\boldsymbol{\xi},\boldsymbol{\eta}(\omega))]\geqslant r\}\mathrm{d}r-\\ \qquad\qquad\displaystyle\int_{-\infty}^{0}\mathrm{Pr}\{\omega\in\Omega\mid E_{\mathrm{Cr}}[f(\boldsymbol{\xi},\boldsymbol{\eta}(\omega))]\leqslant r\}\mathrm{d}r\\ V_{\mathrm{Ch}}[f(\boldsymbol{\xi},\boldsymbol{\eta})]=E_{\mathrm{Ch}}[(f(\boldsymbol{\xi},\boldsymbol{\eta})-E_{\mathrm{Ch}}[f(\boldsymbol{\xi},\boldsymbol{\eta})])^2]\end{cases} \tag{2-119}$$

模糊随机事件 A：$f(\boldsymbol{\xi},\boldsymbol{\eta})\leqslant y_0(y_0\in R)\alpha$ 机会测度的模糊模拟算法见表 2-11，模糊随机变量 $y=f(\boldsymbol{\xi},\boldsymbol{\eta})$ 的机会测度乐观值和悲观值的模糊模拟算法见表 2-12，模糊随机变量 $y=f(\boldsymbol{\xi},\boldsymbol{\eta})$ 的均值的模糊模拟算法见表 2-13。

表 2-11　模糊随机事件的机会测度模糊随机模拟算法

步骤 1	依据随机向量 η 概率测度 Pr，采用 LHS 方法，从样本空间 Ω 中产生 P 个样本 $\omega^1,\omega^2,\cdots,\omega^P$
步骤 2	采用表 2-8 给出的模糊事件可信性测度模糊模拟算法，计算模糊事件 $f(\xi,\eta(\omega^i))\leqslant y_0$ 的可信性测度 $\beta_i=\mathrm{Cr}\{f(\xi,\eta(\omega^i))\leqslant y_0\}(i=1,2,\cdots,P)$
步骤 3	令 P' 为 αP 的整数部分
步骤 4	返回序列 $\{\beta_1,\beta_2,\cdots,\beta_P\}$ 中第 P' 个最大的元素作为机会测度的估计

表 2-12 模糊随机变量的机会测度乐观值和悲观值模糊随机模拟算法

步骤 1	依据随机向量 η 概率测度 Pr，采用 LHS 方法，从样本空间 Ω 中产生 P 个样本 $\omega^1,\omega^2,\cdots,\omega^P$
步骤 2	采用表 2-10 介绍的模糊变量可信性分布函数模糊模拟算法，计算模糊变量 $f(\xi,\eta(\omega^i))$ $(i\in[1,P])$ 的可信性分布函数，依可信性分布函数计算可信性测度乐观值和悲观值
步骤 3	令 P' 为 αP 的整数部分
步骤 4	返回序列 $\{y_{\sup}^1,y_{\sup}^2,\cdots,y_{\sup}^P\}$ 中第 P' 个最大的元素作为机会测度乐观值的估计；返回序列 $\{y_{\inf}^1,y_{\inf}^2,\cdots,y_{\inf}^P\}$ 中第 P' 个最大的元素作为机会测度悲观值的估计

表 2-13 模糊随机变量的均值模糊随机模拟算法

步骤 1	依据随机向量 η 概率测度 Pr，采用 LHS 方法，从样本空间 Ω 中产生 P 个样本 $\omega^1,\omega^2,\cdots,\omega^P$
步骤 2	采用表 2-10 介绍的模糊变量可信性分布函数模糊模拟算法，计算模糊变量 $f(\xi,\eta(\omega^i))$ $(i\in[1,P])$ 的可信性分布函数，依可信性分布函数计算模糊变量均值
步骤 3	返回模糊随机变量 $f(\xi,\eta)$ 的均值 $E_{\mathrm{Ch}}[f(\xi,\eta)]=\frac{1}{P}\sum_{i=1}^{P}e_i$

在工程实际应用中，函数 $f(\xi,\ \eta)$ 表示系统响应。由于工程的复杂性，系统响应往往需要数值仿真计算给出，其计算成本高、计算时间长。若直接采用数值计算模型进行系统响应计算并进行模糊随机模拟，则面临严峻的计算复杂性问题。因此，在应用模糊随机模拟算法进行混合不确定性分析时，可采用代理模型方法构造近似模型，在模糊随机模拟中将计算复杂的实际模型用计算简单的近似模型代替，从而在保证分析精度的同时提高计算效率。

2.8.2 基于证据理论的混合不确定性分析方法

基于证据理论的混合不确定性分析方法，是对同时含有基于概率论的随机不确定性与基于证据理论的认知不确定性的混合问题进行分析求解的方法。

对于混合不确定性下的可靠性分析问题来说，根据证据理论定义失效可信性，即 $\mathrm{Bel}(D)$ 是幂集 2^{Ω} 中所有完全位于失效域 D 内焦元的 BPA 之和；定义失效似然性 $\mathrm{Pl}(D)$，即是与失效域 D 交集非空焦元的 BPA 之和。

采用概率理论描述随机不确定性（$\boldsymbol{x}$），采用证据理论描述认知不确定性（$\boldsymbol{y}$），基于概率-证据混合不确定性分析方法给出极限状态方程失效域 D 的可信性测度 $\mathrm{Bel}(D)$ 和似然性测度 $\mathrm{Pl}(D)$，通过构造上下界描述其精确概率的可能取值区间。

考虑随机不确定性参数 $\boldsymbol{x}$ 和认知不确定性参数 $\boldsymbol{y}$ 同时存在的情况，假设认知不确定性向量 $\boldsymbol{y}$ 包含 N_c 个焦元，焦元记为 $c_k(1 \leqslant k \leqslant N_c)$，极限状态方程记为 $f(\boldsymbol{x}, \boldsymbol{y})$，失效域表示为 $D=\{f(\boldsymbol{x}, \boldsymbol{y})<0\}$。将随机不确定性参数 $\boldsymbol{x}$ 固定为 $\tilde{\boldsymbol{x}}$ 后，则认知不确定性参数在随机变量 $\boldsymbol{x}=\tilde{\boldsymbol{x}}$ 的条件下，其失效似然性为

$$\mathrm{Pl}(D \mid \boldsymbol{x}=\tilde{\boldsymbol{x}})=\sum_{k=1}^{N_c} m(c_k) \cdot \delta_{\mathrm{Pl}}(c_k, \tilde{\boldsymbol{x}}) \tag{2-120}$$

式中，$\delta_{\mathrm{Pl}}(c_k, \tilde{\boldsymbol{x}})$ 与 Dirac 函数类似，定义为

$$\delta_{\mathrm{Pl}}(c_k, \tilde{\boldsymbol{x}})=\begin{cases}1, \exists \boldsymbol{y} \in c_k, f(\tilde{\boldsymbol{x}}, \boldsymbol{y})<0 \\ 0, \text{其他}\end{cases} \tag{2-121}$$

定义随机不确定性参数的概率密度函数为 $p(\cdot)$，进而失效似然性可以表示为

$$\begin{aligned}\mathrm{Pl}(D) &=\int_X p(\tilde{\boldsymbol{x}}) \cdot \mathrm{Pl}(D \mid \boldsymbol{x}=\tilde{\boldsymbol{x}}) \mathrm{d} \tilde{\boldsymbol{x}} \\ &=\int_X p(\tilde{\boldsymbol{x}})\left[\sum_{k=1}^{N_c} m(c_k) \cdot \delta_{\mathrm{Pl}}(c_k, \tilde{\boldsymbol{x}})\right] \mathrm{d} \tilde{\boldsymbol{x}} \\ &=\sum_{k=1}^{N_c} m(c_k)\left[\int_X p(\tilde{\boldsymbol{x}}) \cdot \delta_{\mathrm{Pl}}(c_k, \tilde{\boldsymbol{x}}) \mathrm{d} \tilde{\boldsymbol{x}}\right]\end{aligned} \tag{2-122}$$

进而定义焦元 c_k 的失效子似然性为

$$\begin{aligned}\mathrm{Pl}_k(D) &=\int_X p(\tilde{\boldsymbol{x}}) \cdot \delta_{\mathrm{Pl}}(c_k, \tilde{\boldsymbol{x}}) \mathrm{d} \tilde{\boldsymbol{x}} \\ &=\operatorname{Pr}\{\boldsymbol{x} \mid \exists \boldsymbol{y} \in c_k, f(\boldsymbol{x}, \boldsymbol{y})<0\} \\ &=\int_{D_{\mathrm{Pl}}} p(\boldsymbol{x}) \mathrm{d} \boldsymbol{x}\end{aligned} \tag{2-123}$$

其中，$D_{\mathrm{Pl}}=\{\boldsymbol{x} \mid \exists \boldsymbol{y} \in c_k, f(\boldsymbol{x}, \boldsymbol{y})<0\}$，失效似然性可以重新表述为

$$\mathrm{Pl}(D)=\sum_{k=1}^{N_c} m(c_k) \cdot \mathrm{Pl}_k(D) \tag{2-124}$$

同理，焦元 c_k 的失效子可信性定义为

$$\begin{cases}\mathrm{Bel}_k(D)=\int_{D_{\mathrm{Bel}}} p(\boldsymbol{x}) \mathrm{d} \boldsymbol{x} \\ D_{\mathrm{Bel}}=\{\boldsymbol{x} \mid \forall \boldsymbol{y} \in c_k, f(\boldsymbol{x}, \boldsymbol{y})<0\}\end{cases} \tag{2-125}$$

失效可信性可以表述为

$$\mathrm{Bel}(D)=\sum_{k=1}^{N_c} m(c_k) \cdot \mathrm{Bel}_k(D) \tag{2-126}$$

通过上述推导，将失效似然性和失效可信性的求解转化为失效子似然性和失效子可信性的计算。Du 等提出采用 FORM 求解 $\mathrm{Bel}_k(D)$ 和 $\mathrm{Pl}_k(D)$ 概率积分问题，提出了基于 FORM 的统一不确定性分析方法（FORM - UUA）。基于 FORM 的失效子似然性 $\mathrm{Pl}_k(D)$ 和失效子可信性 $\mathrm{Bel}_k(D)$ 可以表示为

$$
\begin{aligned}
\mathrm{Pl}_k(D) &= \Pr\{\boldsymbol{x} \mid \exists\, \boldsymbol{y} \in c_k, f(\boldsymbol{x},\boldsymbol{y}) < 0\} \\
&= \Pr\{\boldsymbol{x} \mid f_{\min}(\boldsymbol{x},\boldsymbol{y}) < 0, \boldsymbol{y} \in c_k\} \\
&\approx \Phi(-\|\boldsymbol{u}_{k\mathrm{Pl}}^{*}\|)
\end{aligned}
\tag{2-127}
$$

$$
\begin{cases}
\min \quad \|\boldsymbol{u}_{k\mathrm{Pl}}\| \\
\qquad G(\boldsymbol{u}_{k\mathrm{Pl}}, \bar{\boldsymbol{y}}) = 0, \bar{\boldsymbol{y}} = \arg \min\limits_{\boldsymbol{y} \in c_k} G(\boldsymbol{u}_{k\mathrm{Pl}}, \boldsymbol{y})
\end{cases}
$$

$$
\begin{aligned}
\mathrm{Bel}_k(D) &= \Pr\{\boldsymbol{x} \mid \forall\, \boldsymbol{y} \in c_k, f(\boldsymbol{x},\boldsymbol{y}) < 0\} \\
&= \Pr\{\boldsymbol{x} \mid f_{\max}(\boldsymbol{x},\boldsymbol{y}) < 0, \boldsymbol{y} \in c_k\} \\
&\approx \Phi(-\|\boldsymbol{u}_{k\mathrm{Bel}}^{*}\|)
\end{aligned}
\tag{2-128}
$$

$$
\begin{cases}
\min \quad \|\boldsymbol{u}_{k\mathrm{Bel}}\| \\
\qquad G(\boldsymbol{u}_{k\mathrm{Bel}}, \bar{\boldsymbol{y}}) = 0, \bar{\boldsymbol{y}} = \arg \max\limits_{\boldsymbol{y} \in c_k} G(\boldsymbol{u}_{k\mathrm{Bel}}, \boldsymbol{y})
\end{cases}
$$

式中，$G(\boldsymbol{u}, \boldsymbol{y}) = 0$ 为标准正态 U 空间上的极限状态方程，最优值 $\boldsymbol{u}_{k\mathrm{Bel}}^{*}$ 和 $\boldsymbol{u}_{k\mathrm{Pl}}^{*}$ 为最大可能点（MPP）。针对 FORM - UUA 方法双层嵌套的局限性，姚雯等进一步提出了基于 FORM 单层优化的改进混合不确定性分析方法（SLO - FORM - UUA）。失效子似然性 $\mathrm{Pl}_k(D)$ 的双层嵌套优化问题可等价为如下单层优化问题：

$$
\begin{cases}
\min \quad \|\boldsymbol{u}\| \\
\qquad G(\boldsymbol{u}, \boldsymbol{y}) = 0, \boldsymbol{y} \in c_k
\end{cases}
\tag{2-129}
$$

结合一阶 KKT 必要条件，失效子可信性 $\mathrm{Bel}_k(D)$ 的双层嵌套优化问题可等价为如下单层优化问题：

$$
\begin{cases}
\min \quad \|\boldsymbol{u}\| \\
\qquad G(\boldsymbol{u}, \boldsymbol{y}) = 0, \boldsymbol{y} \in c_k \\
\text{对于} \leqslant i \leqslant N_z, \begin{cases}
\dfrac{\partial G}{\partial z_i} = 0, \dfrac{\partial^2 G}{\partial z_i^2} < 0, z_{ik}^{l} < z_i < z_{ik}^{u} \\
\mathrm{sgn}\left(\dfrac{\partial G}{\partial z_i}\right) = 1, z_i = z_{ik}^{u} \\
\mathrm{sgn}\left(\dfrac{\partial G}{\partial z_i}\right) = -1, z_i = z_{ik}^{l}
\end{cases}
\end{cases}
\tag{2-130}
$$

为验证 SLO－FORM－UUA 方法的有效性和可行性，采用经典的悬臂梁算例进行测试验证，悬臂梁结构和受力示意图如图 2－16 所示。

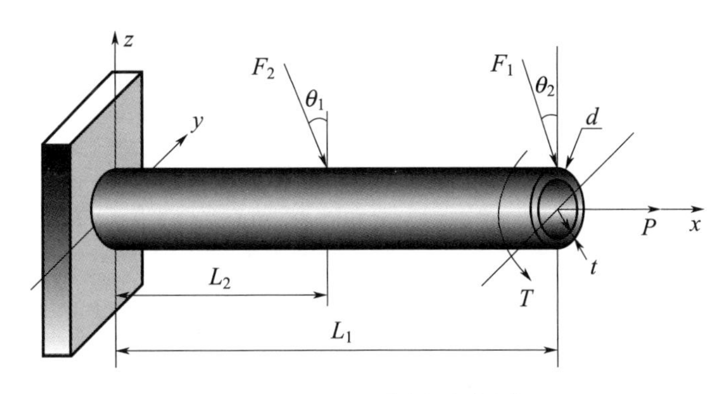

图 2－16　悬臂梁示意图

约束函数定义如下：

$$\begin{cases} g(\boldsymbol{x},\boldsymbol{z}) = S_y - \sqrt{\sigma_x^2 + 3\tau_{zx}^2}, I = \dfrac{\pi}{64}[d^4 - (d-2t)^4], J = 2I \\ \tau_{zx} = \dfrac{Td}{2J}, M = F_1 L_1 \cos\theta_1 + F_2 L_2 \cos\theta_2, A = \dfrac{\pi}{4}[d^2 - (d-2t)^2] \\ h = \dfrac{d}{2}, \sigma_x = \dfrac{P + F_1 \sin\theta_1 + F_2 \sin\theta_2}{A} + \dfrac{Mh}{I} \end{cases} \tag{2-131}$$

式中，随机不确定性向量 $\boldsymbol{x}$ 和认知不确定性向量 $\boldsymbol{y}$ 定义如下：

$$\boldsymbol{x} = (t \quad d \quad L_1 \quad L_2 \quad F_1 \quad F_2 \quad P \quad T \quad S_y), \boldsymbol{z} = (\theta_1 \quad \theta_2) \tag{2-132}$$

失效域定义为 $D = \{(\boldsymbol{x},\ \boldsymbol{y}) \mid g(\boldsymbol{x},\ \boldsymbol{y}) < 0\}$，随机不确定性的分布描述见表 2－14，认知不确定性的分布描述见表 2－15。

表 2－14　随机不确定性的分布描述

变量符号	分布描述	单位
t	$N(5, 0.1)$	mm
d	$N(42, 0.5)$	mm
L_1	$U(119.75, 120.25)$	mm
L_2	$U(59.75, 60.25)$	mm
F_1	$N(3.0, 0.3)$	kN
F_2	$N(3.0, 0.3)$	kN
P	$N(12.0, 1.2)$	kN
T	$N(90.0, 9.0)$	N·m

续表

变量符号	分布描述	单位
S_y	$N(220, 22.0)$	MPa

表 2-15 认知不确定性的分布描述

设置	变量符号	区间	BPA
设置 1	θ_1	[0°,10°]	1.0
	θ_2	[5°,15°]	1.0
设置 2	θ_1	[0°,3°)	0.3
		[3°,6°)	0.3
		[6°,10°]	0.4
	θ_2	[5°,8°)	0.3
		[8°,11°)	0.3
		[11°,15°]	0.4

针对上述混合不确定性分析问题，采用蒙特卡洛方法作为标准结果进行分析，其抽样策略在随机空间抽取 10^6 个样本点，在认知不确定性空间的每个焦元空间 c_k 上抽样 2 000 个样本点。分析结果见表 2-16，结果表明，两者方法的分析结果几乎相同，相对误差小于 2%，且 SLO-FORM-UUA 方法的函数调用次数最少，验证了方法的有效性和高效性。

表 2-16 混合不确定性条件下失效可信性和似然性分析结果

算法	BPA 设置 1			BPA 设置 2		
	可信性	似然性	调用次数	可信性	似然性	调用次数
SLO-FORM-UUA	0.000 153	0.000 173	208	0.000 161	0.000 172	2 152
MCS	0.000 156	0.000 171	2×10^9	0.000 163	0.000 170	18×10^9

2.9 小结

本章介绍了不确定性的概念内涵与分类方式，给出了经典不确定性建模与分析方法，重点介绍了目前在飞行器研制过程中应用比较广泛的区间方法与概率方法等不确定性建模方法。灵敏度分析是筛选出重要不确定性因素的有效手段，本章在灵敏度分析方法方面分别介绍了相关系数法、基于二阶响应面的灵敏度分析方法以及基本效应灵敏度分析方法。

不确定性分析方法分别介绍了泰勒展开近似法、蒙特卡洛方法、高效抽样方法、FORM 法等。其中，蒙特卡洛方法由于实施思路简单，便于编程实现，在飞行器不确定性分析中获得了广泛应用。然而，由于蒙特卡洛方法需要大量样本保证计算结果的精度，特别是当事件发生概率较小时，蒙特卡洛方法的巨量样本需求将导致计算不可行。后续发展而来的重要抽样、拉丁超立方抽样等方法，能够在一定程度上提高计算效率，主要用于针对小概率问题开展不确定性分析。FORM 方法是一种经典的可靠性分析方法，针对功能函数进行了线性展开，对于非线性程度不高的问题，该方法的计算精度较高。代理模型是一种应对工程中计算复杂性问题的有效手段，正在受到越来越多的关注与重视。针对代理模型技术，主要阐述了响应面方法、Kriging 方法、PCE 方法、SVM 方法。其中，Kriging 方法与 SVM 方法由于其自身数学特性，能够以较小的样本量获取较高的近似精度，在工程中应用广泛。基于 Kriging 方法和 SVM 方法发展出的高效不确定性分析方法，主要介绍了 AK－MCS 方法、CKM 方法、高效 SVM 分析方法等。上述改进方法能够以较小样本量获取满足工程需求的近似精度，因此具有广阔的应用前景。针对混合不确定性问题，本章主要介绍了基于模糊随机理论的混合不确定性分析方法、基于证据理论的混合不确定性分析方法。

本章给出的不确定性建模与分析方法能够为飞行器不确定性优化设计提供有力的技术支撑。

参考文献

［1］ 曾声奎．系统可靠性设计分析教程［M］. 北京：北京航空航天大学出版社，2006.

［2］ 龙乐豪．总体设计：中［M］. 北京：宇航出版社，1993.

［3］ 杨超．飞行器气动弹性原理［M］．北京：北京航空航天大学出版社，2011.

［4］ SHAFER G. A Mathematical Theory of Evidence［M］．Princeton：Princeton University Press，1976.

［5］ 张萌．统一模糊可靠性模型理论研究及叶片抗振模糊可靠性评估建模［D］．西安：西北工业大学，2015.

［6］ 姚雯．不确定性 MDO 理论及其在卫星总体设计中的应用研究［D］．长沙：国防科技大学，2007.

［7］ 刘成武，靳晓雄，刘云平，等．集成 BLISCO 和 iPMA 的多学科可靠性设计优化［J］．航空学报，2014，35（11）：3054－3063.

［8］ XIA T T，LI M，ZHOU J H. A sequential robust optimization approach for multidisciplinary design optimization with uncertainty［J］．Journal of Mechanical Design，2016，138：1－10.

［9］ YAO W，CHEN X Q，OUYANG Q，et al. A reliability－based multidisciplinary design optimization procedure based on combined probability and evidence theory［J］．Struct Multidisc Optim，2013，48（2）：339－354.

［10］ YAO W，CHEN X Q，HUANG Y Y. Sequential optimization and mixed uncertainty analysis method for reliability－based optimization［J］. AIAA Journal，2013，51（9）：2266－2277.

［11］ YI P，ZHU Z，GONG J X. An approximate sequential optimization and reliability assessment method for reliability－based design optimization［J］．Struct Multidisc Optim，2016，54：1367－1378.

［12］ DU X P，CHEN W. Sequential optimization and reliability assessment method for efficient probabilistic design［J］．Journal of Mechanical Design，2004，126（2）：225－233.

［13］ ZOU T，MAHADEVAN S. A direct decoupling approach for efficient reliability－based design optimization［J］．Struct Multidisc Optim，2006，31（3）：190－200.

［14］ HUANG Z L，JIANG C，ZHOU Y S，et al. An incremental shifting vector approach for reliability - based design optimization [J] . Struct Multidisc Optim, 2016, 53 (3): 523 - 543.

[15] BICHON B J, ELDRED M S, MAHADEVAN S, et al. Efficient global surrogate modeling for reliability - based design optimization [J] . Journal of Mechanical Design, 2013, 135: 011009.

[16] ANDRE J T, RAFAEL H L, LEANDRO F F M. A general RBDO decoupling approach for different reliability analysis methods [J] . Struct Multidisc Optim, 2016, 54: 317 - 332.

[17] DU X, CHEN W. Efficient uncertainty analysis methods for multidisciplinary robust design [J] . AIAA Journal, 2002, 40 (3): 545 - 552.

[18] 姜潮，范松，张哲，等．一种高效的概率-证据混合可靠性分析方法 [J] . 计算力学学报，2016，33 (2)：135 - 143.

[19] JIANG C, ZHANG Z, HAN X, et al. A novel evidence - theory - based reliability analysis method for structures with epistemic uncertainty [J] . Computers and Structures, 2013, 129: 1 - 12.

[20] 郭佳，唐胜景，李学亮．基于 Isight 的导弹蒙特卡洛仿真技术研究 [J]. 战术导弹技术，2017，1：71 - 75.

[21] ROSHANIAN J, TALEBI M. Monte Carlo simulation of stage separation dynamics of a multistage launch vehicle [J] . Applied Mathematics and Mechanics, 2008, 29 (11): 1411 - 1426.

[22] 沙建科，徐敏，施雨阳．基于蒙特卡洛模拟的导弹级间分离干扰仿真 [J] . 科学技术与工程，2014，14 (23)：306 - 310.

[23] 盛骤，谢式千，潘承毅．概率论与数理统计 [M] . 北京：高等教育出版社，2008.

[24] 郭彤，李爱群，赵大亮．用于公路桥梁可靠性评估的车辆荷载多峰分布概率模型 [J] . 东南大学学报，2008，38 (5)：763 - 766.

[25] 赵选民．试验设计方法 [M] . 北京：科学出版社，2010.

[26] 石磊，王学仁，孙文爽．试验设计基础 [M] . 重庆：重庆大学出版社，1997.

[27] MCKAY M D, BECKMAN R, CONOVER W J. A comparison of three methods for selecting values of input variable in analysis output from a computer codes [J]. Technometrics, 1979, 21: 239 - 234.

[28] MICHAEL D S, ZHANG J X. The generation of Latin hypercube sampling [J]. Reliability Engineering and System Safety, 2016, 148: 96 - 108.

[29] 肖思男，吕震宙，王薇．不确定性结构全局灵敏度分析方法概述 [J] . 中国科学：物理学、力学、天文学，2018，48 (1)：014601.

[30] MORRIS M D. Factorial sampling plans for preliminary computational experiments [J]. Technometrics, 1991, 33: 161 - 174.

[31] CAMPOLONGO F, CARIBONI J, SALTELLI A. An effective screening design for sensitivity analysis of large models [J]. Environ Model Softw, 2007, 22: 1509 -1518.

[32] WALTERS R W. Towards stochastic fluid mechanics via polynomial chaos [C]. Proceedings of the 41st AIAA Aerospace Sciences Meeting and Exhibit, Reno, NV, 2003.

[33] HOSDER S, WALTERS R W, PEREZ R. A non - intrusive polynomial chaos method for uncertainty propagation in CFD simulations [C]. Proceedings of the 44th AIAA Aerospace Sciences Meeting, 2006.

[34] ECHARD B, GAYTON N, LEMAIRE M. AK - MCS: An active Learning reliability method combining kriging and monte carlo simulation [J]. Structural Safety, 2011, 33 (2): 145 - 154.

[35] 邓乃扬，田英杰. 数据挖掘中的新方法：支持向量机 [M]. 北京：科学出版社，2004.

[36] 白鹏，张喜斌，张斌. 支持向量机理论及工程应用实例 [M]. 西安：西安电子科技大学出版社，2008.

[37] VAPNIK V N. The nature of statistical learning theory [M]. New York: Springer Verlag, 1995.

[38] HURTADO J E. Neural network based reliability analysis: a comparative study [J]. Computer Methods in Applied Mechanics and Engineering, 2001, 191 (1 - 2): 113 - 132.

第3章 不确定性优化设计方法

3.1 概述

不确定性优化（Uncertainty - based Design Optimization，UDO）是在给定系统不确定性信息条件下根据稳健性和可靠性设计需求对设计空间进行寻优的方法。飞行器不确定性优化方法在确定性优化方法的基础上，通过考虑各种不确定性因素影响，在追求高性能的同时，兼顾可靠性及稳健性设计要求，在设计空间内进行寻优，进而给出最优设计方案。当前，该技术方法已成功应用于高超声速导弹、卫星、飞机等飞行器研制，取得了显著成效，为飞行器技术的跨代发展提供了支撑。

不确定性优化设计方法主要包含基于可靠性的设计优化方法、基于稳健性的设计优化方法以及基于不确定性的多学科设计优化方法。

传统的基于可靠性的优化设计方法采用双层嵌套优化算法，直接将可靠性分析嵌套在外层优化算法中，外层寻优和内层可靠性分析嵌套的方法计算成本及复杂度更高，难以在工程中推广应用。针对这一问题，国内外学者提出了单循环法以及解耦方法。其中，单循环法利用库恩-塔克（Karush - Kuhn - Tucker）最优条件替代可靠性分析循环，因而对于线性或者轻度非线性问题，具有很好的求解效率，单循环方法主要包括：单循环单变量方法（Single Loop Single Variable，SLSV）[1]、混合空间法（Hybrid Space Method，HSM）[2]、可行设计空间法（Reliable Design Space Method，RDSM）[3]等。

解耦方法将设计优化与可靠性分析两部分内容序列进行。当设计优化循环求出一组新的设计参数，可靠性分析循环将评估该组设计参数相对于概率约束的可行性，并给出最大可能失效点（MPP）；随后该最大可能失效点（MPP）将被用于后续的设计优化循环中，从而求解出下一组最优设计参数。解耦方法主要包括序贯优化和可靠性分析（Sequential Optimization and Reliability Assessment，SORA）方法[4]以及增量平移向量（Incremental Shifting Vector，ISV）方法[5]等方法基于解耦策略的可靠性优化设计方法往往基于可靠性分析领域的相关概念开展可靠性设计优化，如最大可能点（Most Probable Point，MPP）、逆最大可能点（inverse Most Probable Point，iMPP）等。同时，基于解耦策略的可靠性优化设计方法大都需要通过在不确定性参数上附加其他项以此重构可靠性约束，增加了优化的复杂度，无法充分利用其他学科分析软件现有成熟的“黑箱”优化算法，如ANSYS优化工具箱等，通常需要通过优化算法与分析软件的交互使用实现不确定性优化问题的求解；此外，基于解耦策略的可靠性优化设计方法大都无法直观识别设计方案与可靠性约束之间的关系，不利于设计人员掌握设计方案的全面信息。

针对上述问题，结合工程需求，本章给出了基于裕度量化解耦策略的不确定性优化设计方法，采用基于优化加点Kriging策略阈值不确定性分析方法实现可靠性分析逆问题的求解，给定满足可靠性要求的可信阈值。进而假设当前阈值与可信阈值之间的相对距离和下一次循环中的真实阈值与对应可信阈值的相对距离相等，实现确定性优化问题的重构，迭代执行，最后给出满足可靠性要求的优化设计方案。

3.2 经典嵌套方法

一般确定性优化问题可以表述为

$$\begin{cases}\min \quad f(\widetilde{\boldsymbol{X}},\widetilde{\boldsymbol{P}}) \\ \qquad g_j(\widetilde{\boldsymbol{X}},\widetilde{\boldsymbol{P}}) < 0, j=1,2,\cdots,N_g \\ \widetilde{\boldsymbol{x}}^L \leqslant \widetilde{\boldsymbol{X}} \leqslant \widetilde{\boldsymbol{X}}^U\end{cases} \tag{3-1}$$

式中，$\widetilde{\boldsymbol{X}}$ 为确定性优化设计变量；$\widetilde{\boldsymbol{P}}$ 为确定性优化参数；$f(\cdot)$ 为目标函数；$g_j(\cdot)$ 为第 j 个确定性约束；N_g 为确定性约束个数；$\widetilde{\boldsymbol{X}}^L$，$\widetilde{\boldsymbol{X}}^U$ 为设计变量 $\widetilde{\boldsymbol{X}}$ 的取值范围。以此为基础，考虑设计变量及参数的不确定性，则基于可靠性的优化问题可以表述为

$$\begin{cases}\min \quad f(\boldsymbol{\mu}_X,\boldsymbol{\mu}_P) \\ \qquad P_j = \Pr\{g_j(\boldsymbol{X},\boldsymbol{P}) > 0\} \leqslant P_{fj}, j=1,2,\cdots,N_g \\ \boldsymbol{X}^L \leqslant \boldsymbol{\mu}_X \leqslant \boldsymbol{X}^U\end{cases} \tag{3-2}$$

式中，$\boldsymbol{X}$，$\boldsymbol{P}$ 分别为不确定性设计变量和不确定性参数变量；$\boldsymbol{\mu}_X$ 为设计变量均

值；$\boldsymbol{\mu}_{\boldsymbol{P}}$ 为不确定性参数变量均值；失效域为 $D_j=\{(\boldsymbol{X},\boldsymbol{P})\,|\,g_j(\boldsymbol{X},\boldsymbol{P})>0\}$；$\Pr\{\cdot\}$ 是某一区域的概率；P_{fj} 是第 j 个可靠性约束的目标失效概率，要求每个约束函数 $g_j(j=1,2,\cdots,N_g)$ 的失效概率小于目标失效概率 P_{fj}。

传统的不确定性优化方法直接将不确定性分析嵌入优化过程中，形成了双层嵌套的优化方法。外部循环是优化算法，内部循环进行可靠性分析。双循环算法中可靠性分析嵌套在优化搜索中，在优化过程的每一个搜索点都需要对约束条件进行可靠性分析，计算其约束失效概率，并将其与目标值进行比较，判断是否满足可靠性约束要求。然而，可靠性分析本身的计算成本相对较高。对于高度非线性的概率约束问题或者有限元仿真等隐式问题，若在每一个搜索点都进行可靠性分析，则计算成本十分巨大，无法有效处理复杂问题。

3.3　高效解耦方法

(1) 序贯优化和可靠性分析（SORA）

针对传统双层嵌套优化求解难题，结合解耦策略特点，DU 等[4]提出了序贯优化与可靠性分析方法，极大提升了优化收敛效率，降低问题复杂程度，为高效求解可靠性优化问题提供了一种行之有效的方法。

SORA 方法的基本原理是将优化-可靠性分析双层嵌套优化问题解耦为确定性优化和可靠性分析两个子问题，序贯执行，直至收敛，其基本流程图如图 3-1 所示。

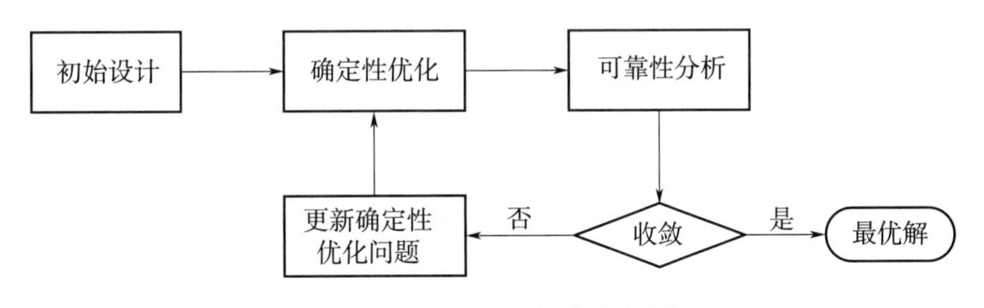

图 3-1　SORA 方法流程图

SORA 方法的难点在于将可靠性优化问题转化为相应的确定性优化问题，其基本思路是通过平移约束函数，使得平移后约束函数的逆最大可能点位于原约束函数的可行域内或极限状态边界上，进而以平移后的约束函数为确定性约束作用于下一次确定性优化中。将可靠性优化问题转化为等效的确定性优化问题，记第 $k-1$ 次循环中确定性优化问题的最优解为 $\boldsymbol{\mu}_X^{(k-1)*}$，其对应约束函数

可靠度要求 $1-P_f$ 的逆最大可能点为（$\boldsymbol{x}_{\text{iMPP}}^{(k-1)}$，$\boldsymbol{p}_{\text{iMPP}}^{(k-1)}$），则第 k 次循环的确定性优化问题可以表述为

$$\begin{cases}\min \quad f(\boldsymbol{\mu}_X^{(k)},\boldsymbol{\mu}_P) \\ \qquad g_j(\boldsymbol{\mu}_z-\boldsymbol{s}^{(k)})\leqslant 0, j=1,2,\cdots,n_g \\ \boldsymbol{\mu}_z=[\boldsymbol{\mu}_X^{(k)},\boldsymbol{\mu}_P], \boldsymbol{s}^{(k)}=[\boldsymbol{\mu}_X^{(k-1)*}-x_{\text{iMPP}}^{(k-1)},\boldsymbol{\mu}_P-\boldsymbol{p}_{\text{iMPP}}^{(k-1)}] \\ \boldsymbol{X}^L\leqslant\boldsymbol{\mu}_x\leqslant\boldsymbol{X}^U\end{cases} \tag{3-3}$$

进而给出确定性优化问题的最优解 $\boldsymbol{\mu}_X^{(k)*}$，迭代求解，直至收敛。SORA方法第 $k+1$ 次确定性优化问题重构的本质在于假设当次最优点($\boldsymbol{\mu}_X^{(k)*}$，$\boldsymbol{\mu}_P$)与当次逆最大可能点（$\boldsymbol{x}_{\text{iMPP}}^{(k-1)}$，$\boldsymbol{p}_{\text{iMPP}}^{(k-1)}$）的相对距离矢量与下一次循环中的搜索点及其逆最大可能点的相对距离矢量相同。然而，对于不同的设计点，其与对应逆最大可能点之间的相对距离矢量是不同的，在优化搜索到较小区域且相邻两次循环的搜索点变化不大时，上述近似趋于收敛，保证了算法的收敛性。

（2）增量平移向量（ISV）

针对传统双层嵌套优化求解难题，HUANG 等提出了基于增量平移向量的可靠性优化设计方法[5]。与 SORA 方法的基本原理相同，其将优化-可靠性分析双层嵌套优化问题解耦为确定性优化和可靠性分析两个子问题，序贯执行，直至收敛；不同之处在于增量平移向量 ISV 方法利用最大可能点（MPP）实现确定性优化的重构，因而，可靠性分析方法可以采用 HL - RF 迭代方法快速给出 MPP，进而实现确定性优化问题的重构，为基于解耦策略的可靠性优化设计方法提供了新的思路和方法。

ISV 方法的难点在于根据当次可靠性分析结果指导更新下一次确定性优化问题，实现序列执行，迭代收敛。其解耦思想是将约束函数向可行域方向平移一定的裕度，将可靠性约束问题转化为确定性约束问题，进而将可靠性分析和确定性优化迭代求解，直至收敛，满足概率约束可靠性要求。因而，平移方向及裕度大小的选取至关重要，直接影响优化方案结果。记第 $k-1$ 次循环中确定性优化问题的最优解为 $\boldsymbol{\mu}_X^{(k-1)*}$，第 j 个约束函数的目标可靠性为 $R_j=1-P_{fj}$，第 j 个约束函数的可靠性为 $P_j^{(k-1)}$，采用可靠性指标的形式可以表示为

$$\beta_t=\Phi^{-1}(R_j),\ \beta_j^{(k-1)}=\Phi^{-1}(P_j^{(k-1)}) \tag{3-4}$$

式中，β_t 为约束目标可靠性指标；$\beta_j^{(k-1)}$ 为第 $k-1$ 次迭代的约束可靠性指标。在标准正态空间下，给出两随机变量的平移向量示意图如图 3-2 所示。

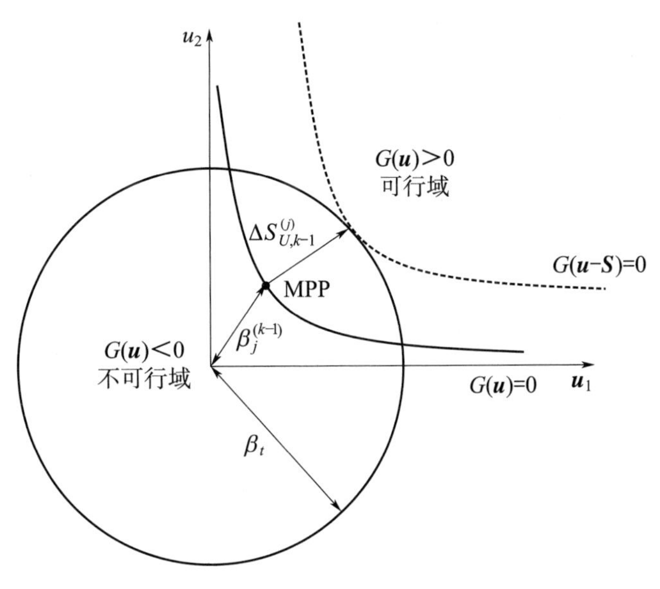

图 3 - 2　平移向量示意图

图中，半径 β_t 为目标可靠性指标，实线 $G(\boldsymbol{u})=0$ 为当前极限状态方程，其 $k-1$ 次可靠性指标记为 $\beta_j^{(k-1)}$，将极限状态方程 $G(\boldsymbol{u})=0$ 向可行域方向平移一定的距离，此时平移后的极限状态方程为 $G(\boldsymbol{u}-\boldsymbol{S})=0$。记平移后极限状态方程的可靠性指标为 $\beta_j^{(k)}$，若 $\beta_j^{(k)}=\beta_t$，则平移后的极限状态方程满足可靠性要求，此时收敛效率最高。

通过上述几何关系，平移距离 $\Delta\beta$ 可近似表述为

$$\Delta\beta=\beta_t-\beta_j^{(k-1)} \tag{3-5}$$

因而，若 $\Delta\beta>0$，根据平移距离及其方向，其平移向量的增量可表述为

$$\Delta\boldsymbol{S}_{U,j}^{(k)}=(\beta_t-\beta_j^{(k-1)})\left(-\frac{\nabla G(\boldsymbol{u}_{\mathrm{MPP}})}{\|\nabla G(\boldsymbol{u}_{\mathrm{MPP}})\|}\right) \tag{3-6}$$

式中，$\Delta\boldsymbol{S}_{U,j}^{(k)}$ 为第 k 次循环标准正态空间的平移增量向量；$\boldsymbol{u}_{\mathrm{MPP}}$ 为最大可能点。

若 $\Delta\beta\leqslant 0$，则约束函数满足可靠性要求，故极限状态方程不需要平移，平移向量的增量记为零向量，即 $\Delta\boldsymbol{S}_{U,j}^{(k)}=0$。基于上一次优化迭代的平移向量给出当前迭代的平移向量为

$$\boldsymbol{S}_j^{(k)}=\boldsymbol{S}_j^{(k-1)}+\Delta\boldsymbol{S}_j^{(k)} \tag{3-7}$$

则重构后的确定性优化问题可表述为

$$\begin{cases}\min\quad f(\boldsymbol{\mu}_X^{(k)},\boldsymbol{\mu}_P)\\ \quad g_j(\boldsymbol{\mu}_z-\boldsymbol{S}_j^{(k)})\leqslant 0,\ j=1,2,\cdots,n_g\\ \quad \boldsymbol{\mu}_z=[\boldsymbol{\mu}_X^{(k)},\boldsymbol{\mu}_P],\boldsymbol{S}_j^{(k)}=\boldsymbol{S}_j^{(k-1)}+\Delta\boldsymbol{S}_j^{(k)}\\ \quad \boldsymbol{X}^L\leqslant\boldsymbol{\mu}_X^{(k)}\leqslant\boldsymbol{X}^U\end{cases} \tag{3-8}$$

SORA 与 ISV 方法都属于基于解耦策略的可靠性优化设计方法，其本质将优化-可靠性分析双层嵌套优化问题解耦为确定性优化和可靠性分析两个子问题，进而实现可靠性优化问题的高效求解。与 SORA 方法相比，ISV 方法采用渐进平移策略将确定性约束向可行域方向移动一定的裕度，利用最大可能点及其梯度实现确定性优化问题的重构，为高效求解可靠性优化问题提供了新的方法和思路。

3.4 裕度量化解耦方法

（1）基于优化加点 Kriging 的阈值不确定性分析

不确定性分析逆问题在飞行器设计中具有重要的意义，可以将工程问题抽象为不确定性分析逆问题。为了更加高效地求解不确定性分析逆问题，基于主动学习 Kriging 思想，给出了基于优化加点 Kriging 的阈值不确定性分析方法，针对可靠性分析逆问题特点，利用当前 Kriging 代理模型给出满足给定可靠性的近似阈值，进而基于优化加点策略序列加点，给出满足给定可靠性的可信阈值，实现裕度的量化评估。其数学模型可以抽象为如下形式：

$$\Pr\{g(\boldsymbol{x})<\varepsilon\}=P_f \tag{3-9}$$

式中，$\Pr\{\cdot\}$ 为某一区域的概率；失效域为功能函数小于某一阈值的区域，即 $D=\{\boldsymbol{x}\mid g(\boldsymbol{x})<\varepsilon\}$；$P_f$ 为对应的目标失效概率，这一数学模型的物理意义在于高效寻找阈值 ε，使得功能函数小于该阈值的概率等于给定的目标失效概率。该阈值 ε 的物理意义在于建立了当前功能函数与给定目标失效概率之间的关系，是两者的裕度量化。

主动学习策略的思想在于在蒙特卡洛样本点的密集区域建立极限状态方程的局部高精度模型，以此为基础，本书提出的基于优化加点的阈值不确定性分析思想在于利用代理模型自适应更新思想，迭代求解近似阈值 $\hat{\varepsilon}$，进而建立近似阈值 $\hat{\varepsilon}$ 附近的局部高精度代理模型，以求解式（3－9）为例。

根据识别的不确定性因素分布类型及其分布参数，在整个随机概率空间选取一定数量的蒙特卡洛样本点集 $\boldsymbol{X}_{MC}$，由于目标失效概率为给定值 P_f，在保证样本点集 $\boldsymbol{X}_{MC}$ 的变异系数不大于 0.05 的条件下，蒙特卡洛样本点数量 N_c 满足如下条件：

$$\sqrt{\frac{1-P_f}{N_c P_f}}\leqslant 0.05 \tag{3-10}$$

利用试验设计方法在 $\pm 5\sigma$ 不确定性空间中均匀采样构建初始训练样本点集 $\boldsymbol{X}_T$，如拉丁超立方、Hammersley 抽样方法或者本书提出的基于拉丁超立方样本池的极大极小序贯抽样方法，从而构建初始代理模型 $\hat{g}(\boldsymbol{x})$。以此为基础，利用当前代理模型和蒙特卡洛样本点集 $\boldsymbol{X}_{MC}$ 快速求解当前近似阈值 $\hat{\varepsilon}$：

$$\Pr\{\hat{g}(\boldsymbol{X}_{MC}) < \hat{\varepsilon}\} = P_f \tag{3-11}$$

进而，在蒙特卡洛样本点集 $\boldsymbol{X}_{MC}$ 中，选取当前近似阈值 $\hat{\varepsilon}$ 条件下分类失效概率最大的样本点作为序贯新增训练点，从而提高当前近似阈值 $\hat{\varepsilon}$ 附近的模型精度，随着代理模型在近似阈值 $\hat{\varepsilon}$ 附近的精度提升，求解的近似阈值不断收敛趋于真值。根据 Kriging 模型服从高斯分布的特性，若 Kriging 预测值大于当前近似阈值 $\hat{\varepsilon}$ 时，此时分类失效概率可以表述为

$$\pi_1 = \Phi\left(\frac{0 - |\mu_g(\boldsymbol{x}) - \hat{\varepsilon}|}{\sigma_g(\boldsymbol{x})}\right) \tag{3-12}$$

若 Kriging 预测值小于当前近似阈值 $\hat{\varepsilon}$ 时，则分类失效概率可以表述为

$$\pi_2 = 1 - \Phi\left(\frac{0 + |\mu_g(\boldsymbol{x}) - \hat{\varepsilon}|}{\sigma_g(\boldsymbol{x})}\right) = \Phi\left(-\frac{|\mu_g(\boldsymbol{x}) - \hat{\varepsilon}|}{\sigma_g(\boldsymbol{x})}\right) \tag{3-13}$$

综上所述，任意点的分类失效概率可以表述为如下形式：

$$\pi = \Phi(-U), U = \frac{|\mu_g(\boldsymbol{x}) - \hat{\varepsilon}|}{\sigma_g(\boldsymbol{x})} \tag{3-14}$$

同理，U 函数即为学习函数，在蒙特卡洛样本点集 $\boldsymbol{X}_{MC}$ 中，选取 U 函数最小值对应的样本点作为序贯新增训练点，通过 U 函数最小值迭代自适应更新代理模型，再次求解近似阈值 $\hat{\varepsilon}$，不断迭代加点，直至近似阈值 $\hat{\varepsilon}$ 收敛。

收敛条件的选择对于迭代问题至关重要，直接影响分析结果的准确性和高效性，这里选择 U 函数最小值大于 2 作为收敛条件，此时蒙特卡洛样本点集 $\boldsymbol{X}_{MC}$ 的分类失效概率均仅为 $\Phi(-2) \approx 0.0228$，即任意一个样本点分类失效概率均低于 0.022 8，若此时判定收敛，可以保证约束项 $\Pr\{\hat{g}(\boldsymbol{X}_{MC}) < \hat{\varepsilon}\} = P_f$ 的准确性和精确性，此时近似阈值即为收敛阈值 $\varepsilon = \hat{\varepsilon}$。

基于优化加点 Kriging 的阈值不确定性分析流程图如图 3－3 所示。

（2）裕度量化解耦策略

与其他解耦策略相同，裕度量化解耦策略的基本思想是将双层嵌套优化问题分解为确定性优化和可靠性分析两个子问题，迭代求解，直至收敛，解耦策略的大致流程如图 3－4 所示。

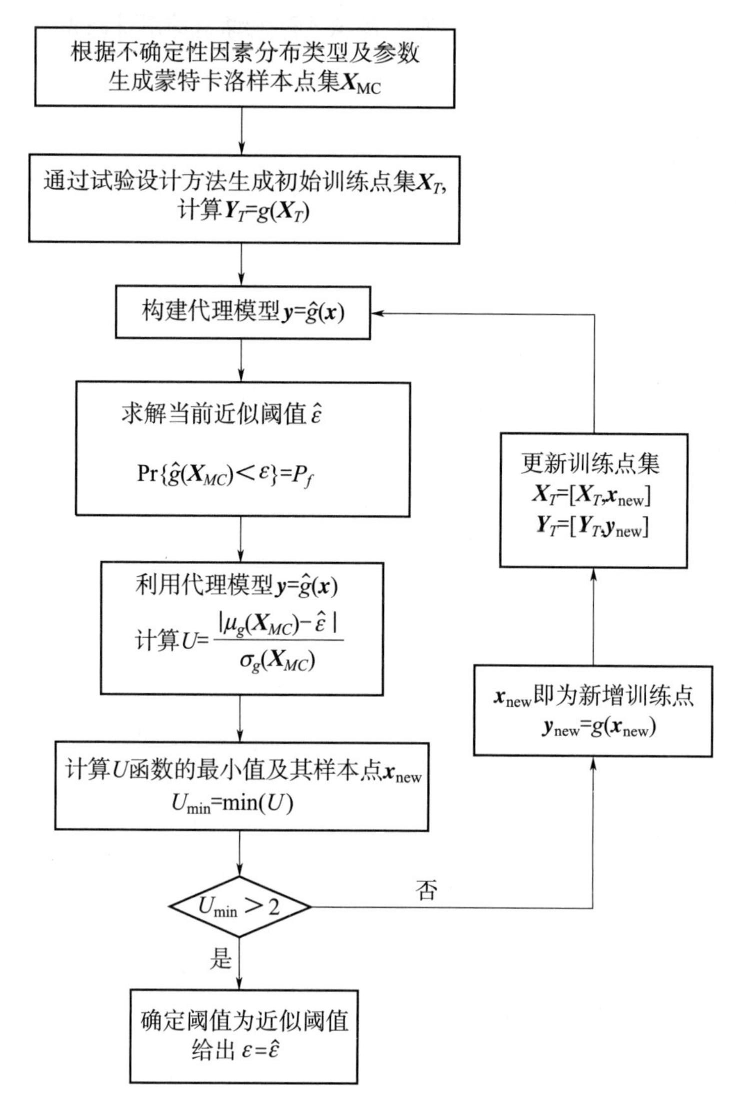

图 3-3 基于优化加点 Kriging 的阈值不确定性分析流程图

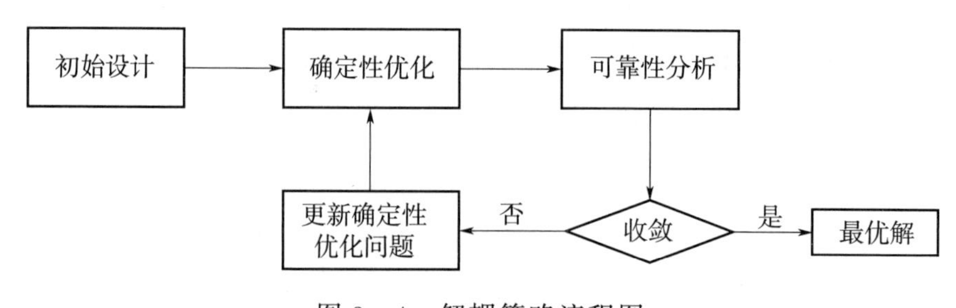

图 3-4 解耦策略流程图

裕度量化解耦策略的关键在于根据当次可靠性分析结果指导更新下一次确定性优化问题，实现序列执行，迭代收敛。针对可靠性分析提出的基于优化加点 Kriging 的阈值不确定性分析方法，高效快速给出满足目标失效概率的阈值增量 $\Delta\varepsilon$ ，从而实现裕度的量化评估。进而，将约束函数向可行域方向平移一定的裕度，将可靠性约束问题转化为确定性约束问题，直至收敛，满足概率约束可靠性要求，如图 3－5 所示。

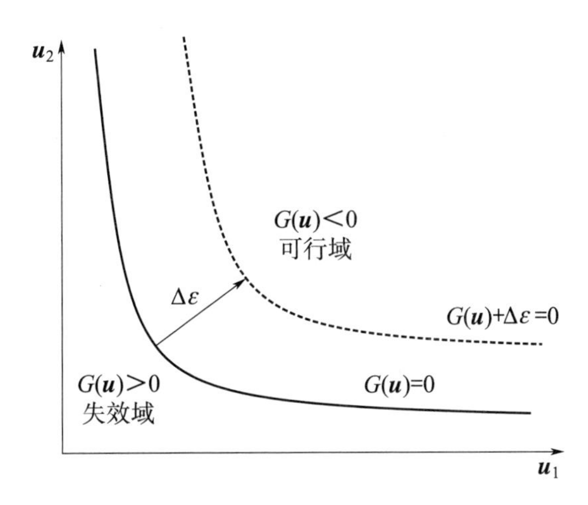

图 3－5　裕度量化解耦策略约束函数平移示意图

记第 $k-1$ 次循环中确定性优化的最优解为 $\boldsymbol{\mu}_X^{(k-1)*}$ ，根据基于优化加点 Kriging 阈值不确定性分析方法给出满足对应约束目标失效概率 P_{fj} 的阈值增量 $\Delta\varepsilon_j^{(k-1)}$ ，若阈值增量 $\Delta\varepsilon_j^{(k-1)}<0$，即该约束在可行域内，说明当前约束对设计方案为非主动约束，满足概率约束要求，$\Delta\varepsilon_j^{(k-1)}$ 的大小表征当前设计方案对于概率约束偏保守的程度；若阈值增量 $\Delta\varepsilon_j^{(k-1)}>0$，即该约束在失效域内，说明对于当前设计方案的概率约束需要向可行域方向移动，满足目标失效概率要求，故当前设计方案不满足概率约束要求，$\Delta\varepsilon_j^{(k-1)}$ 的大小表征当前设计方案违反概率约束的程度。

基于各个约束满足对应约束目标失效概率 P_{fj} 的阈值增量 $\Delta\varepsilon_j^{(k-1)}$ ，构建其可靠性分析阈值增量向量 $\Delta\boldsymbol{M}^{(k-1)}=[\Delta\varepsilon_1^{(k-1)},\ \Delta\varepsilon_2^{(k-1)},\ \cdots,\ \Delta\varepsilon_{Ng}^{(k-1)}]$，其中若阈值增量 $\Delta\varepsilon_j^{(k-1)}>0$，表明该约束需要向可行域方向移动一定的裕度；而若阈值增量 $\Delta\varepsilon_j^{(k-1)}<0$，表明该约束满足概率约束要求，无需向失效域方向移动，因而在阈值增量向量中记为 0；假设当次循环中的真实阈值向量 $\boldsymbol{M}^{(k)}$ 与上一次循环中的阈值向量 $\boldsymbol{M}^{(k-1)}$ 之间的相对距离与上一次循环的阈值增量向量 $\Delta\boldsymbol{M}^{(k-1)}$ 相等，从而当次循环中的阈值向量可以表示为

$$\begin{cases}\boldsymbol{M}^{(k)}=\boldsymbol{M}^{(k-1)}+\Delta\boldsymbol{M}^{(k-1)}\\ \varepsilon_j^{(k)}=\varepsilon_j^{(k-1)}+\Delta\varepsilon_j^{(k-1)},j=1,2,\cdots,N_g\end{cases}\tag{3-15}$$

进而，重构第 k 次确定性优化如下式所示：

$$\begin{cases} \min \quad f(\boldsymbol{\mu}_X^{(k)}, \boldsymbol{\mu}_P) \\ \quad g_j(\boldsymbol{\mu}_X^{(k)}, \boldsymbol{\mu}_P) < \varepsilon_j^{(k)}, j = 1, 2, \cdots, N_g \\ \quad \boldsymbol{X}^L \leqslant \boldsymbol{\mu}_X^{(k)} \leqslant \boldsymbol{X}^U \end{cases} \tag{3-16}$$

然而，在某些情况下，上述方法与 SORA 及 ISV 方法相比，需要较多次循环才能满足收敛条件，尤其在收敛后期阶段，对于模型非线性程度较高的问题，当次循环的阈值向量假设与实际不符，其收敛速度较慢。为加快收敛速度，进一步提出如下两种阈值求解策略：

其一，裕度量化解耦策略的本质为通过某种策略使当前设计方案满足目标失效概率的阈值增量 $\Delta\varepsilon_j^{(k)}$ 为 0。基于前两次循环的阈值 $\varepsilon_j^{(k-1)}$、$\varepsilon_j^{(k-2)}$ 及其阈值增量 $\Delta\varepsilon_j^{(k-1)}$、$\Delta\varepsilon_j^{(k-2)}$ 预估当次循环的阈值 $\varepsilon_j^{(k)}$，可以有效避免陷入收敛速度较慢的情况，如图 3-6 所示，通过若干次循环即可保证满足收敛条件，在 $k \geqslant 3$ 的条件下，可通过式（3-17）预估当次循环阈值 $\varepsilon_j^{(k)}$，该策略对所有约束均采用该阈值收敛策略。

$$\varepsilon_j^{(k)} = \frac{\Delta\varepsilon_j^{(k-2)}\varepsilon_j^{(k-1)} - \Delta\varepsilon_j^{(k-1)}\varepsilon_j^{(k-2)}}{\Delta\varepsilon_j^{(k-2)} - \Delta\varepsilon_j^{(k-1)}} \tag{3-17}$$

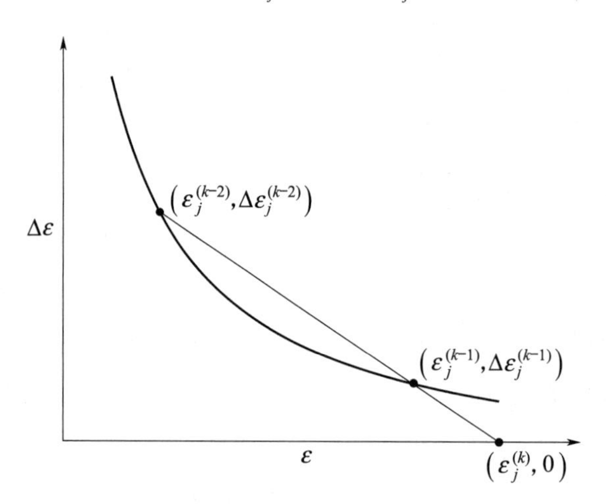

图 3-6　阈值预估示意图

通常基于可靠性设计优化的收敛条件为相邻两次循环的目标函数相对误差小于给定阈值 δ 时判定收敛，即

$$\frac{f^{(k)} - f^{(k-1)}}{f^{(k-1)}} \leqslant \delta \tag{3-18}$$

采用相同的收敛准则，误差阈值 δ 通常为一小量，如 0.000 1。该策略的

优势在于可以保证非线性问题的计算精度，优化结果更为准确，然而针对某些问题可能会存在约束阈值增量 $\Delta\varepsilon_j^{(k)}$ 振荡收敛的过程，即需要额外的循环次数，通常额外需要 2 至 3 次循环即可实现振荡收敛。然而在某些工程优化问题中，需要较高的计算效率，不要求给出恰好满足概率约束的全局最优解，仅需要给出满足概率约束的局部最优解即可，更期望其设计方案略微偏于保守。针对这一工程需求，给出第二种阈值求解策略。

其二，与第一种阈值策略不同的是，仅针对不满足目标失效概率的约束，即阈值增量 $\Delta\varepsilon_j^{(k-1)}>0$ 的约束，采用式（3－17）阈值准则，实现指定约束向可行域方向的移动，避免因振荡导致额外的循环计算。而对于满足目标失效概率的约束，即阈值增量 $\Delta\varepsilon_j^{(k-1)}<0$ 的约束，保持原来的阈值 $\varepsilon_j^{(k-1)}$ 即可。针对这一阈值求解策略的特点，若第 k 次循环的任一概率约束阈值增量 $\Delta\varepsilon_j^{(k)}$ 小于 0，此时满足所有概率约束要求，阈值增量向量 $\Delta\boldsymbol{M}^{(k)}=(\Delta\varepsilon_1^{(k)},\Delta\varepsilon_2^{(k)},\cdots,\Delta\varepsilon_{Ng}^{(k)})=0$，即便开展第 $k+1$ 次确定性优化，由于阈值向量 $\boldsymbol{M}^{(k+1)}=\boldsymbol{M}^{(k)}$，其目标函数 $f^{(k+1)}=f^{(k)}$，满足式（3－18）的收敛准则，为简化确定性优化过程，此时收敛准则判定如下：

$$\Delta\varepsilon_j^{(k)}\leqslant 0, j=1,2,\cdots,N_g \tag{3-19}$$

式（3－19）是式（3－18）的特殊情况，针对第二种阈值求解策略，满足式（3－18）或式（3－19）任意一个收敛准则，即可判定收敛。

（3）方法实施流程

基于裕度量化解耦策略的不确定性优化，将双层嵌套可靠性优化问题转化为确定性优化问题和不确定性分析问题两个子问题，序列执行，直至收敛。采用基于优化加点 Kriging 策略的不确定性分析方法，实现可靠性分析逆问题的求解，给出满足可靠性要求的可信阈值。假设当次循环中的真实阈值向量与上一次循环中的阈值向量之间的相对距离与上一次循环的阈值增量向量相等，实现确定性优化问题的重构，序列执行，给出基于第一种阈值求解策略不确定性优化的具体执行过程，由于第二种阈值求解策略与第一种阈值求解策略类似，其具体执行过程就不再赘述，基于第一种阈值求解策略的裕度量化解耦策略不确定性优化流程如图 3－7 所示，基于第二种阈值求解策略的裕度量化解耦策略不确定性优化流程如图 3－8 所示。

1）初始化。设置优化循环次数 $k=1$，初始阈值向量 $\boldsymbol{M}^{(1)}=\boldsymbol{0}$，第 1 次循环忽略所有不确定性因素影响，不确定性优化问题简化为如下确定性优化问题：

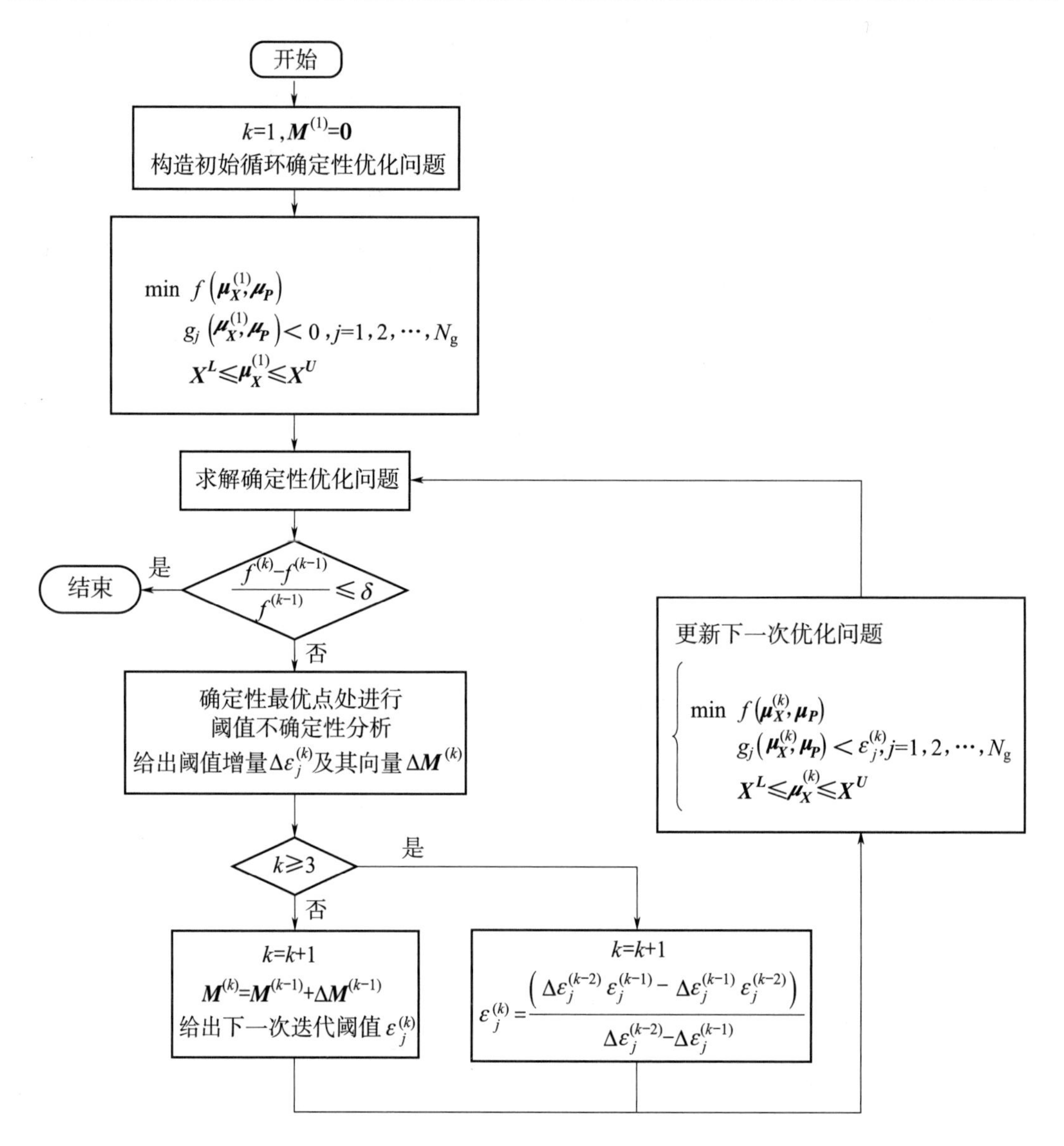

图 3－7 基于阈值求解策略 1 的裕度量化解耦策略不确定性优化流程图

$$
\begin{cases}
\min \quad f(\boldsymbol{\mu}_X^{(1)}, \boldsymbol{\mu}_P) \\
\quad g_j(\boldsymbol{\mu}_X^{(1)}, \boldsymbol{\mu}_P) < 0, j = 1, 2, \cdots, N_g \\
\quad \boldsymbol{X}^L \leqslant \boldsymbol{\mu}_X^{(1)} \leqslant \boldsymbol{X}^U
\end{cases}
\tag{3-20}
$$

2）确定性优化。对于第 k 个循环的确定性优化问题，采用现有的确定性优化器完成优化求解，如二次序列优化（SQP）、遗传算法（GA）、多岛遗传算法（Multi－Island GA）等。给出优化设计方案 $\boldsymbol{\mu}_X^{(k)}$ 及其目标函数 $f^{(k)}$，判定收敛条件。

3）不确定性分析。针对确定性最优设计方法采用基于优化加点 Kriging

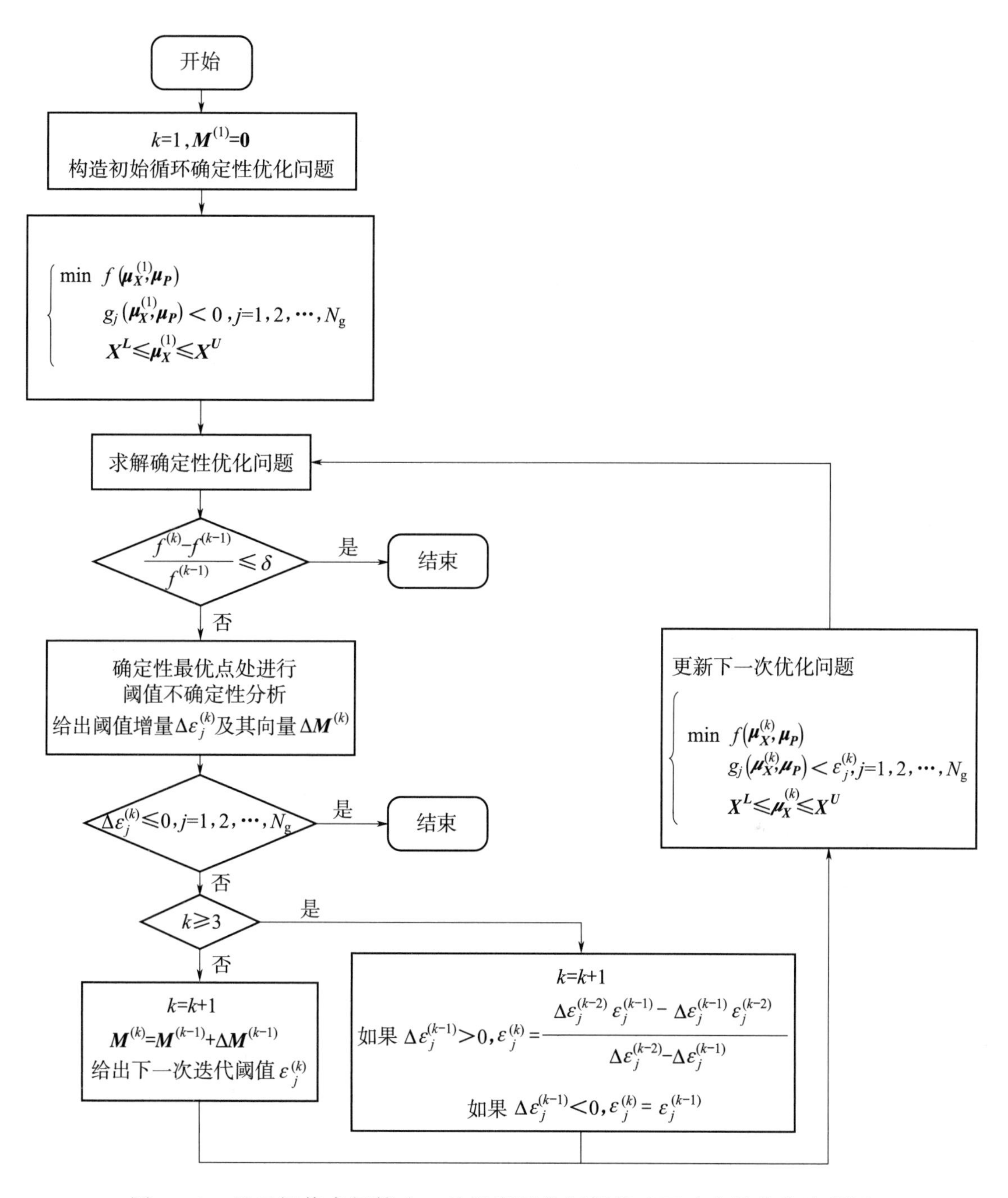

图3-8　基于阈值求解策略2的裕度量化解耦策略不确定性优化流程图

的阈值不确定性分析方法开展不确定性分析，给出阈值增量 $\Delta\varepsilon_j^{(k)}$ 及其向量 $\boldsymbol{M}^{(k)}$。

4）若 $k<3$，$k=k+1$，利用式（3-15）给出下一次循环阈值 $\varepsilon_j^{(k)}$；若 $k\geqslant 3$，$k=k+1$，利用式（3-17）给出下一次循环的阈值 $\varepsilon_j^{(k)}$。

5）基于下一次循环阈值 $\varepsilon_j^{(k)}$ ，利用式（3－16）实现确定性优化的重构，返回步骤 2，序列执行，直至收敛。

（4）算例分析

利用两个标准数值算例验证基于裕度量化解耦策略的不确定性优化方法的正确性和有效性，同时与序贯优化和可靠性评估方法（SORA）和增量平移向量（ISV）方法进行对比，优化求解器统一采用二次序列优化方法（SQP）。

为便于分析结果可视化，考虑如下两维非线性问题。

$$\begin{cases}\min \quad f=\mu_{x_1}+\mu_{x_2} \\ \Pr\left\{1-\dfrac{1}{20}x_1^2x_2>0\right\}\leqslant P_f \\ \qquad \Pr\left\{1-\dfrac{1}{30}(x_1+x_2-5)^2-\dfrac{1}{120}(x_1-x_2-12)^2>0\right\}\leqslant P_f \\ \qquad \Pr\left\{1-\dfrac{80}{x_1^2+8x_2+5}>0\right\}\leqslant P_f \\ \qquad 0\leqslant \mu_{x_1},\mu_{x_2}\leqslant 10,P_f=0.001 \\ \qquad x_1\sim N(\mu_{x_1},0.3),x_2\sim N(\mu_{x_2},0.3)\end{cases} \tag{3-21}$$

式中，x_1，x_2 为服从独立正态分布的随机变量，优化设计变量为随机变量 x_1，x_2 的均值 μ_{x_1}，μ_{x_2} ，定义约束函数 $g_i(x_1, x_2)$ 的失效域为 $D_i=\{(x_1, x_2)|g_i(x_1, x_2)>0\}$ ，目标失效概率 $P_f=0.001$，概率约束要求为约束失效概率小于目标失效概率。在第 1 次循环中，首先将该问题转化为确定性优化问题，如式（3－20）所示。该确定性优化问题的最优解为 $\mu_{x_1}^{(1)}=3.113\ 9$，$\mu_{x_2}^{(1)}=2.062\ 6$，第 1 次循环确定性优化问题示意图如图 3－9 所示。

采用基于优化加点 Kriging 的阈值不确定性分析方法，给出第 1 次循环最优设计的不确定性因素影响下，满足目标失效概率 P_f 的阈值增量为

$$\begin{cases}\Delta\varepsilon_1^{(1)}=0.584\ 1 \\ \Delta\varepsilon_2^{(1)}=0.220\ 2 \\ \Delta\varepsilon_3^{(1)}=-0.954\ 9\end{cases} \tag{3-22}$$

通过式（3－22）可知，约束 1、2 的阈值增量 $\Delta\varepsilon_1^{(1)}$ 、$\Delta\varepsilon_2^{(1)}$ 大于 0，其不满足概率约束要求，约束 3 的阈值增量 $\Delta\varepsilon_3^{(1)}$ 小于 0，故为非主动约束。需要将约束 1、2 向可行域方向移动一定的裕度，通过式（3－16）重构确定性优化流程，序列执行，直至收敛。基于阈值求解策略 1 的裕度量化解耦策略不确定性

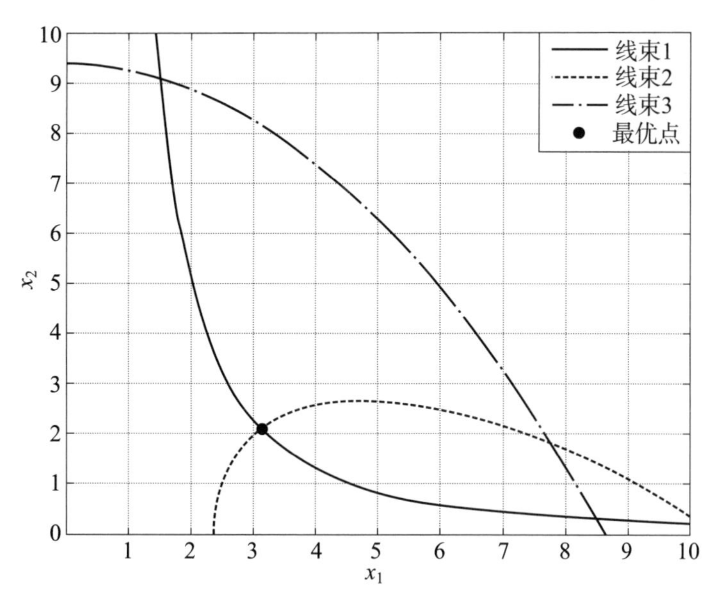

图 3－9　第 1 次循环确定性优化问题示意图

优化方法需要 7 次循环满足式（3－18）的收敛条件，给出阈值求解策略 1 的确定性优化示意图如图 3－10 所示。

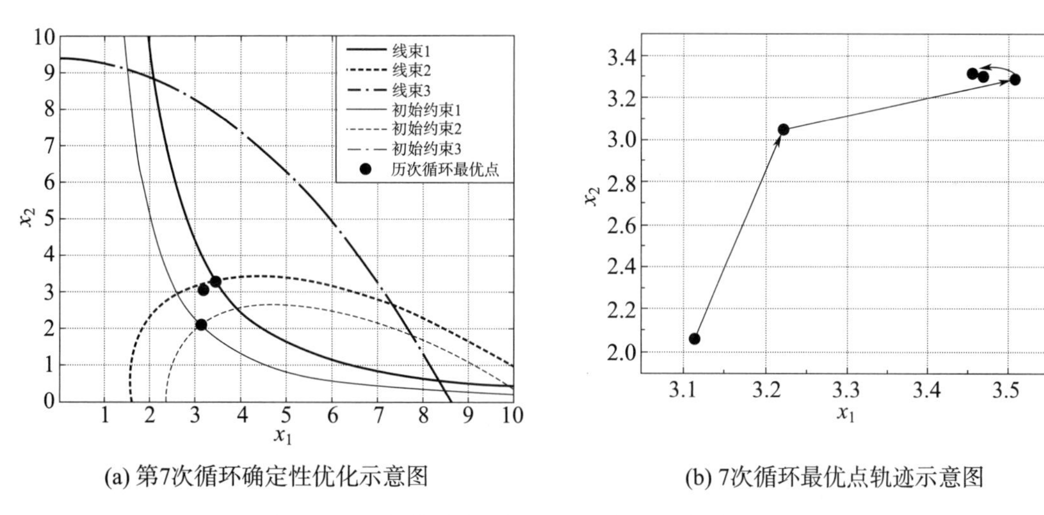

(a) 第7次循环确定性优化示意图　(b) 7次循环最优点轨迹示意图

图 3－10　阈值求解策略 1 的确定性优化示意图

给出数值算例基于阈值求解策略 1 的不确定性优化收敛过程如图 3－11 所示。

为进一步提升不确定性优化求解效率，采用基于阈值求解策略 2 的裕度量化解耦不确定性优化方法求解该数值算例，共计需要 4 次循环满足式（3－19）的收敛条件，给出 2～4 次循环的确定性优化示意图如图 3－12（a）～（c）所示，同时给出 4 次循环最优点轨迹示意图如图 3－12（d）所示。

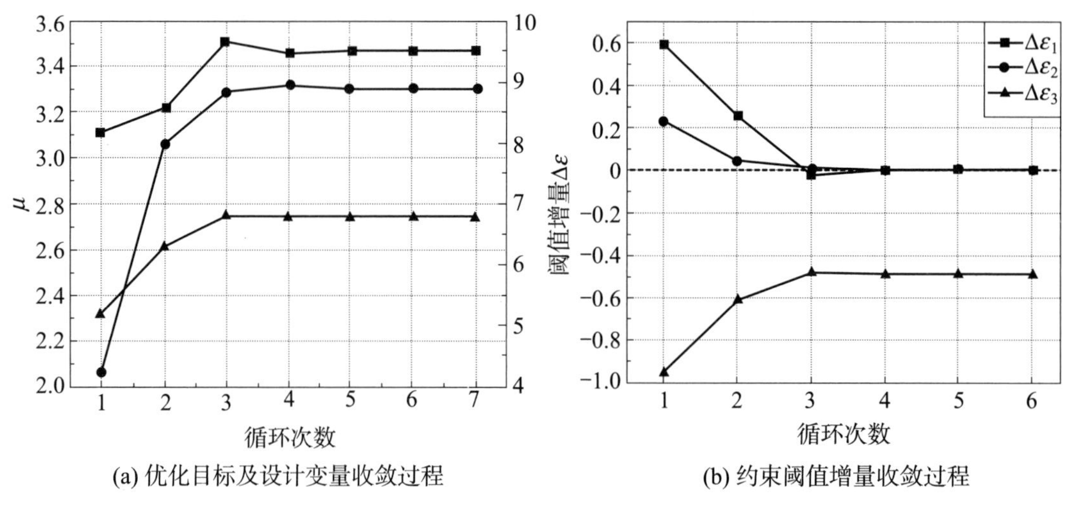

(a) 优化目标及设计变量收敛过程　(b) 约束阈值增量收敛过程

图 3－11　基于阈值求解策略 1 的不确定性优化收敛过程

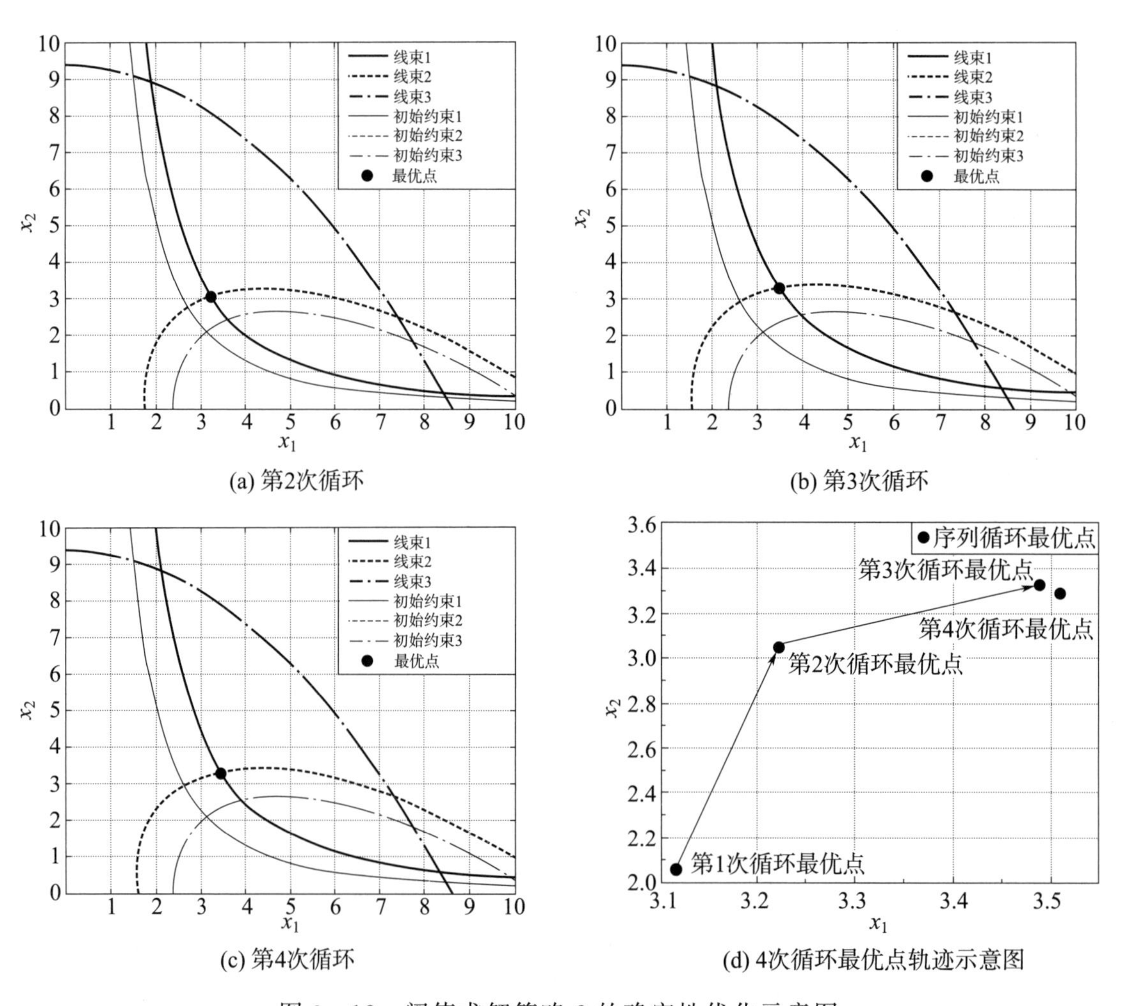

(a) 第2次循环　(b) 第3次循环

(c) 第4次循环　(d) 4次循环最优点轨迹示意图

图 3－12　阈值求解策略 2 的确定性优化示意图

进而给出数值算例优化收敛过程如图 3－13 所示。为说明基于裕度量化解耦策略不确定性优化设计方法的正确性和有效性，采用经典的 SORA 及 ISV 方法求解该数值算例问题，优化结果见表 3－1，表中“方法 1”代表基于阈值求解策略 1 的阈值解耦不确定性优化设计方法，“方法 2”代表基于阈值求解策略 2 的阈值解耦不确定性优化设计方法。为充分考虑约束非线性的影响，采用蒙特卡洛方法计算不同方法优化结果对应的约束可靠性，以此作为参考真值。通过表 3－1 可知，SORA 和 ISV 方法由于采用一次可靠度方法（FORM）开展可靠性分析，其处理非线性问题会产生一定的误差，因而，其优化结果的概率约束均在目标失效概率 $P_f=0.001$ 附近，且概率约束 1 略偏失效，概率约束 2 略偏保守；方法 1 的计算精度较高，概率约束 1 和 2 的失效概率均在目标失效概率 $P_f=0.001$ 附近，适用于处理非线性不确定性优化问题，由于存在振荡收敛过程，其计算效率较低，需要 7 次循环直至收敛；方法 2 的计算效率较高，仅需要 4 次循环即可收敛，该优化结果均满足目标失效概率需求，且概率约束 1 和 2 均偏保守，符合工程应用实际。

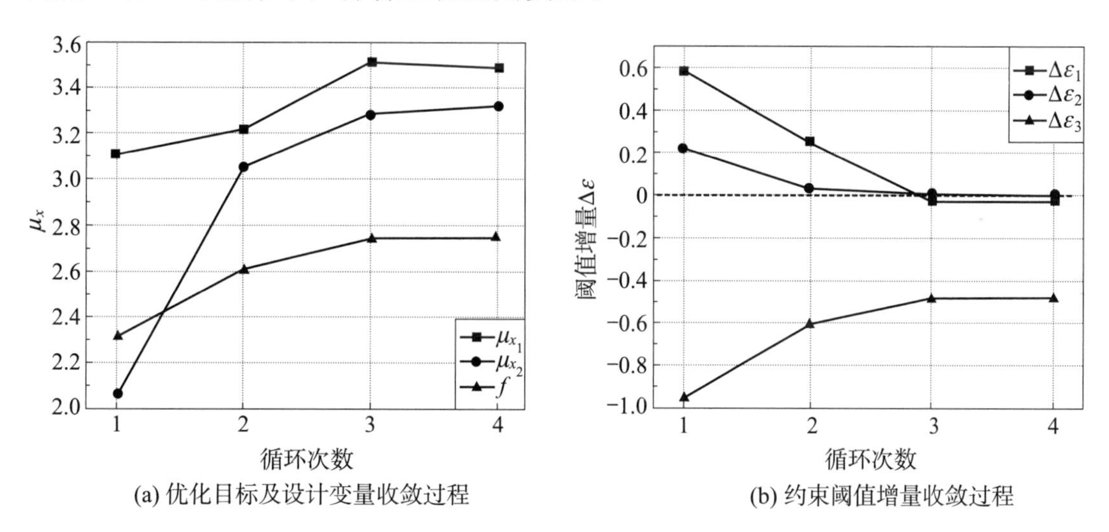

图 3－13　基于阈值求解策略 2 的不确定性优化收敛过程

表 3－1　数值算例优化结果对比

项目	SORA	ISV	方法 1	方法 2
μ_{x_1}	3.453 4	3.453 4	3.467 4	3.488 6
μ_{x_2}	3.320 9	3.320 9	3.304 0	3.323 3
F	6.774 3	6.774 3	6.771 4	6.811 9

续表

项目	SORA	ISV	方法 1	方法 2
$\Pr^{MCS}\{g_1(\boldsymbol{x})>0\}$	0.001 074	0.001 074	0.001 002	0.000 734
$\Pr^{MCS}\{g_2(\boldsymbol{x})>0\}$	0.000 800	0.000 800	0.000 998	0.000 894
$\Pr^{MCS}\{g_3(\boldsymbol{x})>0\}$	0	0	0	0
循环次数	5	5	7	4
目标函数调用次数	69	72	96	66
约束函数调用次数	595	621	547	369

3.5 小结

本章阐述了经典嵌套方法、高效解耦方法两类不确定性优化设计方法。经典嵌套方法由于思路简单、便于编程实现，在工程中获得了较多应用，然而对于复杂问题来说，其大量的计算需求往往导致计算不可行。相较经典嵌套方法，高效解耦方法通过解耦不确定性分析与优化过程，大幅减少了计算量，因此拥有更为广阔的应用前景。高效解耦方法主要介绍了序贯优化和可靠性分析（SORA）、增量平移向量（ISV）两种经典方法，重点阐述了两种方法的实施思路与优化流程。

在高效解耦方法的基础上，针对飞行器总体设计中非线性不确定性分析工程问题，提出了一种改进主动学习 Kriging 的不确定性分析方法，通过新的采样策略在失效概率最大样本点附近完成采样，在满足采样点与训练点集相关条件基础上，给出失效概率更大的新增训练点，在满足计算精度的同时，提升了不确定性分析效率。同时，面向总体设计可靠性分析逆问题的求解需求，提出了一种基于优化加点 Kriging 的阈值不确定性分析方法，根据当次 Kriging 给出近似阈值，进而确定失效概率最大的采样点为新增训练点，序列加点，直至近似阈值收敛，具有较高的计算精度和计算效率。进而，结合非线性可靠性优化问题工程特点，提出了基于裕度量化解耦策略的不确定性优化方法，根据工程问题对计算精度和计算效率的不同需求，分别提出了两种阈值求解策略。通过迭代更新确定性优化阈值求解不确定性优化问题，能够充分利用其他学科分析软件现有成熟的“黑箱”优化算法，适用于处理非线性问题，具有较好的工程适用性。

参考文献

[1] CHEN X, HASSELMAN T K, NEILL D J. Reliability based structural design optimization for practical applications [C] //in Proceedings of the 38th AIAA/ASME/ASCE/AHS/ASC structures, structural dynamics, and materials conference. 1997.

[2] KHARMANDA G, MOHAMED A, LEMAIRE M. Efficient reliability - based design optimization using a hybrid space with application to finite element analysis [J] . Structural and Multidisciplinary Optimization, 2002, 24 (3): 233 - 245.

[3] SHAN S, WANG G G. Reliable design space and complete single - loop reliability - based design optimization [J] . Reliability Engineering & System Safety, 2008, 93 (8): 1218 - 1230.

[4] DU X, CHEN W. Sequential optimization and reliability assessment method for efficient probabilistic design [J] . Journal of Mechanical Design, 2004, 126 (2): 225 - 233.

[5] HUANG Z L, JIANG C, ZHOU Y S, et al. An incremental shifting vector approach for reliability - based design optimization [J] . Struct Multidisc Optim, 2016, 53 (3): 523 - 543.

[6] ANDRE J T, RAFAEL H L, LEANDRO F F M. A general RBDO decoupling approach for different reliability analysis methods [J] . Struct Multidisc Optim, 2016, 54: 317 - 332.

[7] DU X, CHEN W. Efficient uncertainty analysis methods for multidisciplinary robust design [J] . AIAA Journal, 2002, 40 (3): 545 - 552.

[8] CHO T M, LEE B C. Reliability - based design optimization using convex linearization and sequential optimization and reliability assessment method [J]. Structural safety, 2011, 33 (1): 42 - 50.

[9] ZHANG H, WANG H, WANG Y, et al. Incremental shifting vector and mixed uncertainty analysis for reliability - based design optimization [J] . Structural and Multidisciplinary Optimization, 2019, 59: 2093 - 2109.

[10] 张崎 . 基于 Kriging 方法的结构可靠性分析及优化设计 [D] . 大连：大连理工大学，2005.

[11] SIMPSON T W. Comparison of response surface and kriging models in the

multidisciplinary design of an aerospike nozzle [R] . NASA/CR - 1998 - 206935, ICASE Report No. 98 - 16.

[12] 陈振中．基于精确解耦和高效抽样的可靠性设计优化关键技术研究 [D] . 武汉：华中科技大学，2013.

[13] YOUN B D, CHOI K K, PARK Y H. Hybrid analysis method for reliability - based design optimization [J] . Journal of Mechanical Design, 2003, 125 (2): 221 -232.

[14] DU X, SUDJIANTO A, CHEN W. An Integrated Framework for Optimization Under Uncertainty Using Inverse Reliability Strategy [J] . Journal of Mechanical Design, 2004, 126 (4): 562.

[15] YOUN B. D, CHOI K K. A new response surface methodology for reliability - based design optimization [J] . Computers & Structures, 2004, 82 (2 - 3): 241 - 256.

第 4 章　飞行器总体不确定性分析与优化设计方法

飞行器总体设计是一个不断迭代的闭环修正过程，在飞行器设计过程中需要考虑各种不确定性因素。不确定性因素可分为设计问题描述及决策过程不确定性、建模与仿真不确定性以及信息来源不确定性。不确定性因素对飞行器总体设计的影响主要体现在三方面：对总体性能的影响、对设计约束的影响和对设计变量的影响。近年来，飞行器总体设计中的不确定性因素逐渐受到重视，基于不确定性理论的飞行器总体设计技术得到迅速发展。

4.1　飞行器总体方案设计

飞行器总体方案设计的目的是探讨为满足总体性能要求而可能采取的技术途径，并对多种技术途径进行分析计算，以确定最优的总体设计状态。通过开展飞行器总体方案设计，基本确定飞行器总体方案和参数。因此，飞行器总体方案设计是一项至关重要的基础性工作。

飞行器总体方案设计是一个理论与实践相结合的过程，是一个多次反复迭代优化的过程，是一个从无到有、由粗到细、不断深化的过程。首先要根据任务要求和已有的工程经验，借助预先研究成果，利用总体各学科模型，以目标函数为优化对象，既要考虑技术的先进性，又要考虑可实现性和经济性，通过迭代优化，最终确定飞行器总体方案。飞行器总体方案设计流程，如图 4－1 所示。

4.1.1　任务及性能要求

飞行器任务及性能要求是对飞行器效能的一体化描述体系，一般包括任务要求、技术性能、使用维护性能要求三部分内容，这套体系与飞行器的论证、设计、评估密切相关。

任务要求主要包括：任务使命、运载及发射平台、发射方式及发射条件、航程及机动能力、飞行高度及速度、制导体制及精度、动力系统类型及性能、系统可靠性等。

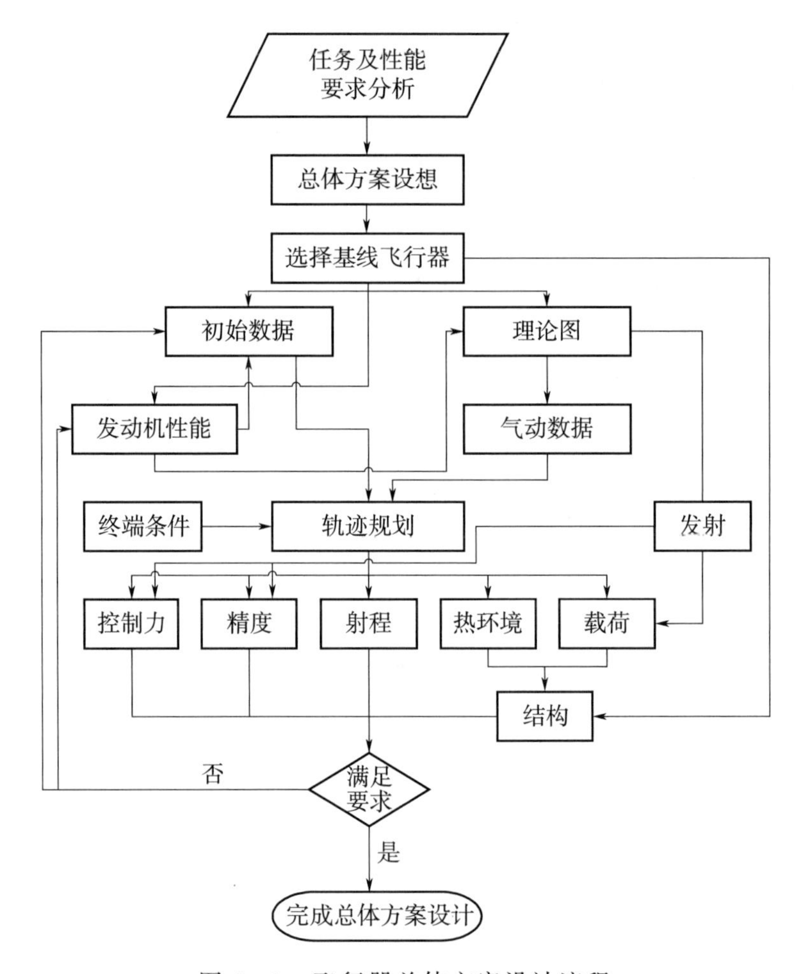

图 4-1 飞行器总体方案设计流程

技术性能主要包括：飞行器尺寸及质量特性、动力系统尺寸及质量、飞行器与发射平台的接口、自然及力学环境适应能力、材料及元器件要求、生产条件及批产能力要求、标准化要求、成本要求、研制周期要求等。

使用维护性能要求主要包括：部件互换性要求、寿命要求、定期检查及周期性维修要求、包装及运输要求等。

4.1.2 总体参数

飞行器总体参数指能够确定飞行器结构基本特征和轨迹规划主要特征的基本参数，包括飞行器级数、各子级起飞质量、关机点质量、推进剂装药量，以及级间比、发动机推力、比冲等。总体参数设计指对飞行器主要参数的选择。总体参数选择是根据给定的航程和拟采用的技术方案，通过质量分析和运载能力分析后确定的。总体参数选择是一个迭代优化过程。

为了引出飞行器总体设计参数，先研究单级飞行器在飞行速度方向上的质点动力学方程：

$$m\frac{\mathrm{d}v}{\mathrm{d}t}=P-mg\sin\theta-C_D qS_m \tag{4-1}$$

式中 m ——飞行器瞬时质量；

v ——飞行器飞行速度；

t ——飞行器飞行时间；

P ——发动机有效推力；

θ ——轨迹倾角；

g ——重力加速度；

C_D ——阻力系数；

q ——动压，$q=\frac{1}{2}\rho v^2$ ；

S_m ——飞行器最大横截面积。

发动机有效推力由发动机真空推力和喷管出口压强产生的静压推力组成，即

$$P=P_z-S_e p_a \tag{4-2}$$

式中 P_z ——发动机真空推力；

S_e ——喷管出口面积；

p_a ——当地大气压强。

将式（4－2）代入式（4－1）并简化、积分得

$$\begin{aligned} v_k &= \int_0^{t_k}\frac{P_z}{m}\mathrm{d}t-\int_0^{t_k}g\sin\theta\,\mathrm{d}t-\int_0^{t_k}\frac{C_D qS_m}{m}\mathrm{d}t-\int_0^{t_k}\frac{S_e p_a}{m}\mathrm{d}t \\ &= v_{kL}-\Delta v_g-\Delta v_x-\Delta v_p \end{aligned} \tag{4-3}$$

式中 v_k ——关机点速度；

t_k ——关机时间；

v_{kL} ——关机点理想速度；

Δv_g ——重力损失；

Δv_x ——阻力损失；

Δv_p ——喷管出口压强损失。

积分上述方程时，采用另一组独立变量更为方便。设 μ 为发动机点火开始

工作至 t 瞬时所消耗的推进剂质量比，即

$$\mu = \frac{\dot{m}t}{m_0} \tag{4-4}$$

式中 $\dot{m}$ ——推进剂秒消耗量；

m_0 ——起飞质量。

设 λ 表示飞行器初始推重比，即

$$\lambda = \frac{m_0}{P_H} \tag{4-5}$$

式中 P_H ——发动机初始推力。

对海平面推力 P_0 和真空推力 P_z 分别有

$$\lambda_0 = \frac{m_0}{P_0}, \lambda_z = \frac{m_0}{P_z} \tag{4-6}$$

由式（4-4）～式（4-6）可以推导出如下关系式：

$$t = \frac{m_0}{\bar{m}}\mu = \lambda_0 I_{sl}\mu \tag{4-7}$$

$$t_k = \lambda_0 I_{sl}\mu_k \tag{4-8}$$

$$\mathrm{d}t = \lambda_0 I_{sl}\,\mathrm{d}\mu \tag{4-9}$$

将式（4-9）代入式（4-3）各项中，得到

$$\begin{aligned} v_{kL} &= \int_0^{t_k} \frac{P_z}{m}\mathrm{d}t = \int_1^{\mu_k} \frac{P_z}{m}\lambda_0 I_{sl}\,\mathrm{d}\mu \\ &= \int_1^{\mu_k} \frac{I_{sv}\,\mathrm{d}\mu}{1-\mu_k} = I_{sv}\ln\frac{1}{1-\mu_k} \\ &= b_e I_{sl}\ln\frac{1}{1-\mu_k} \end{aligned} \tag{4-10}$$

式中 b_e ——发动机比冲比，$b_e = \dfrac{I_{sv}}{I_{sl}}$；

μ_k ——有效推进剂质量比。

$$\Delta v_g = \int_0^{t_k} g\sin\theta\,\mathrm{d}t = \lambda_0 I_{sl}\int_0^{\mu_k} g\sin\theta\,\mathrm{d}\mu \tag{4-11}$$

$$\begin{aligned} \Delta v_x &= \int_0^{t_k} \frac{C_D q S_m}{m}\mathrm{d}t = \int_1^{\mu_k} \frac{C_D q S_m}{m}\lambda_0 I_{sl}\,\mathrm{d}\mu \\ &= \frac{g_0\lambda_0 I_{sl}}{P_M}\int_1^{\mu_k} \frac{C_D q}{1-\mu}\mathrm{d}\mu \end{aligned} \tag{4-12}$$

式中 g_0 ——海平面重力加速度；

P_M ——飞行器横截面载荷，$P_M = \dfrac{m_0 g_0}{S_m}$ 。

$$\begin{aligned}\Delta v_p &= \int_0^{t_k} \frac{S_e P_a}{m} \mathrm{d}t = \int_1^{\mu_k} \frac{S_e P_a}{m} \lambda_0 I_{sl} \mathrm{d}\mu \\ &= \frac{\lambda_0 I_{sl} S_e}{m_0} \int_1^{\mu_k} \frac{p_a}{1-\mu} \mathrm{d}\mu \\ &= \frac{I_{sl} S_e}{P_0} \int_1^{\mu_k} \frac{p_a}{1-\mu} \mathrm{d}\mu\end{aligned} \tag{4-13}$$

由上可见，飞行器主要设计参数可归纳为 I_{sl}，I_{sv}，μ_k，λ_0，P_M，m_0 等。飞行器最大航程因而可表示为如下关系式

$$L = f_1(\mu_{ki}, I_{si}, \lambda_i, P_{Mi}), i = 1, 2, \cdots, n \tag{4-14}$$

另外，根据飞行器质量分析可以得出

$$m_{01} = f_2(\mu_{ki}, \mu_{Fi}, N_i, m_{dy}), i = 1, 2, \cdots, n \tag{4-15}$$

$$\mu_{ki} = f_3(\varepsilon_i, \mu_{Fi}, N_i), i = 1, 2, \cdots, n \tag{4-16}$$

当飞行器航程 L 一定时，求起飞质量 m_{01} 最小的设计参数，即可以式（4－14）为约束条件，对式（4－15）求极值。上述所有参数中，总有效载荷质量 m_{dy} 是给定的；结构系数 N_i 在控制系统、结构系统等系统方案选定之后也基本确定，其余参数如级间比 ε_i 、推进剂质量比 μ_{ki} 、发动机质量比 μ_{Fi} 、发动机比冲 I_{si} 、初始质量推力比 λ_i 、横截面初始载荷 P_{Mi} 等均与发动机方案和参数选择有关，即与推进剂能量特性、结构尺寸参数与材料、燃烧室压强和发动机工作时间等有关。

4.2　飞行器不确定性识别与建模

对飞行器设计、生产与使用过程进行分析，引起飞行器性能偏离的原因有两类：一类是系统偏差，如发射平台系统误差、瞄准误差、惯导系统偏差，系统偏差在一定程度上是可以消除的；另一类是随机偏差，包括质量特性偏差、几何尺寸偏差、发动机性能偏差、风干扰偏差、气动系数偏差等。

飞行器典型不确定性因素及其来源见表 4－1。

表 4-1 飞行器典型不确定性因素及其来源

序号	偏差名称	单位	偏差来源
1	各级起飞点质量偏差	kg	由各级飞行器结构质量偏差、仪器和设备质量偏差、支架与电缆及防热质量偏差、发动机结构质量偏差、推进剂装药量偏差、火工品系统质量偏差等引起
2	各级停火点质量偏差	kg	
3	各级转动惯量 J_x 偏差	%	由发动机、飞行器各舱段及结构件、仪器和设备、支架、电缆、防热、火工品系统等的转动惯量偏差引起
4	各级转动惯量 J_y 偏差	%	
5	各级转动惯量 J_z 偏差	%	
6	各级纵向质心偏差	mm	由发动机、飞行器各舱段及结构件、仪器和设备、支架、电缆、防热、火工品系统等的轴向质心位置偏差引起
7	各级起飞点质心随机横移	mm	
8	各级停火点质心随机横移	mm	
9	各部段长度偏差	mm	由于飞行器各部段制造、安装精度引起
10	各部段径向偏差	mm	
11	各部段上端面垂直度	mm	
12	各部段下端面垂直度	mm	
13	各部段 X 向质心偏差	mm	
14	各部段 Y 向质心偏差	mm	
15	各部段 Z 向质心偏差	mm	
16	比冲偏差	%	喷管制造偏差、装药初温偏差、装药制造(成分、燃速、尺寸等)偏差
17	平均推力相对偏差	%	
18	工作时间相对偏差	%	
19	平均质量流量相对偏差	%	
20	法向力系数偏差	%	实验模型、实验条件以及实验测量系统的精度或偏差造成
21	侧向力系数偏差	%	
22	压心系数偏差	%	
23	阻力系数偏差	%	
24	滚转力均系数偏差	%	

4.3 飞行器总体学科模型

4.3.1 标准大气模型

飞行器的飞行状态是随高度变化的连续函数，在飞行器总体方案设计中进行轨迹规划仿真时，一般采用标准大气表计算。标准大气表在以实际大气为特征的统计平均值基础上并结合近似数值计算给出，反映了大气状态参数的年平均状况[2]。文献［3］给出了以标准大气表为依据，采用拟合法得到的海平面到 91 km 范围内的标准大气参数计算公式。结果表明，在 0 至 86 km 范围内，相对误差小于万分之一；在 86 km 至 91 km 范围内，相对误差小于万分之三。各段连接处参数不连续性极小，在 0 至 86 km 范围内，连接处相对误差小于十万分之四，满足方案阶段轨迹规划仿真计算要求，采用该拟合公式建立标准大气模型，其标准大气温度、大气压强、大气密度及声速随高度变化曲线如图 4－2 所示。

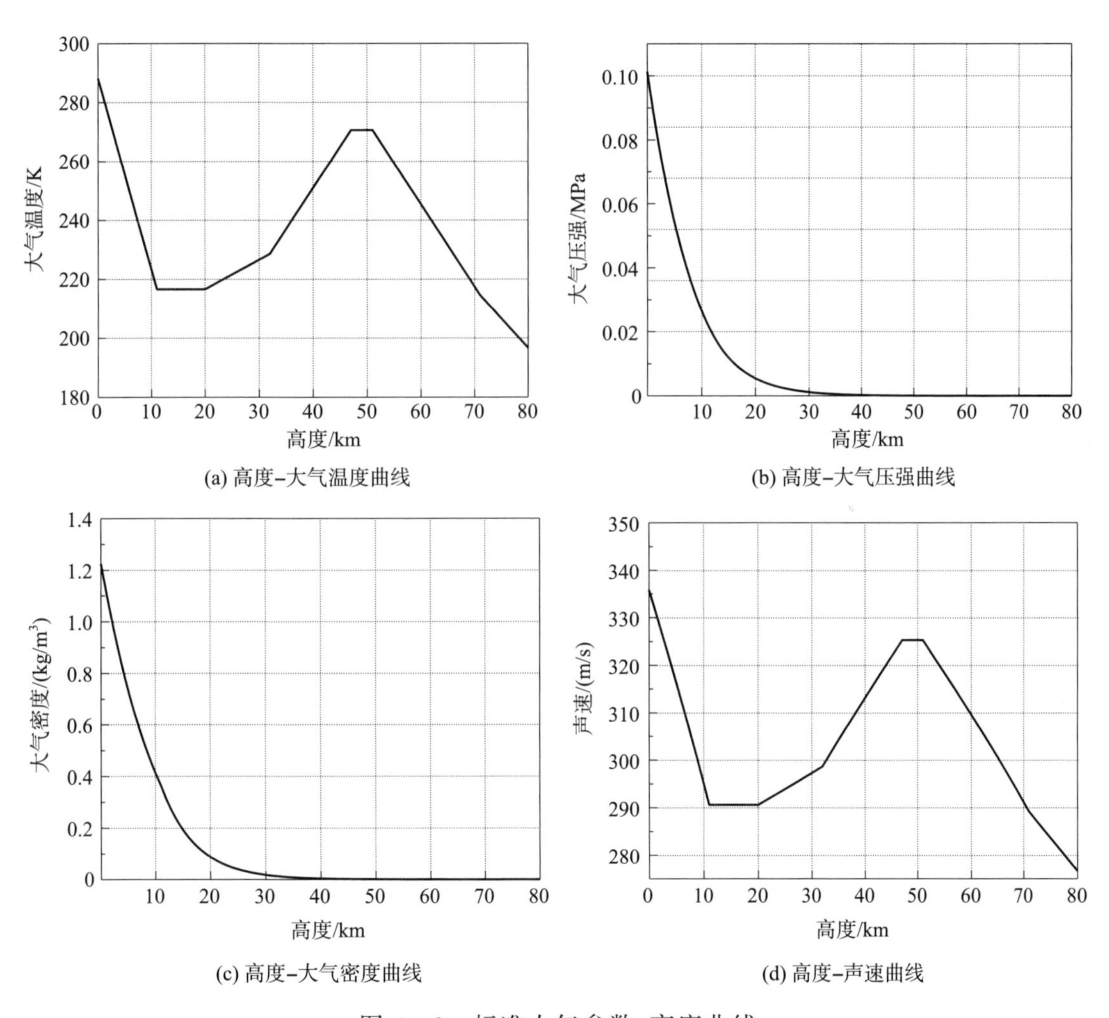

(a) 高度-大气温度曲线　(b) 高度-大气压强曲线

(c) 高度-大气密度曲线　(d) 高度-声速曲线

图 4－2　标准大气参数-高度曲线

4.3.2 气动模型

气动模型根据飞行器总体基准方案的外形布局、气动学科设计变量以及飞行状态参数等计算气动力系数，包括阻力系数 C_D 和升力系数 C_L 。针对 CAV 构型滑翔飞行器方案，以文献［4］气动分析数据为例，结合总体方案平均滑翔高度及速度特点，选取典型滑翔高度为 30 km，大气压强为 1 172 Pa，大气温度为 226.5 K，大气密度为 0.018 kg/m³，建立关于攻角 α 和马赫数 Ma 的阻力系数和升力系数矩阵，之后，通过线性插值计算某一攻角和马赫数条件下的气动力系数。

主动段气动力系数参照文献［5，6］，通过适当的修正因子加以修正，其阻力系数 C_D 及升力系数 C_L 可表示为式（4－17）和式（4－18）所示。

$$C_D=\begin{cases}0.29 & (0\leqslant Ma\leqslant 0.8)\\ Ma-0.51 & (0.8< Ma\leqslant 1.07)\\ 0.091+0.5Ma^{-1} & (Ma>1.07)\end{cases} \tag{4-17}$$

$$C_L=\begin{cases}2.8 & (0\leqslant Ma\leqslant 0.25)\\ 2.8+0.447(Ma-0.25) & (0.25\leqslant Ma\leqslant 1.1)\\ 3.18-0.660(Ma-1.1) & (1.1\leqslant Ma\leqslant 1.6)\\ 2.85+0.350(Ma-1.6) & (1.6\leqslant Ma\leqslant 3.6)\\ 3.55 & (Ma>3.6)\end{cases} \tag{4-18}$$

4.3.3 动力模型

飞行器动力模型根据给定的发动机装药形式和装药参数，进行热力计算、内弹道性能计算、质量计算等，最终给出压强-时间曲线 $p(t)$ 、推力-时间曲线 $T(t)$ 以及秒耗量-时间曲线 $m(t)$ 等。固体火箭发动机常用的装药类型有端面燃烧、内孔燃烧、锥孔燃烧、星形药柱、翼柱形药柱等，其装药形式直接决定了燃烧面积随工作时间的变化规律，即内弹道压力和推力规律。以二维星形装药形式的固体火箭发动机动力模型为案例进行介绍。二维星形装药形式燃烧面积较大，改变装药参数可调整推力曲线平稳度。

星形装药的几何特征尺寸一般有药柱外径 D 、药柱肉厚 e_1 、药柱长度 L 、星角数 n 、角度系数 ε 、过渡圆弧半径 r 、星边夹角 θ 以及星角圆弧半径 r_1 。针对不同的星形装药参数，可以分为减面性药柱、恒面性药柱以及增面性药柱，其星角数 n 与星边半角 $\theta/2$ 两者之间的关系如式（4－19）所示[7]。

$$
\begin{cases}
\text{减面性药柱条件}：\dfrac{\pi}{n}+\dfrac{\pi}{2}<\dfrac{\theta}{2}+\cot\dfrac{\theta}{2} \\
\text{恒面性药柱条件}：\dfrac{\pi}{n}+\dfrac{\pi}{2}=\dfrac{\theta}{2}+\cot\dfrac{\theta}{2} \\
\text{增面性药柱条件}：\dfrac{\pi}{n}+\dfrac{\pi}{2}>\dfrac{\theta}{2}+\cot\dfrac{\theta}{2}
\end{cases} \tag{4-19}
$$

根据式（4－19）给出恒面性药柱星边半角及星角数的关系如图 4－3 所示。

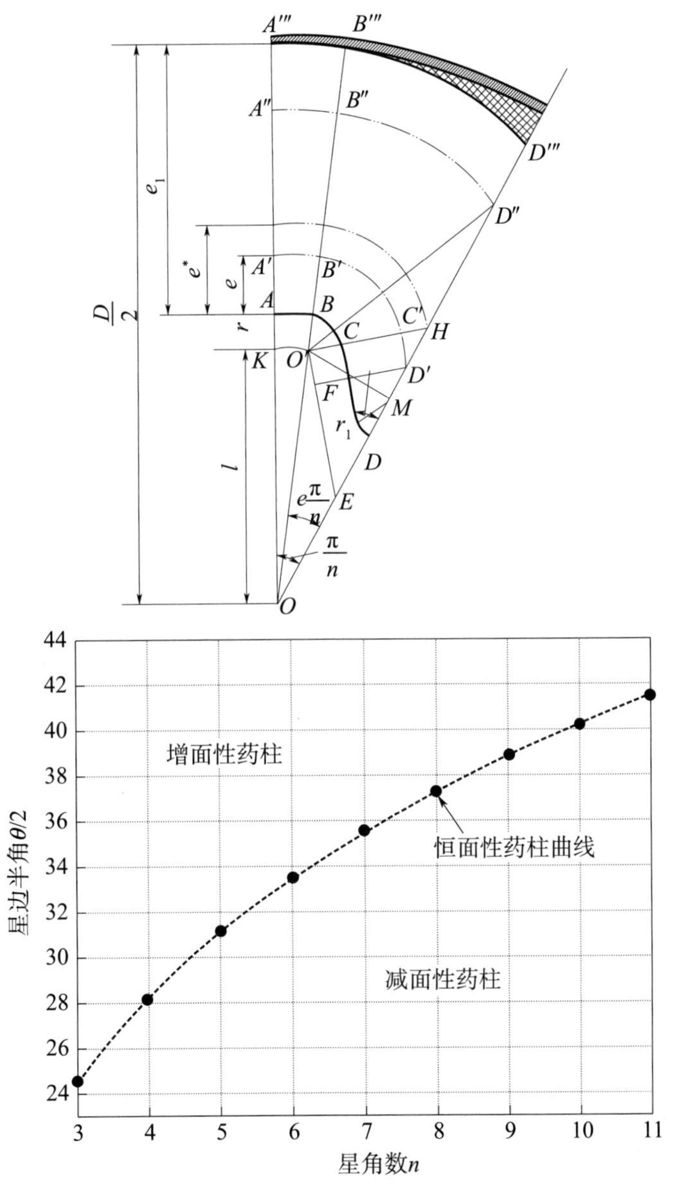

图 4－3　药柱的星边半角及星角数关系

由图 4-3 可以看出，燃烧面积可以分为两个阶段：星角直边 CD 消失前与星角直边 CD 消失后，其中 H 为星边消失点，其对应燃烧厚度 e^* 为

$$e^* = \frac{l\sin\varepsilon\beta}{\cos\dfrac{\theta}{2}} - r \tag{4-20}$$

式中，$\beta=\pi/n$，在第一阶段星角直边 CD 消失前，其燃烧面积变化趋势与药柱自身形式有关。通常采用减面性药柱，其燃烧面积随燃烧厚度增加而逐渐减小，发动机推力随之逐渐减小；在第二阶段星角直边 CD 消失后燃烧厚度足够大时，不论第一阶段燃面是减面性、恒面性或是增面性，在第二阶段后期均为增面性，减面性药柱有利于保证发动机在整个燃烧过程中获得平稳的推力曲线。第一阶段，星形装药的燃烧面积 S_b 及通气面积 S_p 的解析表达式如下式所示。

$$\begin{cases} S_b = 2Lnl\left[\dfrac{\sin\varepsilon\beta}{\sin\dfrac{\theta}{2}} + (1-\varepsilon)\beta + \dfrac{e+r}{l}\left(\dfrac{\pi}{2}+\beta-\dfrac{\theta}{2}-\cot\dfrac{\theta}{2}\right)\right] \\ S_p = nl^2\left[(1-\varepsilon)\beta + \sin\varepsilon\beta\left(\cos\varepsilon\beta - \sin\varepsilon\beta\cot\dfrac{\theta}{2}\right)\right] + \\ \qquad 2nl^2\left(\dfrac{e+r}{l}\right)\left[\dfrac{\sin\varepsilon\beta}{\sin\dfrac{\theta}{2}} + (1-\varepsilon)\beta\right] + n(e+r)^2\left(\dfrac{\pi}{2}+\beta-\dfrac{\theta}{2}-\cot\dfrac{\theta}{2}\right) \end{cases} \tag{4-21}$$

第二阶段，星形装药的燃烧面积 S_b 及通气面积 S_p 的解析表达式如下式所示。

$$\begin{cases} S_b = 2Lnl\left[(1-\varepsilon)\beta + \dfrac{e+r}{l}\left(\beta + \arcsin\left(\dfrac{\sin\varepsilon\beta}{\dfrac{e+r}{l}}\right)\right)\right] \\ S_p = nl^2\begin{Bmatrix} \left(1+\dfrac{e+r}{l}\right)^2(1-\varepsilon)\beta + \left(\dfrac{e+r}{l}\right)^2\left[\varepsilon\beta + \arcsin\left(\dfrac{l}{e+r}\sin\varepsilon\beta\right)\right] + \\ \sin\varepsilon\beta\left[\sqrt{\left(\dfrac{e+r}{l}\right)^2 - \sin^2\varepsilon\beta} + \cos\varepsilon\beta\right] \end{Bmatrix} \end{cases} \tag{4-22}$$

关于星形装药的相关理论及详细的理论模型描述，可参阅文献 [8]。固体火箭发动机的燃烧过程本身是一个燃烧与气动相互耦合的复杂过程，为简化分析问题，通常采用零维假设，具有计算速度快、计算精度适中的特点。即整个

燃烧室的内压力是均一的，燃气服从完全气体状态方程，燃烧服从几何燃烧定律。基于上述假设，燃烧室的压力 p_c 表示为

$$p_c = \left(\frac{a_0 \rho_p S_b C}{A_t}\right)^{\frac{1}{1-n}} \tag{4-23}$$

式中，a_0 为推进剂标称压力下的燃烧速度；ρ_p 为推进剂密度；S_b 为燃烧面积；C 为推进剂特征速度；A_t 为发动机喷管喉部面积；n 为推进剂燃烧压力指数。进而，推进剂的燃烧速度 u 表示为

$$u = a_0 p_c^n \tag{4-24}$$

可以发现，推进剂真实燃烧速度与推进剂标称压力下的燃烧速度及燃烧室压力密切相关，从而决定了发动机主动段的工作时间。推进剂秒耗量 $\dot{m}$ 可以表述为

$$\dot{m} = \frac{p_c A_t}{C} = S_b \rho_p u \tag{4-25}$$

定义压力比 ε_p 为喷管出口压力 p_e 和燃烧室压力 p_c 之比，即 $\varepsilon_p = p_e / p_c$ ；定义喷管膨胀比 ε_A 为喷管出口面积 A_e 和喷管喉部面积 A_t 之比，即 $\varepsilon_A = A_e / A_t$ 。给出喷管膨胀比 ε_A 与压力比 ε_p 之间的关系为

$$\varepsilon_A = \frac{\left(\frac{2}{k+1}\right)^{\frac{1}{k-1}} \sqrt{\frac{k-1}{k+1}}}{\sqrt{\varepsilon_p^{\frac{2}{k}} - \varepsilon_p^{\frac{k+1}{k}}}} \tag{4-26}$$

式中，k 为比热指数。推力系数 c_F 可推导给出

$$c_F = \sqrt{k}\left(\frac{2}{k+1}\right)^{\frac{k+1}{2(k-1)}} \sqrt{\frac{2k}{k-1}\left[1-(\varepsilon_p)^{\frac{k-1}{k}}\right]} + \varepsilon_A\left(\varepsilon_p - \frac{p_a}{p_c}\right) \tag{4-27}$$

进而，给出比冲 I_{sp} 及推力 T 为

$$\begin{cases} I_{sp} = \dfrac{C c_F c_d}{g} \\ T = c_F p_c A_t c_d \end{cases} \tag{4-28}$$

4.3.4　质量特性模型

质量特性学科分析模型主要包括 CAV 构型飞行器质量 m_0 、发动机推进剂质量 m_p 、发动机结构质量 m_{motor} ，以及尾翼、控制机构等结构质量。CAV 构型飞行器质量 m_0 为有效载荷质量；发动机推进剂质量 m_p 可通过推进学科质量计算给出；发动机结构质量 m_{motor} 按照固体发动机开展质量计算，包括发

动机筒体质量、前后封头质量、绝热层和包覆层质量、喷管质量以及点火器质量等结构质量。进而，结合导出型质量方程，近似认为前翼、尾翼、控制系统等结构质量之和与飞行器起飞质量成正比，即给出飞行器结构质量系数 K ，进而飞行器起飞质量 m 可计算为

$$m=\frac{m_p+m_{\mathrm{motor}}+m_0}{1-K} \tag{4-29}$$

飞行器固体火箭发动机结构展开型质量方程如下：

（1）金属筒体质量 m_{cy}

由材料力学可知，金属筒体在内压作用下，轴向及切向应力分别为

$$\begin{cases}\sigma_x=\dfrac{pD}{4\delta}\\ \sigma_\theta=\dfrac{pD}{2\delta}\end{cases} \tag{4-30}$$

式中，D 为圆筒平均直径；δ 为圆筒壁厚。根据最大应力强度理论可知，圆筒最小壁厚 $\delta_{\min}$ 为

$$\delta_{\min}=k_{cy}\frac{p_{\max}D}{2[\sigma]} \tag{4-31}$$

式中，$p_{\max}$ 为发动机燃烧室最大压力；$[\sigma]$ 为金属许用抗拉强度；k_{cy} 为金属筒体安全系数。进而，给出金属筒体质量 m_{cy} 为

$$m_{cy}=\pi L\delta_{\min}\rho_{cy}D \tag{4-32}$$

（2）前后封头质量 m_{ca}

假定椭球形封头的长短轴之比为 2∶1，根据椭球形封头特点，其前后封头质量 m_{ca} 可表示为

$$m_{ca}=k_{ca}\frac{p_{\max}D}{[\sigma]}\rho_{cy}D^3 \tag{4-33}$$

式中，k_{ca} 为前后封头的安全系数。

（3）绝热层和包覆层质量

两端包覆层质量记为 m_{in}^e ，绝热层质量记为 m_c ，根据文献［6］可知，包覆层质量 m_{in}^e 及绝热层质量 m_c 可分别表示为

$$m_{in}^e=\frac{\pi}{4}\delta_{in}\rho_{in}^e(d_m^2-d_{ch}^2) \tag{4-34}$$

$$m_c=\pi\rho_c L\frac{1-\varepsilon}{2}D^2 \tag{4-35}$$

式中，ρ_{in}^{e} 为包覆层材料密度；ρ_c 为绝热层材料密度；δ_{in} 为包覆层厚度；d_{ch} 为装药圆柱形通道直径。

（4）喷管质量 m_n

喷管质量可通过如下公式计算：

$$m_n = n_n S_n (\rho_n \delta_n + \rho_{hs} \delta_{hs}) \tag{4-36}$$

式中，n_n 为发动机喷管数量；S_n 为喷管表面积；ρ_n 为喷管材料密度；δ_n 为喷管平均壁厚；ρ_{hs} 为喷管防热涂层密度；δ_{hs} 为喷管防热涂层平均密度。喷管示意图如图 4 - 4 所示。

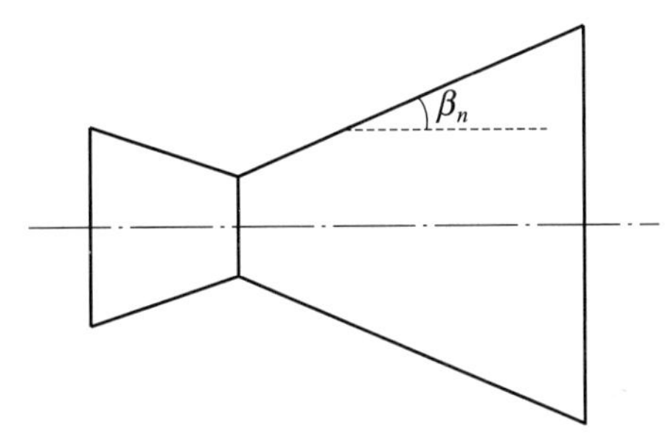

图 4 - 4　喷管示意图

对于带有扩张角 β_n 的锥形喷嘴，其喷管表面积 S_n 可计算为

$$S_n = \frac{\pi}{4\sin\beta_n}\left(\frac{A_e}{A_t} - 1\right) d_t^2 \tag{4-37}$$

式中，A_e 为喷管出口面积；A_t 为喷管喉部面积；d_t 为喷管喉部直径。进而计算给出发动机喷管质量。

（5）点火器及附件结构质量 m_i

点火器及附件结构质量可通过如下公式估算[8]：

$$m_i = k_f f_a f_p p_c \tag{4-38}$$

式中，k_f 为质量系数；f_a 为壳体完全系数；f_p 为燃烧室最大工作压强与平均压强之比；p_c 为燃烧室平均压强。发动机结构质量 m_{motor} 可以表述为

$$m_{\text{motor}} = m_{cy} + m_{ca} + m_{in} + m_n + m_i \tag{4-39}$$

进而，由式（4 - 29）计算飞行器起飞质量 m 。

4.3.5　轨迹规划模型

轨迹规划模型在其他学科分析结果的基础上，根据轨迹方程实现飞行器自发射至命中目标的全过程飞行仿真。结合飞行器总体方案特点和助推滑翔轨迹

特征，在总体方案设计时忽略次要因素影响，简化飞行器轨迹方程，假设飞行器在主动段不考虑地球自转、扁率以及飞行器自身滚转的影响，主动段轨迹方程可以表述如下[9]：

$$
\begin{cases}
\dfrac{\mathrm{d}r}{\mathrm{d}t}=V\sin\gamma \\
\dfrac{\mathrm{d}\theta}{\mathrm{d}t}=\dfrac{V\cos\gamma\sin\psi}{r\cos\phi} \\
\dfrac{\mathrm{d}\phi}{\mathrm{d}t}=\dfrac{V\cos\gamma\cos\psi}{r} \\
\dfrac{\mathrm{d}V}{\mathrm{d}t}=\dfrac{T\cos\alpha-\mathrm{d}}{m}-g\sin\gamma \\
\dfrac{\mathrm{d}\gamma}{\mathrm{d}t}=\dfrac{T\sin\alpha+L}{mV}-\dfrac{g\cos\gamma}{V}+\dfrac{V\cos\gamma}{r} \\
\dfrac{\mathrm{d}\psi}{\mathrm{d}t}=\dfrac{V\cos\gamma\sin\psi\tan\phi}{r} \\
\dfrac{\mathrm{d}m}{\mathrm{d}t}=-\bar{m}
\end{cases}
\tag{4-40}
$$

式中，r 为地心高度；θ 为经度；ϕ 为纬度；V 为速度；γ 为当地轨迹倾角；ψ 为航向角；m 为飞行器质量，在主动段过程中，飞行器质量 m 随着推进剂的消耗逐渐减小，即飞行器质量 m 是时间 t 的函数；α 为飞行器的攻角；L 为升力；D 为阻力；T 为固体火箭发动机提供的推力，发动机推力 T 是高度 h 和时间 t 的函数，通过线性插值实时给出当前推力大小；$\bar{m}$ 为固体火箭发动机秒耗量。

在飞行器滑翔段过程中，假设不考虑地球自转、扁率的影响，此时轨迹方程可以表述为

$$
\begin{cases}
\dfrac{\mathrm{d}r}{\mathrm{d}t}=V\sin\gamma \\
\dfrac{\mathrm{d}\theta}{\mathrm{d}t}=\dfrac{V\cos\gamma\sin\psi}{r\cos\phi} \\
\dfrac{\mathrm{d}\phi}{\mathrm{d}t}=\dfrac{V\cos\gamma\cos\psi}{r} \\
\dfrac{\mathrm{d}V}{\mathrm{d}t}=\dfrac{-D}{m}-g\sin\gamma \\
\dfrac{\mathrm{d}\gamma}{\mathrm{d}t}=\dfrac{L\cos\sigma}{mV}-\dfrac{g\cos\gamma}{V}+\dfrac{V\cos\gamma}{r} \\
\dfrac{\mathrm{d}\psi}{\mathrm{d}t}=\dfrac{L\sin\sigma}{mV\cos\gamma}+\dfrac{V\cos\gamma\sin\psi\tan\phi}{r}
\end{cases}
\tag{4-41}
$$

以此为基础，将轨迹规划模型处理为轨迹优化问题，以飞行器航程最大为优化目标，在初始约束、终端约束以及控制约束等因素影响下，利用 hp 自适应伪谱法实现轨迹规划优化[10]。hp 自适应伪谱法融合了 Radau 伪谱法与 hp 型有限元法的优势，在若干离散点上，通过多项式近似替代微分方程约束，从而将最优控制问题转化为非线性规划问题，具有很高的计算精度，在飞行器轨迹优化中有着广泛的应用，与其他伪谱法相比，其优势在于当某一离散区间的计算精度不满足要求时，可以自适应调整该区间内的配点数 h 和多项式阶次 p，提高多项式近似精度和效率。

Radau 伪谱法对轨迹优化最优控制问题的离散过程如下，首先将最优控制问题的 $t \in [t_0, t_f]$ 划分为 K 个网格，转换为 $\tau \in [-1, 1]$，两者做如下映射：

$$\tau = \frac{2t - (t_k + t_{k-1})}{t_k - t_{k-1}}, t_k > t_{k-1} \tag{4-42}$$

式中，$\forall t \in [t_{k-1}, t_k]$，$k = 1, \cdots, K$，$t_0 < \cdots < t_K = t_f$。

状态量在第 k 个网格可近似表述为

$$x^{(k)}(\tau) \approx X^{(k)}(\tau) = \sum_{j=1}^{N_k+1} X_j^{(k)} L_j^{(k)}(\tau) \tag{4-43}$$

$$L_j^{(k)}(\tau) = \prod_{\substack{l=1 \\ l \neq j}}^{N_{k+1}} \frac{\tau - \tau_l^{(k)}}{\tau_j - \tau_l^{(k)}}, j = 1, \cdots, N_k + 1 \tag{4-44}$$

式中，$L_j^{(k)}(\tau)$ 为 Lagrange 插值多项式，$\{\tau_1^{(k)}, \cdots, \tau_{N_{k+1}}^{(k)}\}$ 为第 k 个网格的 Legendre - Gauss - Radau（LGR）配点；进而，将 $X^{(k)}(\tau)$ 对 τ 求导，代入轨迹规划运动学方程，在 LGR 配点处进行离散，可得

$$\sum_{j=1}^{N_k+1} X_j^{(k)} \boldsymbol{D}_{ij}^{(k)} - \frac{t_k - t_{k-1}}{2} f(x_i^{(k)}, u_i^{(k)}, \tau_i^{(k)}, t_{k-1}, t_k) = 0 \tag{4-45}$$

式中，$\boldsymbol{D}_{ij}^{(k)}$ 为第 k 个网格处 $N_k \times (N_k + 1)$ 阶 Radau 伪谱微分矩阵。其目标函数可近似表述为

$$J \approx \Phi(X_1^{(1)}, t_0, X_{N_k+1}^{(k)}, t_k) \tag{4-46}$$

式中，$X_1^{(1)}$，$X_{N_k+1}^{(k)}$ 为 $X(t_0)$，$X(t_f)$ 的近似值。同理，不等式约束在第 k 个网格处用 N_k 个 LGR 点进行离散化处理，有

$$C[x_i^{(k)}, u_i^{(k)}, \tau_i^{(k)}, t_{k-1}, t_k] \leqslant 0, i = 1, \cdots, N_k \tag{4-47}$$

边界约束条件可近似表述为

$$\phi(x_1^{(1)}, t_0, x_{N_k+1}^{(k)}, t_k) = 0 \tag{4-48}$$

基于上述离散过程，利用 Radau 伪谱法将飞行器轨迹优化最优控制问题转化为非线性规划问题，采用求解 NLP 问题的 SNOPT 等软件包进行求解[11]。一般而言，hp 自适应伪谱法的计算流程如图 4－5 所示。

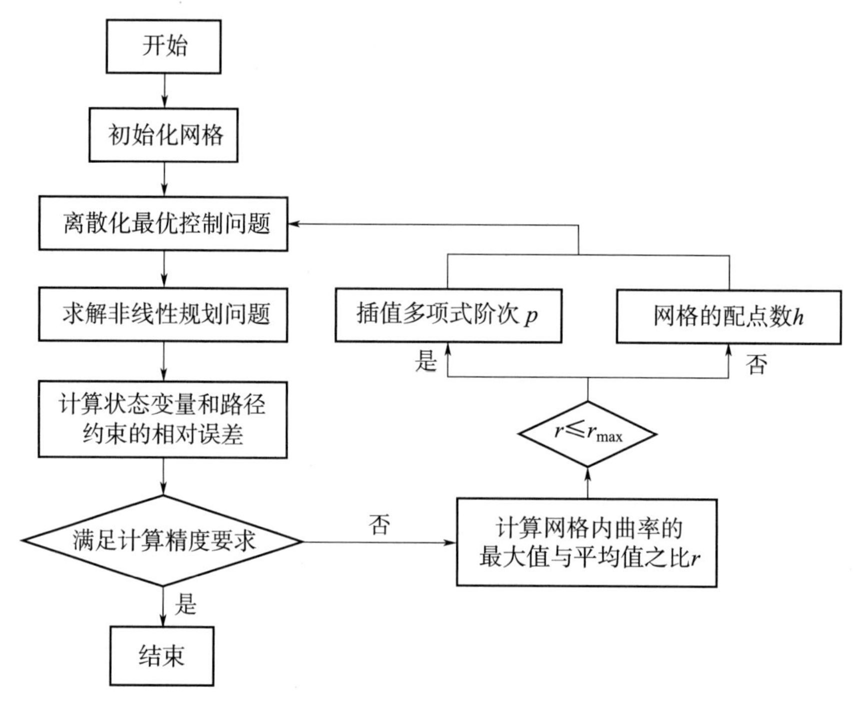

图 4－5　hp 自适应伪谱法流程图

1）按照网格需求，利用 Radau 伪谱法将轨迹最优控制问题转化为离散的非线性规划问题，采用序列二次规划法对非线性规划问题进行求解。

2）针对每一个网格，若 $e_{max}^{(k)} \leqslant \varepsilon_d$ ，即该网格满足计算精度要求，执行下一个网格 $k+1$；否则，判定如下条件，若 $r_k \leqslant r_{k\max}$ ，则网格内插值多项式的阶次 p 增加；若 $r_k > r_{k\max}$ ，则网格的配点数目 h 增加。

3）若状态量及路径约束的相对误差满足允许相对误差，则优化结束；否则，返回步骤 1）。

4.4　飞行器总体不确定性设计方法

4.4.1　不确定性优化数学模型

针对高超声速飞行器大空域、宽速域的特点，在学科分析模型基础上，以典型的飞行器起飞质量最小为优化目标，开展飞行器总体方案不确定性优化设计。推进方案采用单室双推力固体火箭发动机，其药柱包括助推段和续航段两部分，从而在一定程度上弥补固体火箭发动机推力不可调节及工作时间短的特点。

优化变量由总体参数优化和轨迹优化两者的优化变量组成，根据优化问题特点和工程设计经验，选取如下优化变量，包括：发动机装药长细比 $\bar{l}$ 、弹体直径 D 、星形装药星边夹角 θ 、助推段占装药总长度之比 kff 、助推段肉厚 e_1 、巡航段肉厚 e_2 、喷管喉部直径 D_t 、喷管膨胀比 ε_p 以及轨迹优化飞行攻角 α 和飞行倾侧角 σ 。

飞行器在发射起飞至末制导交接班的全过程中，受到诸多约束影响。根据飞行器战技指标，给定航程约束 $Range$ 为不小于 R_T ；根据总体相关约束及工程经验，考虑起飞推重比 $\overline{F}$ 、发动机装药系数 ψ 及发动机结构质量比 λ 等总体参数约束；根据动力相关需求，考虑燃烧室压强 p_c 和发动机工作时间 t_{burn} 等动力相关约束；针对轨迹优化仿真问题，考虑飞行过程中控制参数攻角变化率 $\bar{\alpha}$ 、倾侧角变化率 $\bar{\sigma}$ 以及滑翔高度 h 的约束。综上所述，飞行器总体方案确定性优化模型可表述为

$$\begin{cases} \text{寻找} & \bar{l}, D, \theta, kff, e_1, e_2, D_t, \varepsilon_p, \alpha, \sigma \\ \min & m \\ & e_1 \leqslant e_2 \\ & p_{c\min} \leqslant p_c \leqslant p_{c\max} \\ & t_{\min} \leqslant t_{\text{burn}} \leqslant t_{\max} \\ & \overline{F}_{\min} \leqslant \overline{F} \leqslant \overline{F}_{\max} \\ & \psi_{\min} \leqslant \psi \leqslant \psi_{\max} \\ & \lambda_{\min} \leqslant \lambda \leqslant \lambda_{\max} \\ & Range \geqslant R_T \\ & h_{\min} \leqslant h \leqslant h_{\max} \\ & \dot{\alpha}_{\min} \leqslant \dot{\alpha} \leqslant \dot{\alpha}_{\max} \\ & \dot{\sigma}_{\min} \leqslant \dot{\sigma} \leqslant \dot{\sigma}_{\max} \end{cases} \tag{4-49}$$

由于采用的学科模型均为简化假设后的估算仿真模型，其与真实结果存在一定的偏差，即模型不确定性。标准大气模型在 0 至 86 km 范围内，相对误差小于万分之一，其偏差相对较小，可忽略不计。轨迹规划学科模型本质为轨迹优化问题，给定某一状态下的气动、动力及质量学科模型，在轨迹优化目标及

相关约束条件下其轨迹成型是唯一的。因此可采用 hp 自适应伪谱法开展轨迹优化，暂不考虑轨迹规划学科模型偏差影响。综合考虑气动模型、动力模型及质量模型的不确定性因素影响，见表 4－2。气动学科模型主要考虑气动升力系数偏差 ΔC_L 和气动阻力系数偏差 ΔC_D ，动力学科模型主要考虑发动机推力偏斜 δ 和发动机推力系数偏差 ΔT ，质量学科模型主要考虑滑翔头质量偏差 Δm 。

表 4－2　飞行器不确定性因素清单

学科模型	名称	符号
动力学科模型	发动机推力偏斜	$\delta/('')$
	发动机推力系数偏差	ΔT
气动学科模型	气动升力系数偏差	ΔC_L
	气动阻力系数偏差	ΔC_D
质量学科模型	滑翔头质量偏差	$\Delta m/\mathrm{kg}$

结合式（4－49）所示优化模型，给出飞行器总体方案不确定性优化模型如下：

$$\begin{cases} \text{寻找} & \bar{l}, D, \theta, kff, e_1, e_2, D_t, \varepsilon_p, \alpha, \sigma \\ \min & m \\ & e_1 \leqslant e_2 \\ & p_{c\min} \leqslant p_c \leqslant p_{c\max} \\ & t_{\min} \leqslant t_{\mathrm{burn}} \leqslant t_{\max} \\ & \bar{F}_{\min} \leqslant \bar{F} \leqslant \bar{F}_{\max} \\ & \psi_{\min} \leqslant \psi \leqslant \psi_{\max} \\ & \lambda_{\min} \leqslant \lambda \leqslant \lambda_{\max} \\ & \Pr\{Range \geqslant R_T\} \geqslant 95\% \\ & h_{\min} \leqslant h \leqslant h_{\max} \\ & \dot{\alpha}_{\min} \leqslant \dot{\alpha} \leqslant \dot{\alpha}_{\max} \\ & \dot{\sigma}_{\min} \leqslant \dot{\sigma} \leqslant \dot{\sigma}_{\max} \end{cases} \tag{4-50}$$

式中，$\Pr\{\cdot\}$ 为某一区域的概率，引入可信航程概念，定义可信航程为某一总体方案在不确定性因素影响下满足给定概率的航程阈值，即满足概率 95％的可信航程 R_{Bel} 可表示为

$$\Pr\{Range \geqslant R_{Bel}\} = 95\% \tag{4-51}$$

与飞行器总体方案确定性优化模型（4－49）相比，不确定性优化模型考虑了模型及输入不确定性的影响，在满足概率 95％的可信航程不小于 1500 km 及总体、动力、轨迹等约束条件下，给出起飞质量 m 最小的飞行器总体设计方案。

4.4.2　飞行器一体化分层优化策略

学科模型中，轨迹规划模型本身为轨迹优化问题，若直接采用轨迹优化仿真模型，则飞行器总体方案确定性优化将构成双层嵌套优化问题，其对初始方案依赖性较大，而对于新型飞行器，在方案初始设计阶段往往缺少先验信息，无法给出可行基线方案，因而有效选取初始方案是总体方案设计的重点和难点之一。

针对这一问题，提出了基于多岛遗传算法和序列二次规划方法的一体化分层优化策略。由于 hp 自适应伪谱法开展轨迹优化耗时较长，无法实现复杂系统长时间大规模寻优，进而推导给出了基于平衡滑翔假设的航程估算公式。基于一体化分层优化策略，第一阶段采用多岛遗传算法和平衡滑翔假设航程估算公式开展基线方案的大规模寻优，进而以该基线方案为初始方案，采用序列二次规划方法和 hp 自适应伪谱法开展第二阶段的飞行器总体方案确定性优化设计。

在滑翔状态下飞行器运动几何关系示意图如图 4－6 所示。

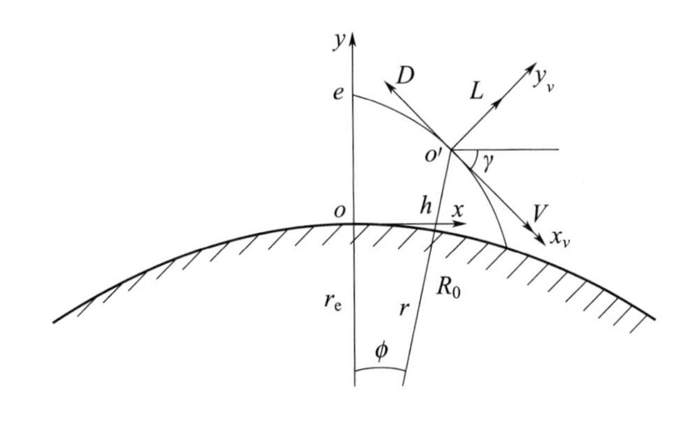

图 4－6　飞行器运动几何关系示意图

基于式（4－41）的轨迹运动方程，给出无动力滑翔飞行器二维运动方

程为

$$\begin{cases}\dfrac{dV}{dt}=-\dfrac{D}{m}-g\sin\gamma \\ \dfrac{d\gamma}{dt}=\dfrac{L}{mV}-\dfrac{g\cos\gamma}{V}+\dfrac{V\cos\gamma}{r} \\ \dfrac{dr}{dt}=V\sin\gamma \\ \dfrac{d\phi}{dt}=\dfrac{V\cos\gamma}{r}\end{cases} \tag{4-52}$$

式（4－52）在式（4－41）的基础上，进一步做出如下假设，即假设倾侧角 σ 和航向角 ψ 为 0°。在平衡滑翔状态下，轨迹倾角的导数 $d\gamma/dt$ 为 0，进而有如下受力关系：

$$\frac{1}{2}\rho V^2 SC_L+\frac{mV\cos\gamma}{h+R_0}=mg\cos\gamma \tag{4-53}$$

式中，R_0 为地球平均半径；h 为轨迹高度。进一步假设平衡滑翔状态下轨迹倾角 γ 为 0，即 $\gamma=0$，将重力加速度 $g=g_0\dfrac{R_0^2}{(h+R_0)^2}$ 代入式（4－53），给出平衡滑翔状态下的空气密度 ρ 为

$$\rho=\frac{2m\left[g_0R_0^2-V^2(h+R_0)\right]}{SC_LV^2(h+R_0)^2} \tag{4-54}$$

利用无动力滑翔飞行器二维运动方程式（4－52），推导给出：

$$\frac{d\phi}{dV}=-\frac{2m}{\rho SC_DV(h+R_0)} \tag{4-55}$$

将式（4－54）代入式（4－55）中，给出纬度 ϕ 与速度 V 的导数为

$$\frac{d\phi}{dV}=-\frac{KV(h+R_0)}{g_0R_0^2-V^2(h+R_0)} \tag{4-56}$$

式中，K 为滑翔飞行器升阻比，进而假设升阻比 K 及滑翔高度 h 与滑翔速度 V 无关，保持恒定不变，故对式（4－56）进行积分，给出纬度 ϕ 为

$$\phi=\frac{K}{2}\ln\frac{V^2(h+R_0)-g_0R_0^2}{V_0^2(h+R_0)-g_0R_0^2} \tag{4-57}$$

给出基于平衡滑翔假设的滑翔航程估算公式：

$$R_{\text{glide}}=R_0\Phi=\frac{KR_0}{2}\ln\frac{V^2(h+R_0)-g_0R_0^2}{V_0^2(h+R_0)-g_0R_0^2} \tag{4-58}$$

由于末制导阶段航程较短，忽略末制导航程影响，考虑主动段航程

R_{power}，则整个航程可近似表示为

$$Range = R_{glide} + R_{power} \tag{4-59}$$

给出飞行器确定性一体化分层优化策略如图 4-7 所示。

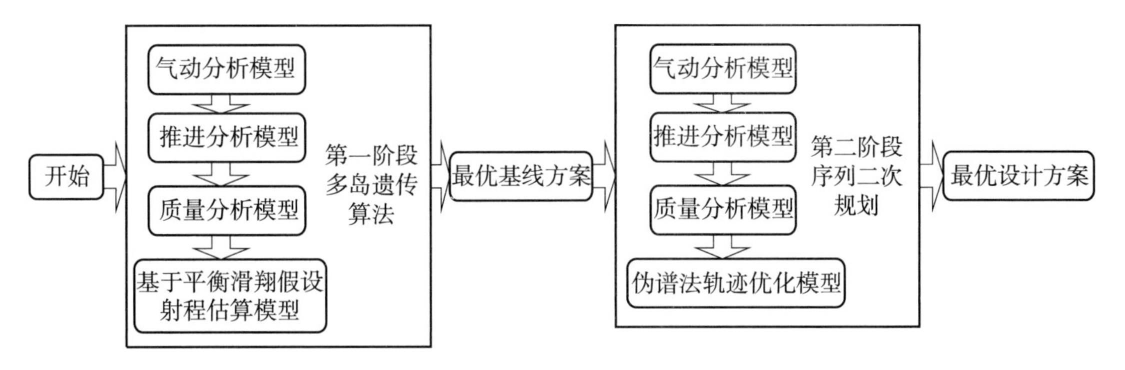

图 4-7　飞行器确定性一体化分层优化策略示意图

4.4.3　案例应用

通用航空飞行器（CAV）是美国国防部高级研究计划局（DARPA）提出的一种高马赫数机动飞行器。本案例滑翔头采用美国洛克希德·马丁公司设计的 CAV-H 构型，数据来源于文献［4］。质量为 907.18 kg，气动参考面积为 0.483 87 m^2。气动参数见 4.3.2 节。

推进方案采用单室双推力固体火箭发动机，发动机数据来源于文献［16］。星角数 4，角度系数 $\varepsilon = 0.66$，推进剂材料为端羟基聚丁二烯 HTPB，特征速度 $C = 1\ 500$ m/s，比热指数 $k = 1.35$，燃烧压力指数 $n = 0.3$，推进剂标称压力下燃烧速度 $a_0 = 3.103\ 833$ mm/s，推进剂密度 $\rho_w = 1\ 759$ kg/m^3。

质量模型中的安全系数取值来源于文献［6］。其中，圆柱筒体安全系数 $k_{cy} = 1.6$，前后封头安全系数 $k_{ca} = 1.6$，壳体完全系数 $f_a = 1.5$。圆柱筒体及前后封头所选用材料的强度极限为 1 815 MPa，材料密度为 7 810 kg/m^3。

假设飞行器设计的航程约束 R_T 为 1 500 km。针对上述方案，开展飞行器总体方案不确定性优化设计。飞行器不确定性因素分布类型及参数见表 4-3。

表 4-3　飞行器不确定性因素分布类型及参数

名称	符号	分布类型	分布参数
发动机推力偏斜	$\delta/('')$	正态分布	$N(0,1.5)$
发动机推力系数偏差	ΔT	均匀分布	$U(-0.03,0.03)$

续表

名称	符号	分布类型	分布参数
气动升力系数偏差	ΔC_L	均匀分布	$U(-0.1,0.1)$
气动阻力系数偏差	ΔC_D	均匀分布	$U(-0.1,0.1)$
滑翔头质量偏差	$\Delta m/\mathrm{kg}$	正态分布	$N(0,3)$

以起飞质量最小为优化目标，建立不确定性优化数学模型如式（4－60）所示。

$$\begin{cases}\text{寻找} & \bar{l},D,\theta,kff,e_1,e_2,D_t,\varepsilon_p,\alpha,\sigma \\ \min & m \\ & e_1\leqslant e_2 \\ & 4\ \mathrm{MPa}\leqslant p_c\leqslant 10\ \mathrm{MPa} \\ & 56\ \mathrm{s}\leqslant t_{\mathrm{burn}}\leqslant 72\ \mathrm{s} \\ & 2.5\leqslant \bar{F}\leqslant 4.5 \\ & 0.8\leqslant \psi\leqslant 0.94 \\ & 0.1\leqslant \lambda\leqslant 0.25 \\ & \Pr\{Range\geqslant 1\ 500\ \mathrm{km}\}\geqslant 95\% \\ & 20\ \mathrm{km}\leqslant h\leqslant 80\ \mathrm{km} \\ & -5(^\circ)/\mathrm{s}\leqslant\dot{\alpha}\leqslant 5(^\circ)/\mathrm{s} \\ & -5(^\circ)/\mathrm{s}\leqslant\dot{\sigma}\leqslant 5(^\circ)/\mathrm{s} \\ & \delta\sim N(0,1.5)\qquad \Delta T\sim U(-0.03,0.03) \\ & \Delta C_L\sim U(-0.1,0.1)\qquad \Delta C_D\sim U(-0.1,0.1) \\ & \Delta m\sim N(0,3)\end{cases}\tag{4-60}$$

（1）飞行器确定性一体化分层优化实现

忽略式（4－60）不确定性因素影响，不确定性参数取为均值或中间值，利用提出的飞行器确定性一体化分层优化策略开展飞行器总体方案确定性优化设计。第一阶段，利用多岛遗传算法开展总体方案优化，轨迹规划模型采用基于平衡滑翔假设的航程估算模型，经过982次优化迭代给出第一阶段的最优基线方案。多岛遗传算法迭代历程如图4－8所示。

以上述最优基线方案为初始方案，利用序列二次规划方法对双层嵌套优化问题开展第二阶段总体方案优化，经过294次优化迭代给出飞行器总体优化设计方案。序列二次规划方法迭代历程如图4－9所示。

此时，飞行器确定性一体化分层优化策略的最优设计方案起飞质量为

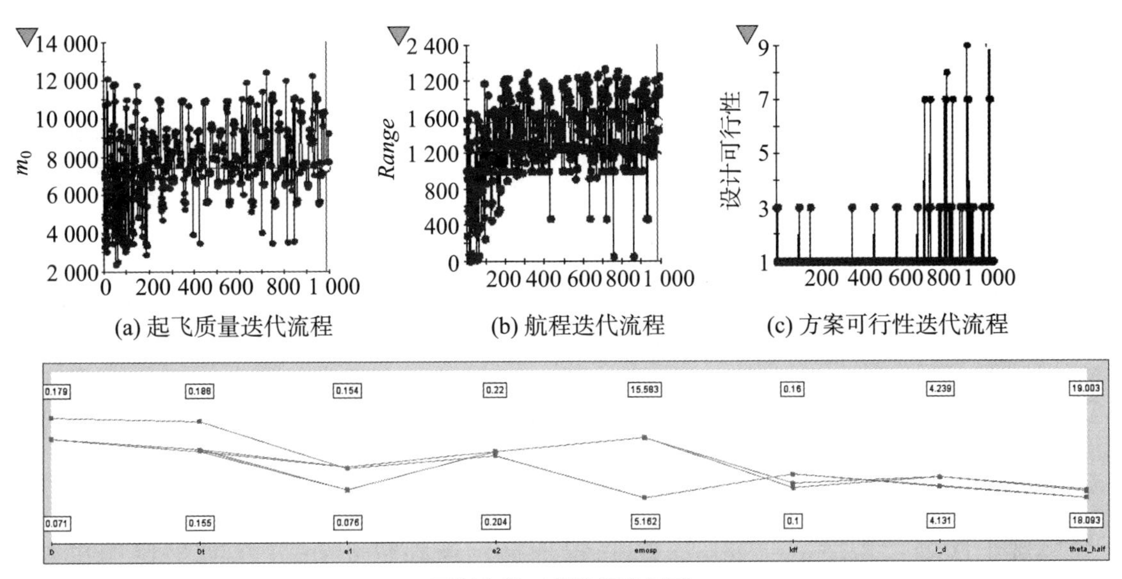

(a) 起飞质量迭代流程　(b) 航程迭代流程　(c) 方案可行性迭代流程

(d) 可行方案工程数据挖掘图EDM

图 4－8　多岛遗传算法迭代图

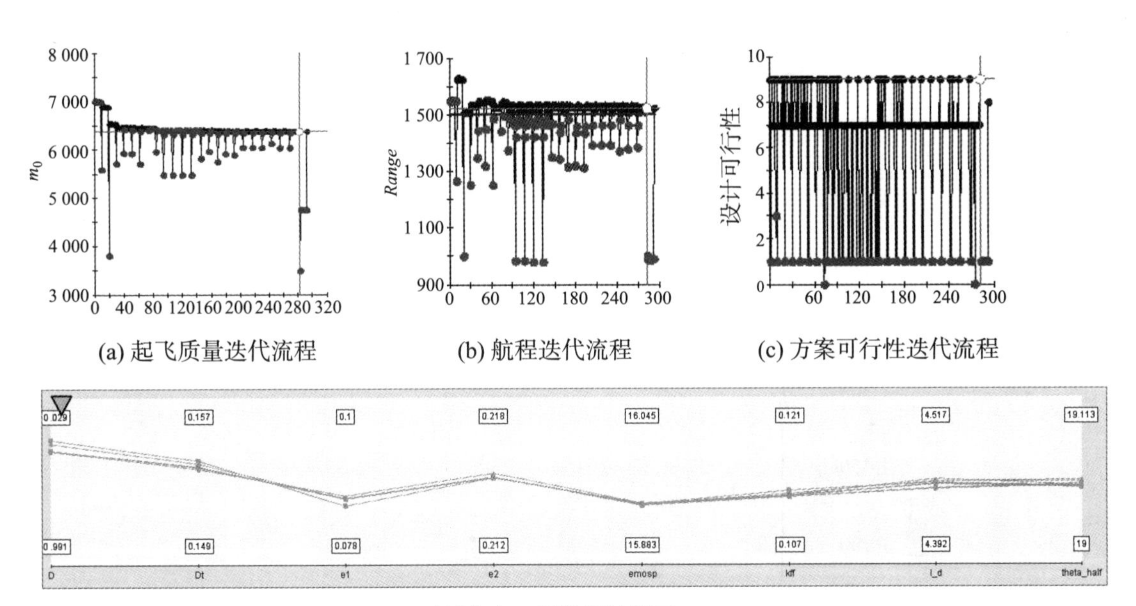

(a) 起飞质量迭代流程　(b) 航程迭代流程　(c) 方案可行性迭代流程

(d) 可行方案工程数据挖掘图EDM

图 4－9　序列二次规划方法迭代图

6.38 t，最远航程达到 1 510.9 km，推进剂质量比为 0.765 2。采用一体化分层优化思想，可以最大程度挖掘飞行器总体设计潜力，为飞行器总体优化设计研究提供理论参考。然而，上述方法未考虑各种不确定性因素影响，在工程研制阶段很有可能因性能指标有较大可能性而不满足要求，导致设计方案不可行，为此，进一步开展飞行器总体方案的不确定性分析。

（2）不确定性分析——可信航程评估

在飞行器确定性一体化分层优化的基础上，开展确定性优化方案的不确定性分析，即开展方案满足概率95%的可信航程评估。针对式（4-51）可信航程评估问题，采用3.4节基于优化加点Kriging的阈值不确定性分析方法开展可信航程评估。

由于飞行器总体方案模型的复杂性及非线性，阈值不确定性分析方法往往无法满足常用的收敛条件，即 U 函数不小于2。针对航程为1 500 km的飞行器，求解精确的可信航程需要调用更多的航程评估模型。对于工程问题而言，并不需要精确的可信航程，其相对误差只需保持在1 km量级即满足工程需求。针对这一问题，提出了一种广义的收敛条件，即连续相邻 N 个近似阈值之差的绝对值之和小于给定阈值，如式（4-61）所示。

$$\Delta = \sum_{i=end-N}^{end-1} \left| \hat{\varepsilon}_i - \hat{\varepsilon}_{i+1} \right| \leqslant \delta \tag{4-61}$$

选取 $N=30$，给定阈值 $\delta=5$，即连续相邻30个近似阈值之差的绝对值之和小于5 km，此时，近似阈值趋于收敛，满足收敛条件。利用阈值不确定性分析方法，给出一体化分层优化设计方案的近似阈值迭代历程如图4-10所示，收敛条件迭代历程如图4-11所示，训练点集真实航程响应迭代历程如图4-12所示。

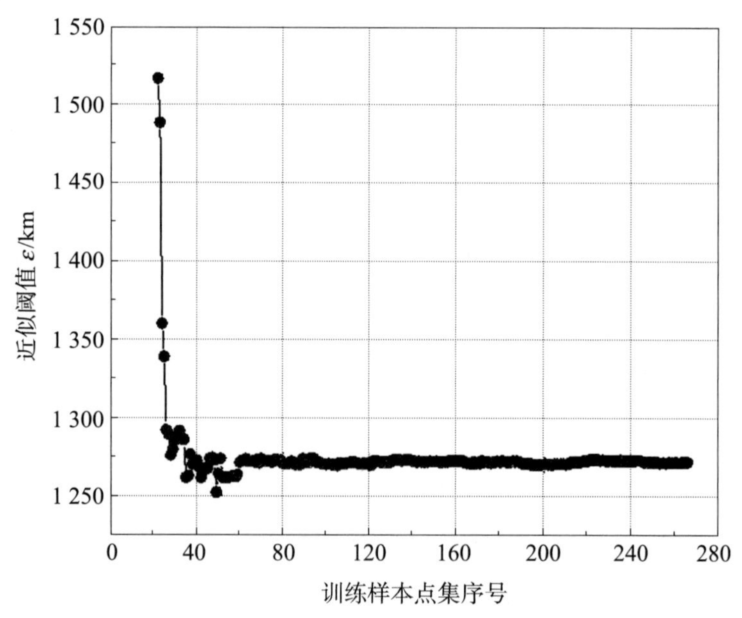

图4-10　近似阈值迭代历程

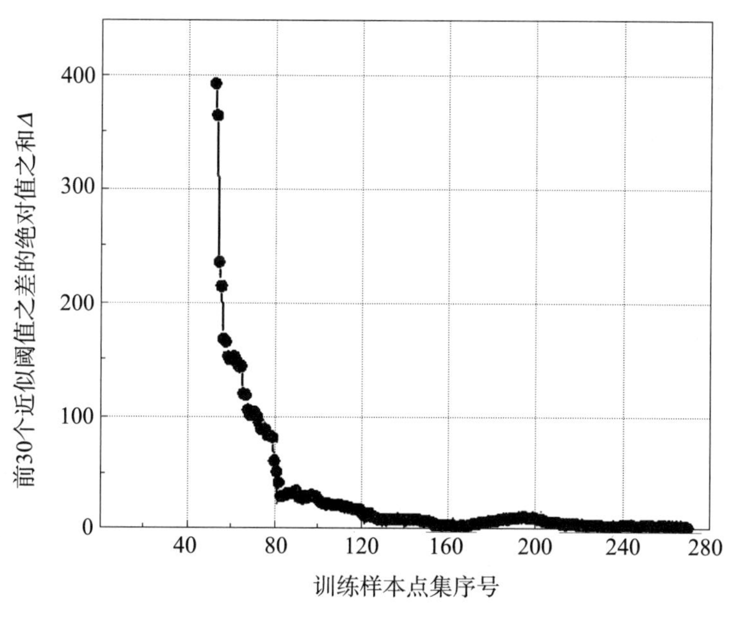

图 4-11　收敛条件迭代历程

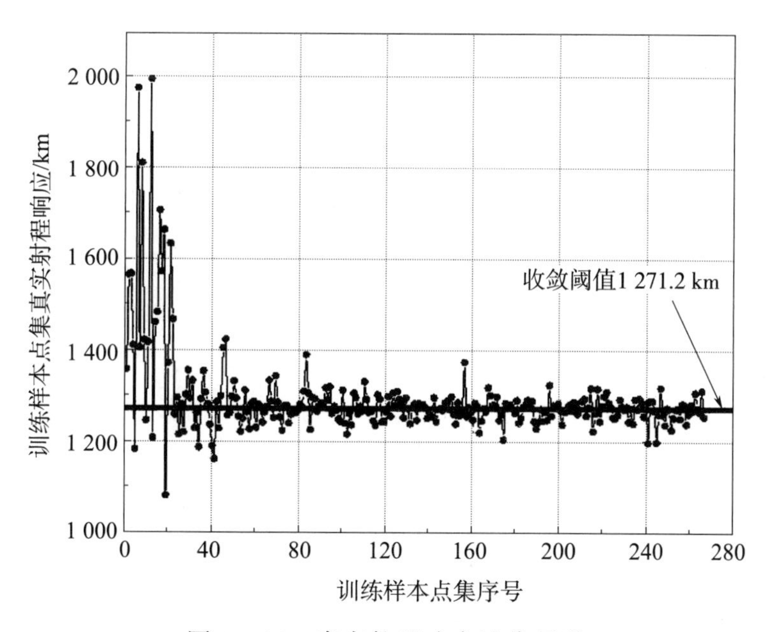

图 4-12　真实航程响应迭代历程

经过 21 次初始样本点集及 245 次序列加点，满足收敛条件，可信航程收敛阈值 $R_{Bel}^{(1)}=1\ 271.2$ km 。图 4-10 及图 4-11 表明随着迭代次数的增加，近似阈值快速趋于收敛，在一定范围内波动，近似阈值之差的绝对值之和趋于收敛，直至满足收敛条件。图 4-12 表明随着迭代次数的增加，真实航程响应在收敛阈值附近振荡波动，因而 Kriging 代理模型在收敛阈值附近具有很高的精度，满足分析精度需求，保证计算结果的精确性和有效性。为验证上述方法的正确性，采用蒙特卡洛方法针对相同样本池进行仿真，计算结果见表 4-4。进而，给出蒙特卡洛仿真结果的频数分布直方图如图 4-13 所示。

表 4-4 确定性优化方案可信航程结果对比

方法	基于优化加点 Kriging 的阈值不确定性分析方法	蒙特卡洛方法
概率 95%的可信航程	1 271.2 km	1 267.5 km
相对误差	2.92×10^{-3}	—
调用航程仿真次数	21+245	40 000
计算时间	31.2 min	94.6 h

表 4-4 表明基于优化加点 Kriging 阈值不确定性分析方法具有很高的效率和精度，其相对误差仅为 2.92×10^{-3} ，在保证计算精度同时，显著提升了计算效率，缩短了计算时间。

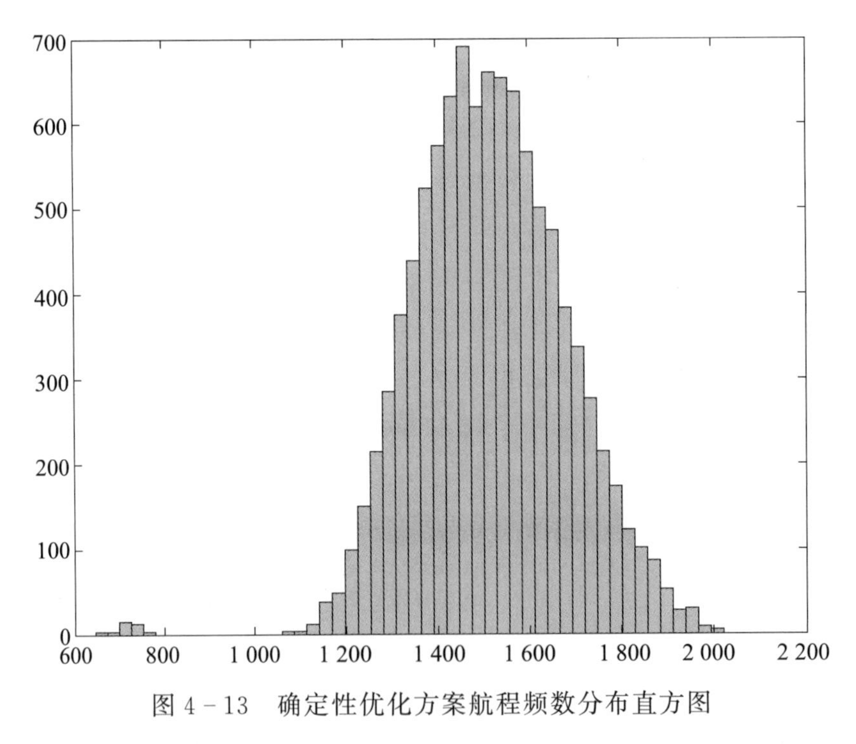

图 4-13 确定性优化方案航程频数分布直方图

(3) 飞行器不确定性优化实现

采用基于裕度量化解耦策略的不确定性优化方法实现飞行器的不确定性优化，满足概率 95%的可信航程不小于 1 500 km。针对不同需求，基于裕度量化解耦策略的不确定性优化方法给出了两种阈值求解策略，采用第二种阈值求解策略实现高效不确定性优化，将不确定性优化问题解耦为确定性优化和不确定性分析两个子问题，序列执行，直至收敛。

针对第二次确定性优化方案，采用阈值不确定性分析方法开展可信航程评估，给出可信航程收敛阈值 $R_{Bel}^{(2)}=1\ 433.0$ km，此时依然不满足收敛条件。进而，利用式（3－16）再次重构确定性优化问题，以第二次确定性优化方案为基线方法，直接基于 hp 自适应伪谱法开展轨迹优化，利用序列二次规划方法开展第三次循环的确定性优化。

序列二次规划方法迭代历程如图 4－14 所示。优化过程中设计变量与起飞质量、最大航程及其他设计变量的相关关系如图 4－15 所示。

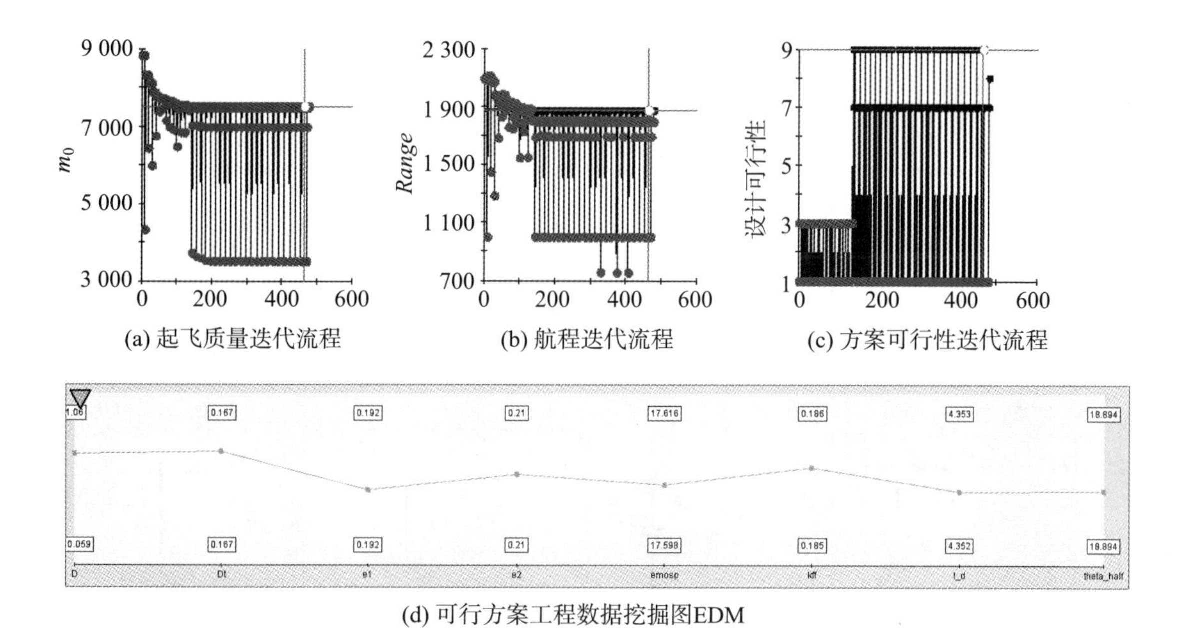

(a) 起飞质量迭代流程　(b) 航程迭代流程　(c) 方案可行性迭代流程

(d) 可行方案工程数据挖掘图EDM

图 4－14　第三次确定性优化序列二次规划方法迭代图

针对第三次确定性优化方案，开展可信航程评估，给出可信航程收敛阈值 $R_{Bel}^{(3)}=1\ 549.6$ km，满足式（3－19）所示收敛条件，即第三次确定性优化方案为飞行器不确定性优化问题（4－60）的优化解。为验证不确定性分析的准确性和有效性，采用蒙特卡洛方法针对相同样本池进行仿真，计算结果见4－5。

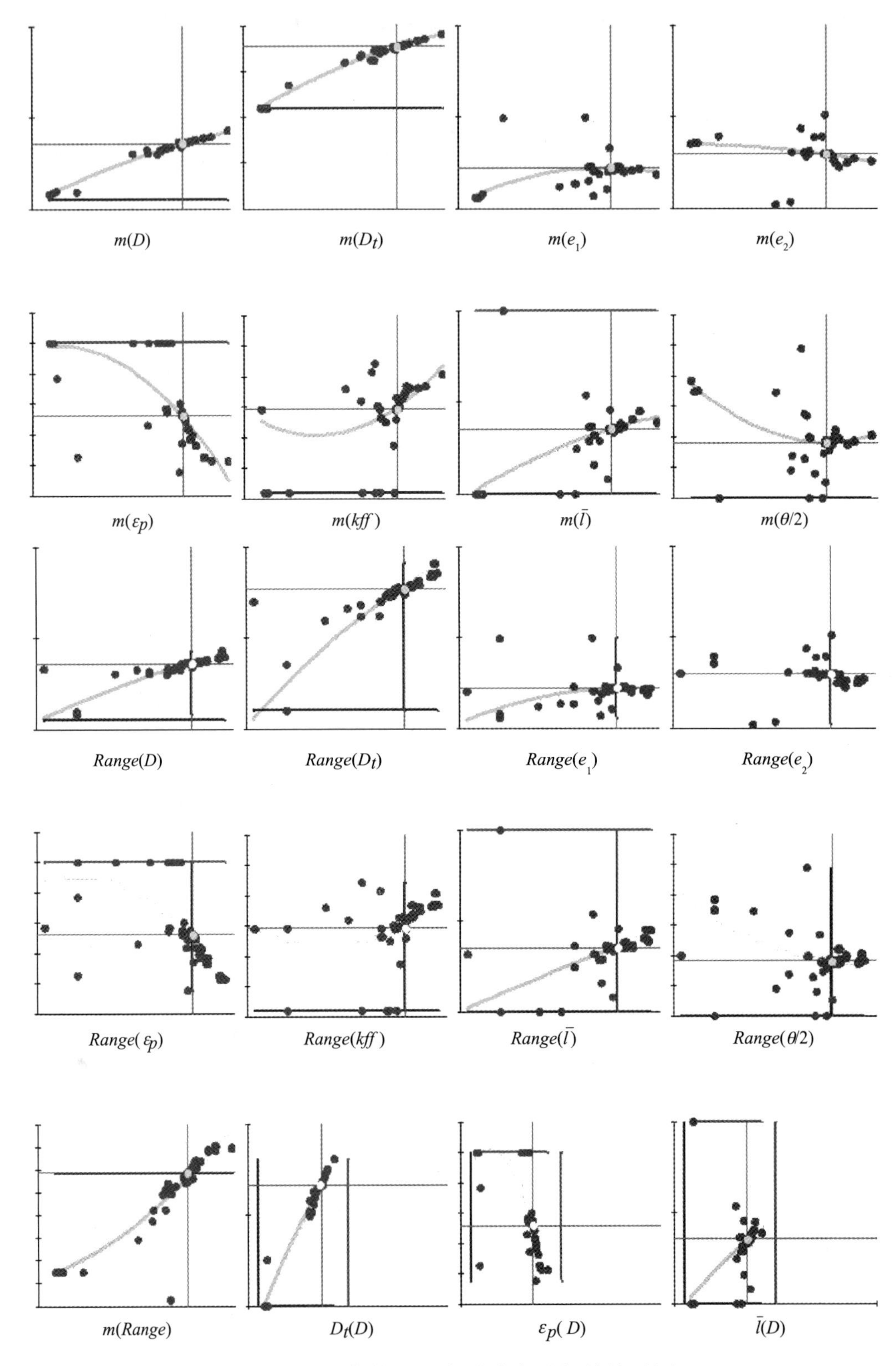

图 4－15　优化过程中设计变量相关关系图

表 4－5　第三次确定性优化方案可信航程结果对比

方法	基于优化加点 Kriging 的阈值不确定性分析方法	蒙特卡洛方法
概率 95%的可信航程	1 549.6 km	1 551.9 km
相对误差	1.48×10^{-3}	—
调用航程仿真次数	21+279	40 000
计算时间	35.4 min	95.3 h

表 4－5 验证了不确定性优化方案满足可信航程需求，在不确定性因素影响下航程频数分布直方图如图 4－16 所示。

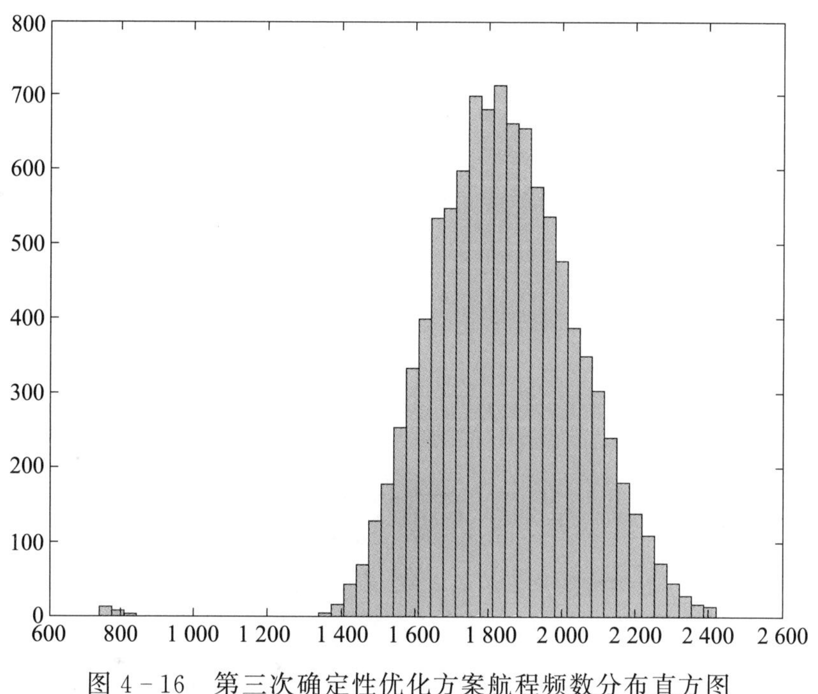

图 4－16　第三次确定性优化方案航程频数分布直方图

综上所述，在不确定性因素影响下，其起飞质量最小为 7 285.25 kg，标称最远航程为 1 833.9 km，可信航程为 1 549.6 km，满足概率约束、总体约束及动力约束要求。不确定性优化过程中最小起飞质量、标称航程及可信航程随确定性优化循环关系如图 4－17 所示。

在此基础上，考虑不确定性因素影响，采用基于优化加点 Kriging 的阈值不确定性分析方法针对每一条轨迹开展不确定性分析，给定航程性能可靠性为 95%，定义航程能够抵达区域的概率在 95%以上的区域为可信区域，给出可信区域与可达区域示意图如图 4－18 所示。

图 4－18 表明其纵程最远可信距离为 1 549.6 km，横程最远可信距离为

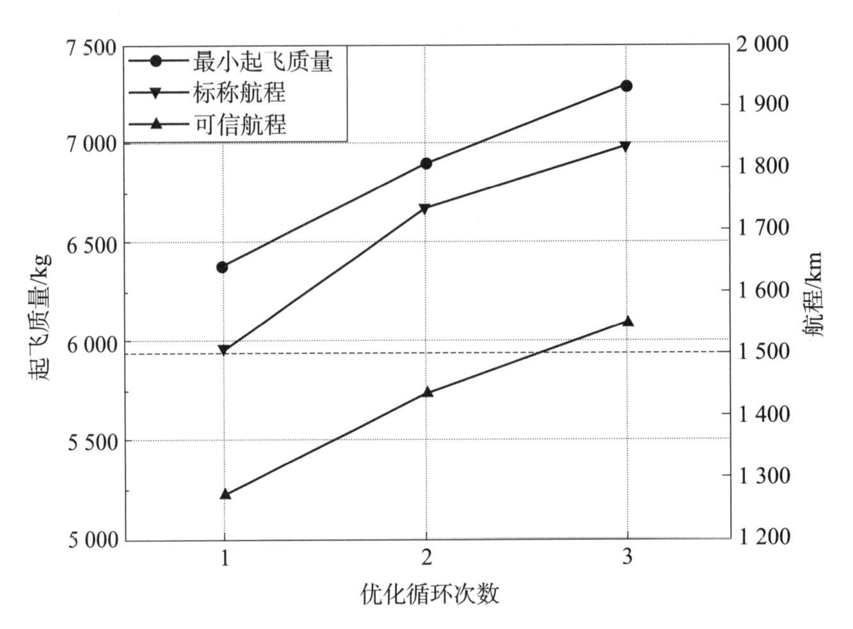

图 4-17　不确定性优化起飞质量-航程迭代图

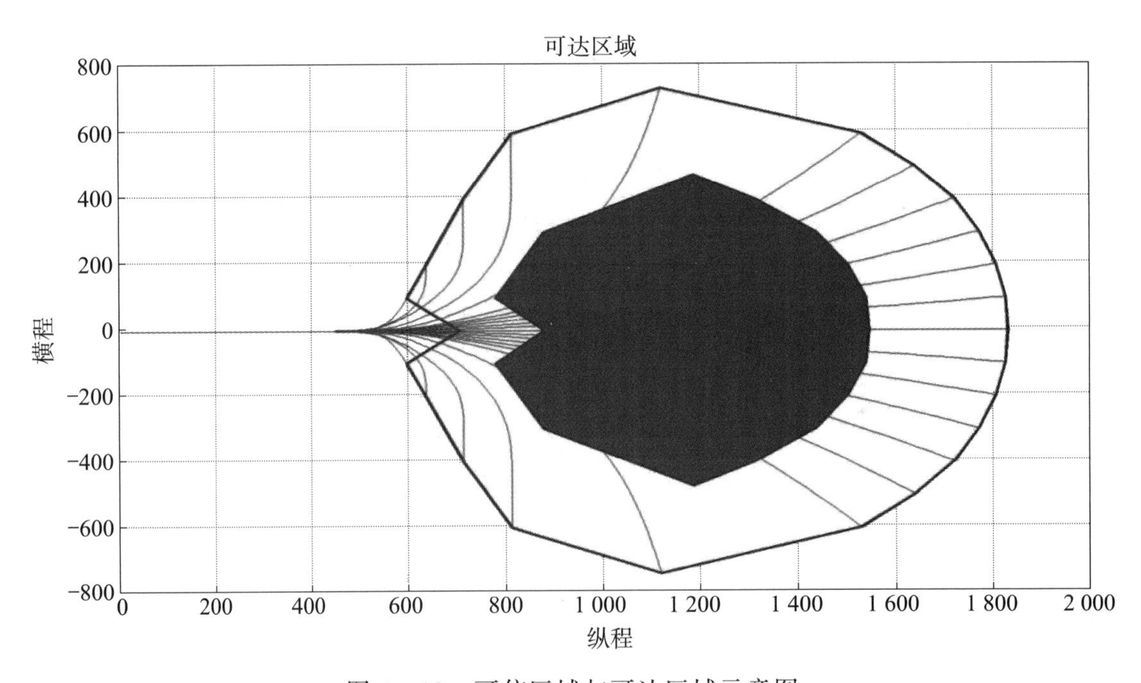

图 4-18　可信区域与可达区域示意图

474.7 km，图中可信区域的工程意义在于表征飞行器能够覆盖可信区域的概率不小于 95%；可达区域的工程意义在于表征飞行器能够覆盖可达区域的概率不小于 50%，且可信区域面积远远小于可达区域面积，表明对于飞行器而言，不确定性因素对飞行器性能影响显著，需要在方案阶段充分考虑不确定性因素影响，实现飞行器总体方案的精细化设计。

4.5　小结

本章在建立飞行器气动、动力、质量及轨迹规划模型基础上，考虑模型及输入不确定性因素影响，建立了不确定性优化模型，开展了飞行器总体方案不确定性优化设计，将双层嵌套不确定性优化问题解耦为确定性优化和不确定性分析两个子问题，在保证精度的前提下提高了不确定性优化的效率。

针对模型复杂导致确定性优化求解困难的难题，提出了飞行器确定性一体化分层优化策略，结合不同优化方法及轨迹规划模型，分层实现飞行器一体化优化设计。进而，采用基于裕度量化解耦策略的不确定性优化设计方法，迭代优化求解，直至满足飞行器可信航程需求，给出飞行器不确定性优化设计方案。

案例应用结果表明，该方法适用于飞行器总体方案不确定性优化问题，具有较高的效率，满足工程设计需求。与确定性优化方案相比，不确定性因素对飞行器性能影响显著，通过在方案阶段考虑不确定性因素影响，实现了飞行器总体方案的精细化设计，具有很好的工程适用性。

参考文献

[1] 祝学军，赵长见，张海瑞，等．助推滑翔式导弹总体设计［M］. 北京：中国宇航出版社，2016.

[2] 陈克俊，刘鲁华，孟云鹤．远程火箭飞行动力学与制导［M］. 北京：国防工业出版社，2014.

[3] 杨炳蔚．标准大气参数的公式表示［J］. 宇航学报，1983，1：83－86.

[4] PHILLIPS T H. A common aero vehicle（CAV）model，description，and employment guide［R］. Schafer Corporation for AFRL and AFSPC，2003.

[5] 聂万胜，冯必鸣，李柯．高速远程精确打击导弹方案设计方法与应用［M］. 北京：国防工业出版社，2014.

[6] 何麟书．弹道导弹和运载火箭设计［M］. 北京：北京航空航天大学出版社，2002.

[7] 王元友，等．固体火箭发动机设计［M］. 北京：国防工业出版社，1980.

[8] 鲍福廷，侯晓．固体火箭发动机设计［M］. 北京：中国宇航出版社，2016.

[9] 胡正东，唐雪梅．天基对地打击武器轨道规划与制导技术［M］. 北京：国防工业出版社，2014.

[10] 邱文杰，孟秀云．基于 hp 自适应伪谱法的导弹多阶段轨迹优化［J］. 北京理工大学学报，2017，37（4）：412－417.

[11] GILL P E，MURRAY W，SAUNDERS M A. SNOPT：an SQP algorithm for large scale constrained optimization［J］. SIAM Journal on Optimization，2002，12（4）：979－1006.

[12] 刘常青．基于概率偏差的战术导弹总体方案设计技术［D］. 长沙：国防科技大学，2011.

[13] 陈建江．面向飞航导弹的多学科稳健优化设计方法及应用［D］. 武汉：华中科技大学，2004.

[14] 夏青，蔡洪，张士峰．可靠性优化方法在飞航导弹多学科设计优化中的应用［J］. 弹箭与制导学报，2010，30（1）：40－42.

[15] 彭科，胡凡，张为华，等．序列近似优化方法及其在火箭外形快速设计中的应用［J］. 国防科技大学学报，2016，38（1）：129－136.

[16] 刘新建．导弹总体设计导论［M］. 北京：国防工业出版社，2017.

第5章　轨迹规划与制导不确定性分析与优化设计方法

飞行器总体设计过程中，精度要求决定了制导方案设计，而制导方案又与飞行轨迹规划密切相关。随着飞行器精度要求的提升和精导技术的进一步发展，轨迹规划和制导的耦合将更为紧密。本章主要介绍了轨迹规划与制导不确定性分析与优化设计方法，其目的是在考虑各种不确定性因素的前提下，实现飞行器轨迹规划、制导、飞行安全区精细化设计。

5.1　轨迹规划不确定性建模与分析方法

作为当前主流的飞行器之一，助推滑翔式飞行器的飞行速度快、力热环境恶劣、不确定性因素众多，全部滑翔过程需要满足严格的动压、过载、驻点热流密度等诸多非线性约束。滑翔段轨迹规划是高超声速飞行器设计关键技术，针对最优控制与轨迹优化问题，需要在求解描述运动轨迹的复杂非线性常微分方程组基础上，在非线性约束条件下优化给出最优控制函数并生成优化轨迹。

飞行器滑翔飞行时受到起始速度、速度倾角、轨迹高度等初始条件偏差，以及风扰、气动参数等不确定性因素影响，其滑翔段轨迹的航程、动压、过载以及驻点热流密度等性能参数也存在不确定性，具有性能超差的可能性。若在设计过程中忽视不确定性因素的影响，将可能导致防热失效、结构破坏，造成飞行任务失败。在高超声速飞行器总体设计中，为了综合评估滑翔飞行品质，需要考虑上述不确定性因素的影响，开展基于不确定性的滑翔轨迹规划研究。

传统轨迹规划在考虑不确定性因素时，往往利用偏差组合法或蒙特卡洛仿真法。偏差组合法对不确定性因素极限情况进行组合分析，对偏差组合设计点分别进行轨迹规划，寻找最恶劣工况条件下的轨迹，并分析该轨迹的过载、动压等性能参数。然而，该方法中极限偏差组合的选取取决于设计人员经验，由于覆盖条件有限，存在遗漏最恶劣工况的可能性。蒙特卡洛仿真法根据不确定性参数随机分布特性，生成一系列设计点，分别开展轨迹规划，其优点在于不确定性分析覆盖全面，能够建立最大航程、最大动压等性能参数的分布函数，给出精确的统计分析结果。但其庞大的计算量与高昂的仿真时间成本，成为制约高超声速飞行器总体方案设计快速迭代的重要因素。

PRABHAKAR 等[1]针对高超声速飞行器随机动态系统控制问题，提出了一种基于广义混沌多项式（generalized Polynomial Chaos，gPC）的方法，利用 Galerkin 投影根据动态系统常微分方程组推导了多项式系数求解公式。该方法是一种嵌入式方法，对于复杂轨迹常微分方程组难以推导显式求解公式，因此难以适用于复杂工程问题求解。HUANG 和 LI[2]针对考虑参数不确定性的火星降落轨迹规划问题，研究给出了一种结合非嵌入式混沌多项式（Non - intrusive Polynomial Chaos，NPC）与最可能失效点（Most Probable Point，MPP）搜寻的方法，前者将随机优化问题转化为确定性优化问题，后者用于求解约束条件可靠性问题。赫泰龙等[3]针对高超声速飞行器平稳滑翔轨迹扰动运动问题，对平稳滑翔动态方程进行了线性化，研究给出了伴随仿真方法，但该方法仅在小扰动假设条件下具有较高精度。

针对基于不确定性的高超声速飞行器滑翔段轨迹规划问题，建立了多约束滑翔段轨迹模型，提出了基于 Gauss 伪谱法与任意混沌多项式展开（arbitrary Polynomial Chaos，aPC）的不确定性轨迹规划方法，针对不确定性参数需要通过试验获取统计数据的情况，利用 aPC 构建参数的随机空间，并将随机系统投影到多项式空间。混沌多项式系数求解应用稀疏网格技术（Sparse Grid Method，SGM）生成配置点。针对各配置点的轨迹规划问题，采用 Gauss 伪谱法将状态变量和控制变量的时变函数在一系列 Gauss 点上离散，以离散点为节点构造 Largrange 插值多项式，通过对插值多项式求导来近似状态变量对时间的导数，从而将微分方程约束转换为一组代数约束。将最优控制问题转化为具有一系列代数约束的参数优化问题，也即非线性规划问题（NLP），并利用 SQP 等优化算法求解最优轨迹，获取 aPC 配置点的状态变量和控制变量时变函数，并据此计算时间离散点上多项式系数。基于上述建立的混沌多项式，可高效给出不确定性因素影响下的滑翔段飞行性能可靠性分析结果，为快速高效开展轨迹规划不确定性分析提供了技术支撑。

由于利用了随机参数的多阶矩信息，新方法适用于根据工程统计数据无法建立精确解析形式概率密度函数的随机参数的不确定性问题求解。同时，由于采用了稀疏网格技术生成配置点，新方法能够大幅减少复杂常微分方程组的调用数量，因此能够有效减少基于不确定性的滑翔段轨迹规划的仿真时间，为高超声速飞行器方案设计快速迭代提供支撑。

采用 Gauss 伪谱法快速生成滑翔段轨迹，对于参数不确定性利用 aPC 近似随机轨迹方程。Gauss 伪谱法属于直接法，其基本原理是将状态变量和控制变量在一系列 Gauss 点上离散，并以离散点为节点构造全局插值多项式在整个时间历程近似状态变量和控制变量。通过对全局插值多项式求导来近似动力学方程中状态变量对时间的导数，在一系列 Gauss 点上满足动力学方程右函数约束，从而将微分方程约束转换为一组代数约束。对于性能指标中的积分项由 Gauss 积分计算。终端状态由初始状态加右函数在整个过程的积分获得。经上述变换，可将最优控制问题转化为具有一系列代数约束的参数优化问题，即非线性规划问题（NLP），最后采用适当的约束非线性优化算法可求得数值最优解。

5.1.1　多约束条件下的滑翔段轨迹模型

高超声速飞行器在大气层内依靠气动力滑翔，滑翔段轨迹模型是时变的非线性系统，由非线性微分方程组来描述，轨迹过程约束包括动压约束、过载约束、热流约束。

滑翔飞行器为升力体，一般采用 BTT 转弯技术，可简化认为飞行中侧滑角保持为零。三自由度轨迹模型的位置参数由地心距 r 、经度 λ 和纬度 ϕ 三个参数描述，速度参数由速度倾角 θ 、速度偏角 σ 和速度大小 V 确定。

$$
\begin{cases}
\dot{V} = -\dfrac{D}{m} - g\sin\theta + w_e^{\,2} r\cos\phi(\sin\theta\cos\phi - \cos\theta\cos\sigma\sin\phi) \\
\dot{\theta} = \dfrac{L\cos v}{mV} + \left(\dfrac{V}{r} - \dfrac{g}{V}\right)\cos\theta + \dfrac{w_e^{\,2} r\cos\phi}{V}(\cos\theta\cos\phi + \sin\theta\cos\sigma\sin\phi) + 2w_e\cos\phi\sin\sigma \\
\dot{\sigma} = \dfrac{L\sin v}{mV\cos\theta} + \dfrac{V\cos\theta\sin\sigma\tan\phi}{r} + w_e^{\,2} r\,\dfrac{\sin\sigma\sin\phi\cos\phi}{V\cos\theta} - 2w_e(\cos\phi\tan\theta\cos\sigma - \sin\phi) \\
\dot{\phi} = \dfrac{V\cos\theta\cos\sigma}{r} \\
\dot{\lambda} = \dfrac{V\cos\theta\sin\sigma}{r\cos\phi} \\
\dot{r} = V\sin\theta
\end{cases}
\tag{5-1}
$$

式中，v 为侧倾角；w_e 为地球自转角速度，$w_e = 7.292 \times 10^{-5}$ rad/s ；L 、D 分别为气动升力和气动阻力，其表达式如下：

$$\begin{cases} L = \frac{1}{2}\rho V^2 S_{ref} C_L \\ D = \frac{1}{2}\rho V^2 S_{ref} C_D \end{cases} \tag{5-2}$$

式中，S_{ref} 为飞行器气动参考面积；C_L、C_D 分别为飞行器升力系数和阻力系数，一般情况下可将其视为飞行马赫数和攻角的函数；ρ 为大气密度，其随飞行高度的变化如下：

$$\rho = \rho_0 e^{(-H/altitude)} \tag{5-3}$$

式中，ρ_0 为海平面大气密度；$altitude$ 为标准参考高度；H 为相对海平面的高度。

滑翔段轨迹约束包含以下三点：

（1）动压约束

$$q = \frac{1}{2}\rho V^2 \leqslant q_{\max} \tag{5-4}$$

式中，$q_{\max}$ 为最大动压限制值。

（2）过载约束

$$n = \sqrt{\overline{L}^2 + \overline{D}^2} \leqslant n_{\max} \tag{5-5}$$

式中，$n_{\max}$ 为最大过载限制值；$\overline{L}$、$\overline{D}$ 分别为飞行器升力、阻力与重力的比值。

（3）热流约束

$$\dot{Q} = \frac{C_1}{\sqrt{R_d}}\left(\frac{\rho}{\rho_0}\right)^{n_q}\left(\frac{V}{V_c}\right)^{m_q} \leqslant \dot{Q}_{\max} \tag{5-6}$$

式中，$\dot{Q}$ 为驻点热流密度；R_d 为飞行器头部曲率半径；C_1 为与飞行器特性相关的常数；$V_c = \sqrt{g_0 R_e}$ ，g_0 是地球表面引力加速度，R_e 为地球半径；对于高超声速飞行器，一般取 $n_q = 0.5$，$m_q = 3$ 或 3.15。

5.1.2 基于 Gauss 伪谱法与 aPC 的不确定性轨迹规划方法

基于不确定性的滑翔段轨迹规划问题可表示为

$$\begin{cases} \min f(\boldsymbol{Y}(t, \boldsymbol{S}), \boldsymbol{X}(t), t, \boldsymbol{S}) \\ \dot{\boldsymbol{Y}}(t, \boldsymbol{S}) = F(\boldsymbol{Y}(t, \boldsymbol{S}), \boldsymbol{X}(t), t, \boldsymbol{S}) \\ \boldsymbol{C}(\boldsymbol{Y}(t, \boldsymbol{S}), \boldsymbol{X}(t), t, \boldsymbol{S}) \leqslant 0 \\ \boldsymbol{H}(\boldsymbol{Y}(t_0, \boldsymbol{S}), X(t_0), \boldsymbol{Y}(t_f, S), \boldsymbol{X}(t_f), t_f, \boldsymbol{S}) = 0 \end{cases} \tag{5-7}$$

式中，t 表示时刻；t_0 为初始时刻；t_f 为终止时刻；$\boldsymbol{S}$ 表示随机变量组成的向量；$\boldsymbol{Y}(t,\ \boldsymbol{S})$ 表示随机时变状态变量组成的向量；$\boldsymbol{X}(t)$ 表示时变控制变量组成的向量；$\boldsymbol{C}(\cdot)$ 表示轨迹约束组成的向量；$\boldsymbol{H}(\cdot)$ 表示边界约束组成的向量；$f(\cdot)$ 表示轨迹规划的目标函数，根据设计分析目标的不同，可选择不同的优化目标。选择终端航程作为优化目标，其形式如下：

$$\begin{aligned} f &= -L_S(t_f) \\ &= -R_0 \arccos(\sin\phi(t_0)\sin\phi(t_f) + \cos\phi(t_0)\cos\phi(t_f)\cos(\lambda(t_f) - \lambda(t_0))) \end{aligned} \tag{5-8}$$

以轨迹规划问题中的状态变量为例，给出基于 Gauss 伪谱法与 aPC 的不确定性轨迹规划实施思路。

利用 p 阶 aPC 模型近似随机时变状态变量 $Y(t,\ S)$，则

$$Y(t,S) \approx \sum_{i=0}^{P} b_i(t)\Phi_i(S) = \sum_{i=0}^{P} b_i(t)\prod_{j=1}^{d} P_j^{(\alpha j)} S_j \tag{5-9}$$

式中，$\Phi_i(S)$ 为由一维正交多项式 $P_j^{(\alpha j)} S_j$ 的张量积所生成的 d 维正交多项式；α_j^i 表示 1 维正交多项式 $P_j^{(\alpha j)} S_j$ 的阶数，并且满足 $0 \leqslant \sum_{j=1}^{d} \alpha_j^i \leqslant p$ ；$b_i(t)$ 为时刻 t 点的 d 维正交多项式系数，系数总数为 $P+1$，求解公式如下：

$$P + 1 = \frac{(d+p)!}{d!\ p!} \tag{5-10}$$

式（5－9）中第 j 个随机变量 S_j 的 1 维正交多项式 $P_j^{(\alpha_j^i)} S_j$ ，为了简化将其中的 α_j^i 替换为 k_j ，则

$$P_j^{(k_j)}(S_j) = \sum_{q=0}^{k_j} p_{q,j}^{(k_j)} S_j{}^q, j = 1,2,\cdots,d \tag{5-11}$$

式中，$p_{q,j}^{(k_j)}$ 是需要求解的多项式系数。

基于多项式正交性，则有：

$$\int_{s\in\Omega} P^{(k)} S P^{(l)}(S)\mathrm{d}\Gamma(S) = \delta_{kl}, \forall k, l = 0,1,\cdots,p \tag{5-12}$$

式中，δ_{kl} 为克罗内克函数（Kronecker delta）；Ω 表示原始随机空间；$\Gamma(S)$ 表示随机变量 S 的累积分布函数。

假设式（5－11）中的所有系数 $p_q^{(k)}$ 不为 0，则有 $P^{(0)} = p_0^{(0)}$ 。为了简化，每个 $P^{(k)}$ 最高阶次项的系数被设置为 $p_k^{(k)} = 1$，$\forall k$ 。根据式（5－12），则有

$$
\begin{cases}
\int_{s\in\Omega} p_0^{(0)}\left[\sum_{q=0}^{k} p_q^{(k)} S^q\right] \mathrm{d}\Gamma(S)=0 \\
\int_{s\in\Omega}\left[\sum_{q=0}^{1} p_q^{(1)} S^q\right]\left[\sum_{q=0}^{k} p_q^{(k)} S^q\right] \mathrm{d}\Gamma(S)=0 \\
\cdots \\
\int_{s\in\Omega}\left[\sum_{q=0}^{k-1} p_q^{(k-1)} S^q\right]\left[\sum_{q=0}^{k} p_q^{(k)} S^q\right] \mathrm{d}\Gamma(S)=0
\end{cases} \tag{5-13}
$$

式（5－13）中共有 k 个方程，将式（5－13）中的第一个方程代入第二个方程中，接下来将第一个和第二个方程代入第三个方程中，以此类推，可以推导出如下方程组：

$$
\begin{cases}
\int_{s\in\Omega}\sum_{q=0}^{k} p_q^{(k)} S^q \mathrm{d}\Gamma(S)=0 \\
\int_{s\in\Omega}\sum_{q=0}^{k} p_q^{(k)} S^{q+1} \mathrm{d}\Gamma(S)=0 \\
\cdots \\
\int_{s\in\Omega}\sum_{q=0}^{k} p_q^{(k)} S^{q+k-1} \mathrm{d}\Gamma(S)=0
\end{cases} \tag{5-14}
$$

可以看出 $\int_{x\in\Omega} X^k \mathrm{d}\Gamma(X)$ 是第 k 阶统计矩，$\int_{x\in\Omega} X^k \mathrm{d}\Gamma(X)=\mu_k$ ，因此上式可以表示为

$$
\begin{pmatrix}
\mu_0 & \mu_1 & \cdots & \mu_k \\
\vdots & \vdots & \vdots & \vdots \\
\mu_{k-1} & \mu_k & \cdots & \mu_{2k-1} \\
0 & 0 & \cdots & 1
\end{pmatrix}
\begin{pmatrix}
p_0^{(k)} \\ p_1^{(k)} \\ \vdots \\ p_k^{(k)}
\end{pmatrix}
=
\begin{pmatrix}
0 \\ 0 \\ \vdots \\ 1
\end{pmatrix} \tag{5-15}
$$

式中，$\mu_i(i=0,\ 1,\ \cdots,\ 2k-1)$ 是 x 的第 i 阶统计矩，能够由统计数据计算给出或者由概率密度函数积分给出。根据式（5－15）能够求解一维正交多项式基底的多项式系数。

为解决传统 PCE 方法在求解高维问题时面临的“维数灾难”问题，提出采用稀疏网格数值积分方法，通过将直接张量积分解为各子张量积，并对其进行特殊的线性加权组合，大幅减少了积分点的数目。

利用稀疏网格数值积分方法，计算给出配置点和相应的权值，之后将配置

点作为样本，利用Gauss伪谱法轨迹规划输出的响应值。最后，利用式（5-16）求解式（5-9），给出轨迹规划PCE系数。

在式（5-16）中，$q=k+d$，d 表示随机变量的维数，k 值越大，说明精度越高；l_{i_j} 和 w_{i_j} 分别表示第 j 个配置点的一维节点及其权重；i_1，…，i_d 表示各维随机变量的指数，称为多指数，它们均为正整数，决定了各维随机变量所配置的节点数目；$|i|$ 表示这些多指数的和，$|i|=i_1+\cdots+i_d$；不等式 $q-d+1\leqslant|i|\leqslant q$ 将多指数的核限制在一定的区间，基于该不等式可以找到所有满足该条件的多指数组合。

基于DD-PCE与伪谱法的不确定性轨迹规划方法的实施流程如图5-1所示。

步骤1：建立飞行器滑翔段轨迹模型。

步骤2：梳理滑翔段不确定性因素清单，确定PCE模型的维度 d。

步骤3：确定PCE模型的阶数 p。利用式（5-10）计算正交多项式系数总数。

步骤4：利用式（5-9）构建滑翔段轨迹规划的PCE模型。

步骤5：根据滑行段相关的不确定性因素的统计数据或者概率分布，采用稀疏网格数值积分方法生成配置点。

步骤6：以配置点为样本，输入滑翔段轨迹模型中，利用Gauss伪谱法求解式（5-7），开展轨迹规划，给出各配置点的最大航程、最大动压、最大过载、最大热流等响应值。

步骤7：根据各配置点的响应值，利用式（5-15）求解一维正交多项式基底的多项式系数。

步骤8：求解PCE系数，完成滑行轨迹PCE模型的构建。

步骤9：基于滑行轨迹PCE模型，开展蒙特卡洛分析，计算各响应值的概率特性。

步骤10：若首次建立PCE，则提高PCE模型的阶数 $p+1$，返回步骤4继续进行；否则，对比上一循环中低阶PCE的概率特性，判断两者误差是否小于规定值 ε，若小于 ε，则收敛，若大于 ε，则提高PCE模型的阶数 $p+1$，返回步骤4继续开展，直至精度满足要求。

步骤11：输出最高阶次PCE的响应值概率特性，作为滑行轨迹不确定性分析结果。

$$
\begin{aligned}
E\left[y\Phi_i(\boldsymbol{X})\right] &= E\left[Z(\boldsymbol{X})\right] \\
&\approx \sum_{q-d+1\leqslant|i|\leqslant q}(-1)^{q-|i|}\binom{d-1}{q-|i|}(w_{i_1}\cdots w_{i_j}\cdots w_{i_d})Z(l_{i_1},\cdots,l_{i_j},\cdots,l_{i_d})
\end{aligned}
\tag{5-16}
$$

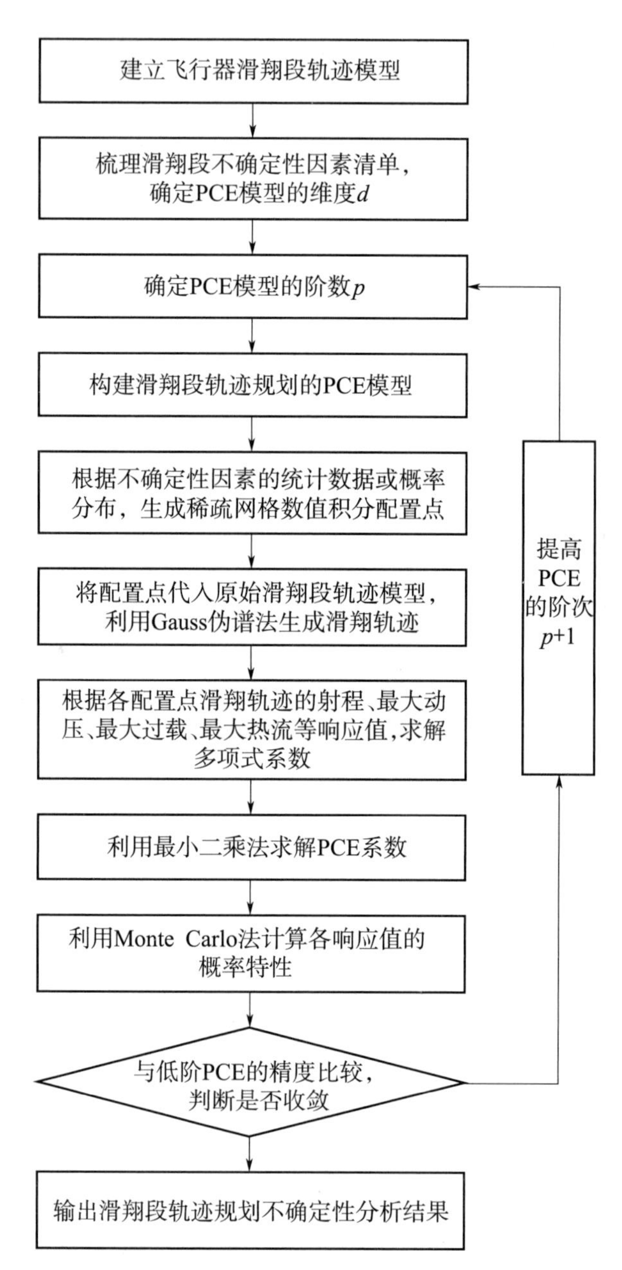

图 5-1　滑翔飞行器轨迹不确定性建模与分析实施流程

5.2　基于不确定性的飞行器末制导初始参数优化设计方法

飞行器进入末制导阶段的初始参数，即末制导交班点的状态参数，是影响飞行器任务效果的关键因素之一，不同的末制导初始参数可能会导致不同的轨迹成型及落点分布。在实际飞行过程中，飞行器末制导初始参数，即末制导初始位置、初始速度、初始轨迹倾角及初始航向角等，受到诸多不确定性因素的影响，往往表现出一定的不准确性或者波动性[7]，进而影响飞行器轨迹成型及落点分布。因而，有必要考虑飞行器末制导初始参数不确定性的影响，开展基于不确定性的末制导初始参数优化设计研究。

精确制导飞行器在制导律等方面做了大量的研究[8-9]，而对不确定性影响下初始参数优化设计的研究较少。常规飞行器在再入过程中全程采用末制导律，既有利于导引头工作，实现转末制导的平滑交接，又可克服再入过程的各种干扰。而对于新型临近空间飞行器来说，其一般采用中段制导＋末制导方案，其末制导交班点的选择以及初始参数的波动性将会对末制导精度带来影响。针对末制导初始参数不确定性的影响，通常采用蒙特卡洛方法对某一组初始参数方案进行随机模拟试验，经统计满足落点圆概率偏差（CEP）要求即可，而未能实现飞行器末制导初始参数的优化设计以及落点精度的提升。针对这一问题，给出了一种基于不确定性的末制导初始参数优化设计方法，利用高效全局优化和蒙特卡洛方法给出末制导初始参数及其制导律参数的最优设计方案。

5.2.1　落角约束滑模变结构导引律

滑模变结构控制系统具备较强的抗干扰和抗参数摄动特性，可以提高制导系统的适应性和稳健性，因此末制导采用落角约束下的滑模变结构导引律。在末制导打击过程中，飞行器的相对运动可以分解为俯冲平面运动和转弯平面运动两类，如图 5－2 所示，固定目标点位于坐标系原点 O，$Oxyz$ 为目标点惯性坐标系，$Ox_sy_sz_s$ 为视线坐标系。定义目标点与飞行器的连线 OM 为视线，由视线方位角 λ_T 和视线高低角 λ_D 确定。

根据俯冲平面的几何关系可知：

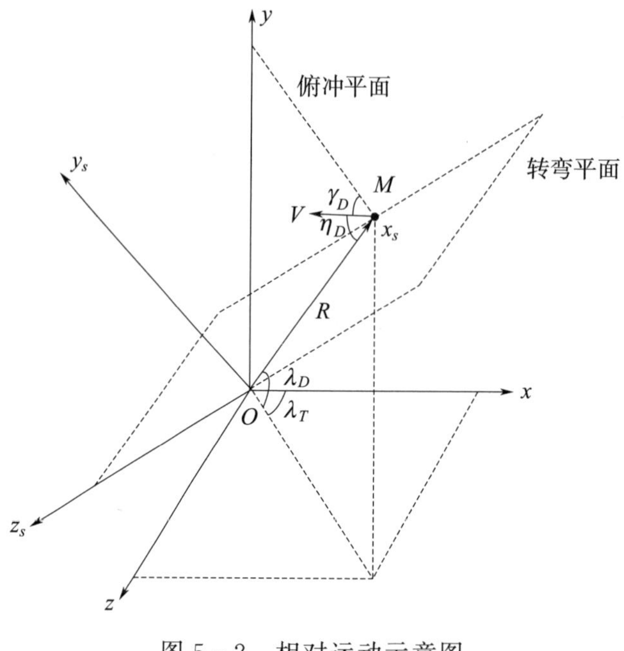

图 5－2　相对运动示意图

$$\begin{cases}\eta_D = \lambda_D + \gamma_D \\ \bar{R} = -V\cos\eta_D \\ R\bar{\lambda}_D = V\sin\eta_D\end{cases} \tag{5-17}$$

式中，$\gamma_D(\gamma_D < 0)$ 为速度矢量在俯冲平面的投影与当地水平面的夹角；η_D 为速度矢量在俯冲平面的投影与视线之间的夹角；R 为相对距离；$\bar{R}$ 为相对接近速度；$\bar{\lambda}_D$ 为俯冲平面内的视线角速度。

采用落角约束的滑模变结构导引律作为俯冲平面的导引控制律，为保证较好的任务效果，终端落角约束为 $-\pi/2\mathrm{rad}$；采用比例导引作为转弯平面的导引控制律，故俯冲平面和转弯平面的导引控制律为[10,11]

$$\begin{cases}\dot{\gamma}_T = K_T\dot{\lambda}_T\cos\lambda_D \\ \dot{\gamma}_D = K_1\dot{\lambda}_D + K_2\dfrac{\dot{R}}{R}(\lambda_D + \gamma_{Df})\dfrac{S_D}{|S_D| + \delta} \\ S_D = \dot{\lambda}_D + K_D(\lambda_D + \gamma_{Df})\end{cases} \tag{5-18}$$

式中，K_D 为滑模控制系数；K_1，K_2 为控制参数；K_T 为转弯平面导引控制参数；S_D 为滑模开关函数；δ 为微小量，取为 0.01；γ_{Df} 为终端时刻期望的轨迹倾角，取为 $-\pi/2\mathrm{rad}$ 。$\dot{\gamma}_T$ 为转弯平面内的方位角速度，$\dot{\lambda}_T$ 为转弯平面内的视线角速度。

5.2.2　初始参数优化模型

在末制导高动态打击过程中，假设飞行器的控制变量为攻角 α 和倾斜角 φ ，同时忽略地球自转的影响，则飞行器的三自由度动力学方程组可由 6 个状态量和 2 个控制量表示为如下形式：

$$\begin{cases}\dfrac{\mathrm{d}v}{\mathrm{d}t}=-\dfrac{D}{m}-g\sin\gamma\\ \dfrac{\mathrm{d}\theta}{\mathrm{d}t}=\dfrac{L\cos\varphi}{mv}-\dfrac{g\cos\theta}{v}\\ \dfrac{\mathrm{d}\psi}{\mathrm{d}t}=\dfrac{L\sin\varphi}{mv\cos\theta}\\ \dfrac{\mathrm{d}x}{\mathrm{d}t}=v\cos\theta\cos\psi\\ \dfrac{\mathrm{d}y}{\mathrm{d}t}=v\sin\theta\\ \dfrac{\mathrm{d}z}{\mathrm{d}t}=-v\cos\theta\sin\psi\end{cases} \tag{5-19}$$

式中，θ 为当地轨迹倾角；ψ 为航向角；D 为阻力；L 为升力；g 为重力加速度。根据 $\dot{\theta}$，$\dot{\psi}$ 和 $\dot{\gamma}_D$，$\dot{\gamma}_T$ 两者的转换关系

$$\begin{pmatrix}\dot{\gamma}_S\\ \dot{\gamma}_T\\ \dot{\gamma}_D\end{pmatrix}=\begin{pmatrix}\cos\lambda_D\cos\lambda_T & \sin\lambda_D & -\cos\lambda_D\sin\lambda_T\\ -\sin\lambda_D\cos\lambda_T & \cos\lambda_D & \sin\lambda_D\sin\lambda_T\\ \sin\lambda_T & 0 & \cos\lambda_T\end{pmatrix}\begin{pmatrix}-\dot{\theta}\sin\psi\\ \dot{\psi}\\ -\dot{\theta}\cos\psi\end{pmatrix} \tag{5-20}$$

进而给出轨迹倾角和航向角的控制律

$$\begin{cases}\dot{\theta}=-\dot{\gamma}_D/\cos(\lambda_T-\psi)\\ \dot{\psi}=[\dot{\gamma}_T-\dot{\gamma}_D\tan(\lambda_T-\psi)\sin\lambda_D]/\cos\lambda_D\end{cases} \tag{5-21}$$

给定末制导初始参数，利用落角约束的滑模变结构导引律及轨迹动力学方程进行轨迹成型。初始参数及制导律参数的选取直接影响了飞行器能否命中目标。在实际末制导交接班过程中，其状态参数受到诸多不确定性因素的影响，往往存在一定的波动性，假设末制导初始状态参数在设计参数附近服从正态分布，即

$$\begin{cases} v \sim N(\mu_v, \sigma_v^2), \theta \sim N(\mu_\theta, \sigma_\theta^2), \psi \sim N(\mu_\psi, \sigma_\psi^2) \\ x \sim N(\mu_x, \sigma_x^2), y \sim N(\mu_y, \sigma_y^2), z \sim N(\mu_z, \sigma_z^2) \end{cases} \tag{5-22}$$

式中，μ 为末制导初始设计标称参数；σ^2 为不确定性因素导致的方差。在某一组初始状态参数（v^*，θ^*，ψ^*，x^*，y^*，z^*）及给定制导律控制参数 K_1，K_2 条件下，落点距离固定目标点的距离定义为 $R(v^*, \theta^*, \psi^*, x^*, y^*, z^*, K_1, K_2)$，进而在不确定性因素影响下，初始设计参数及制导律参数的优化模型可表示为

$$\begin{cases} \min \quad f_1 \Pr\{R(v^*, \theta^*, \psi^*, x^*, y^*, z^*, K_1, K_2) > R_e\} + \\ \qquad f_2 \mathrm{CEP}(v^*, \theta^*, \psi^*, x^*, y^*, z^*, K_1, K_2) \\ \mu_{v\min} \leqslant \mu_v \leqslant \mu_{v\max}, \mu_{\theta\min} \leqslant \mu_\theta \leqslant \mu_{\theta\max} \\ \mu_{x\min} \leqslant \mu_x \leqslant \mu_{x\max}, \mu_{y\min} \leqslant \mu_y \leqslant \mu_{y\max} \\ K_{1\min} \leqslant K_1 \leqslant K_{1\max}, K_{2\min} \leqslant K_2 \leqslant K_{2\max} \\ v^* \sim N(\mu_v, \sigma_v^2), \theta^* \sim N(\mu_\theta, \sigma_\theta^2), \psi^* \sim N(\hat{\mu}_\psi, \sigma_\psi^2) \\ x^* \sim N(\mu_x, \sigma_x^2), y^* \sim N(\mu_y, \sigma_y^2), z^* \sim N(\hat{\mu}_z, \sigma_z^2) \end{cases} \tag{5-23}$$

式中，μ_v，μ_θ，μ_x，μ_y 为设计变量标称参数；K_1，K_2 为制导律控制参数；$\Pr(\cdot)$ 为某一区域的概率；$\mathrm{CEP}(\cdot)$ 为落点的圆概率偏差；R_e 为有效任务半径；$v^*, \theta^*, \psi^*, x^*, y^*, z^*$ 为初始参数的某一实现。$\Pr\{R(v^*, \theta^*, \psi^*, x^*, y^*, z^*, K_1, K_2) > R_e\}$ 是在某一组初始状态参数及给定制导律控制参数条件下，落点在有效任务半径之外的概率，概率越小则表明当前初始状态参数及制导律参数的任务成功概率越大，作为表征任务效果的评估指标。$\mathrm{CEP}(v^*, \theta^*, \psi^*, x^*, y^*, z^*, K_1, K_2)$ 是在某一组初始状态参数及给定制导律控制参数条件下的圆概率偏差，CEP 越小则表明当前初始状态参数及制导律参数的落点精度越高，作为表征落点精度的评估指标。f_1 和 f_2 是多目标优化函数的权重，通过将多目标的加权和作为新的目标函数，以此衡量不同目标的重要程度。上述优化模型旨在通过考虑末制导初始状态参数不确定性影响，在初始参数设计空间及制导律控制参数设计空间中追求飞行器落点在有效任务半径概率较大，圆概率偏差较小的最优设计参数，进而为方案设计阶段末制导交接点的选取提供决策支持。在方案设计阶段假设末制导初始航向角均值 $\hat{\mu}_\psi$ 取为 $-\pi$，初始横程均值 $\hat{\mu}_z$ 取为 0，构建了飞行器末制导初始参数优化模型，实现初始参数及制导律参数的综合优化。

5.2.3 高效全局优化

针对初始设计参数及制导律参数的优化模型，利用蒙特卡洛方法计算落点在有效任务半径的概率，若采用传统优化方法求解优化模型，调用轨迹成型模型的次数将会急剧增加，导致求解效率较低，难以满足快速设计迭代的工程需求。针对这一问题，采用高效全局优化（Efficient Global Optimization，EGO）方法[12,13]求解该概率优化问题。作为序列近似优化方法之一，EGO 方法[14]结合了全局优化算法与代理模型的特点，具有很高的效率和精度，其关键在于求解期望改善函数 EIF（Expected Improvement Function）。

在优化设计空间中选取一定数量的训练样本点，记为训练样本点集 $\widetilde{\boldsymbol{x}}=(\widetilde{\boldsymbol{\mu}}_x, \widetilde{\boldsymbol{\mu}}_y, \widetilde{\boldsymbol{\mu}}_v, \widetilde{\boldsymbol{\mu}}_\theta, \widetilde{\boldsymbol{K}}_1, \widetilde{\boldsymbol{K}}_2)$，利用蒙特卡洛方法分别求解不同初始参数方案落点在有效任务半径之外的概率 $P_f(\widetilde{\boldsymbol{x}})$ 以及落点的圆概率偏差 $\mathrm{CEP}(\widetilde{\boldsymbol{x}})$。由于概率 $P_f(\widetilde{\boldsymbol{x}})$ 仅在 0 和 1 之间，为避免代理模型预测概率超出可行范围，将落点在有效任务半径之外的概率转化为其对应分位点的形式，故优化模型的目标函数表述为

$$\boldsymbol{\beta}=f_1\Phi^{-1}(P_f(\widetilde{\boldsymbol{x}}))+f_2\mathrm{CEP}(\widetilde{\boldsymbol{x}}) \tag{5-24}$$

式中，$\Phi(\cdot)$ 为标准正态概率分布函数。记飞行器末制导初始参数及制导律参数为 $\boldsymbol{X}=(\boldsymbol{\mu}_x, \boldsymbol{\mu}_y, \boldsymbol{\mu}_v, \boldsymbol{\mu}_\theta, \boldsymbol{K}_1, \boldsymbol{K}_2)$，结合轨迹动力学模型的特点，采用二阶多项式回归模型，利用 Kriging 代理模型将优化模型的目标函数表达为

$$\hat{\boldsymbol{\beta}}(\boldsymbol{X})=\boldsymbol{f}^{\mathrm{T}}(\boldsymbol{X})\boldsymbol{\eta}+\boldsymbol{z}(\boldsymbol{X}) \tag{5-25}$$

式中，$\boldsymbol{f}(\boldsymbol{X})$ 为回归函数；$\boldsymbol{\eta}$ 为回归系数；$\boldsymbol{z}(\boldsymbol{X})$ 为高斯修正过程，根据 Kriging 代理模型的特点，Kriging 模型对于未知点 X 的预测目标值服从高斯分布：

$$\hat{\boldsymbol{\beta}}(\boldsymbol{X})\sim N[\boldsymbol{\mu}_{\hat{\beta}}(\boldsymbol{X}),\boldsymbol{\sigma}_{\hat{\beta}}^2(\boldsymbol{X})] \tag{5-26}$$

式中，均值 $\mu_{\hat{\beta}}(\boldsymbol{X})$ 和方差 $\sigma_{\hat{\beta}}^2(\boldsymbol{X})$ 可由下式计算[11]：

$$\begin{aligned}\mu_{\hat{\beta}}(\boldsymbol{X})&=\boldsymbol{f}^{\mathrm{T}}(\boldsymbol{X})\hat{\eta}+\boldsymbol{r}^{\mathrm{T}}(\boldsymbol{X})\boldsymbol{R}^{-1}(\boldsymbol{\beta}-\boldsymbol{F}\hat{\eta})\\ \sigma_{\hat{\beta}}^2(\boldsymbol{X})&=\sigma^2-(\boldsymbol{f}^{\mathrm{T}}(\boldsymbol{X}))\begin{pmatrix}\boldsymbol{0} & \boldsymbol{F}^{\mathrm{T}}\\ \boldsymbol{F} & \boldsymbol{R}\end{pmatrix}^{-1}\begin{pmatrix}\boldsymbol{f}(\boldsymbol{X})\\ \boldsymbol{r}(\boldsymbol{X})\end{pmatrix}\end{aligned} \tag{5-27}$$

式中，$\boldsymbol{F}$ 是 $\boldsymbol{f}(\boldsymbol{X})$ 的向量；$\boldsymbol{r}(\boldsymbol{X})=(R(\boldsymbol{X}, \widetilde{\boldsymbol{x}}_1), \cdots, R(\boldsymbol{X}, \widetilde{\boldsymbol{x}}_N))$ 是未知点 X 和当前训练样本点集 $\widetilde{\boldsymbol{X}}$ 之间的相关函数向量；$\boldsymbol{R}$ 为相关矩阵。

当前训练点集 $\widetilde{\boldsymbol{X}}$ 中的最优设计方案记为 $\boldsymbol{X}^*$，其对应的目标值为 $\beta(\boldsymbol{X}^*)$。针对某一未知设计方案 $\boldsymbol{X}$，Kriging 模型提供了一个预测目标值 $\hat{\beta}(\boldsymbol{X})$，由于

$\hat{\beta}(\boldsymbol{X})$ 并非 $\beta(\boldsymbol{X})$ 的真实值，故 $\hat{\beta}(\boldsymbol{X})$ 存在低于 $\beta(\boldsymbol{X}^*)$ 的可能，定义如下指标度量这种可能。

$$R(\boldsymbol{X})=\max(\beta(\boldsymbol{X}^*)-\hat{\beta}(\boldsymbol{X}),0) \tag{5-28}$$

式中，$R(\boldsymbol{X})$ 越大，则未知方案 $\boldsymbol{X}$ 的真实目标值 $\beta(\boldsymbol{X})$ 优于 $\beta(\boldsymbol{X}^*)$ 的可能性越大。由于 $\hat{\beta}(\boldsymbol{X})$ 是随机变量，$R(\boldsymbol{X})$ 也是随机变量，定义 $R(\boldsymbol{X})$ 的概率平均为期望改善函数：

$$EI(\boldsymbol{X})\equiv E(R(\boldsymbol{X}))=\int_{-\infty}^{\infty}R(\boldsymbol{X})f(R(\boldsymbol{X}))\,\mathrm{d}R \tag{5-29}$$

式中，$E(\cdot)$ 为函数的期望；$f(\cdot)$ 为函数的概率密度函数。进一步，对预测目标值 $\hat{\beta}(\boldsymbol{X})$ 的分布进行积分，期望改善函数可以表示为

$$EI(\boldsymbol{X})=\int_{-\infty}^{\beta(\boldsymbol{X}^*)}(\beta(\boldsymbol{X}^*)-\beta(\boldsymbol{X}))f(\hat{\beta}(\boldsymbol{X}))\,\mathrm{d}\beta \tag{5-30}$$

式中，$\beta(\cdot)$ 为代理模型 $\hat{\beta}(\boldsymbol{X})$ 的某一实现。进而，利用 Kriging 预测值 $\hat{\beta}(\boldsymbol{X})$ 服从高斯分布的特性，推导期望改善函数为

$$\begin{aligned}EI(\boldsymbol{X})&=\int_{-\infty}^{\beta(\boldsymbol{X}^*)}(\beta(\boldsymbol{X}^*)-\beta(\boldsymbol{X}))\,\phi\left(\frac{\beta(\boldsymbol{X}^*)-\mu_{\hat{\beta}}(\boldsymbol{X})}{\sigma_{\hat{\beta}}(\boldsymbol{X})}\right)\mathrm{d}\beta\\&=(\beta(\boldsymbol{X}^*)-\mu_{\hat{\beta}}(\boldsymbol{X}))\,\Phi\left(\frac{\beta(\boldsymbol{X}^*)-\mu_{\hat{\beta}}(\boldsymbol{X})}{\sigma_{\hat{\beta}}(\boldsymbol{X})}\right)+\\&\quad\ \sigma_{\hat{\beta}}(\boldsymbol{X})\phi\left(\frac{\beta(\boldsymbol{X}^*)-\mu_{\hat{\beta}}(\boldsymbol{X})}{\sigma_{\hat{\beta}}(\boldsymbol{X})}\right)\end{aligned} \tag{5-31}$$

式中，$\Phi(\cdot)$ 为标准正态概率分布函数；$\phi(\cdot)$ 为标准正态概率密度函数。期望改善函数的第一项为当前训练样本点集 $\widetilde{\boldsymbol{X}}$ 中最小值 $\beta(\boldsymbol{X}^*)$ 与点 $\boldsymbol{X}$ 的预测目标值均值 $\mu_{\hat{\beta}}(\boldsymbol{X})$ 之间的差值，若预测目标值均值 $\mu_{\hat{\beta}}(\boldsymbol{X})$ 小于当前最优值 $\beta(\boldsymbol{X}^*)$，此时期望改善函数较大；第二项，当预测点 $\boldsymbol{X}$ 具有较大的不确定性时，其预测均方根 $\sigma_{\hat{\beta}}(\boldsymbol{X})$ 较大，此时期望改善函数较大。进而，采用全局优化算法 DIRECT 作为优化求解器，利用代理模型在设计空间中搜索期望改善函数最大的点作为新增训练点，序贯加点，直至期望改善函数的最大值小于给定阈值 ε，判定收敛。

5.2.4 案例应用

以某 CAV 构型开展飞行器末制导初始参数优化设计，飞行器质量为

907.18 kg，气动参考面积为 0.483 87 m^2，飞行器有效任务半径 R_e 为 5 m。计算过程中滑模变结构控制参数 $K_D=3$，$K_T=3$，轨迹成型计算中，控制量约束：$-20° \leqslant \alpha \leqslant 30°$，$-60° \leqslant \varphi \leqslant 60°$。考虑到末制导初始参数存在一定的不确定性，假设各个初始状态误差服从正态分布，则飞行器优化设计空间及不确定性因素标准差见表 5-1，权重因子取为 $f_1=f_2=0.5$。

表 5-1　飞行器末制导优化设计空间及初始参数标准差

优化设计空间	下界	上界	不确定性因素标准差	标准差 σ
初始纵程均值 μ_x	35 000 m	45 000 m	初始纵程标准差 σ_x	500 m
初始高程均值 μ_y	25 000 m	32 000 m	初始高程标准差 σ_y	200 m
初始速度均值 μ_v	1200m/s	2500m/s	初始横程标准差 σ_z	100 m
初始轨迹倾角均值 μ_θ	−30°	−10°	初始速度标准差 σ_v	100 m/s
制导律控制参数 K_1	−10	−2	初始轨迹倾角标准差 σ_θ	0.3°
制导律控制参数 K_2	−3	3	初始航向角标准差 σ_ψ	2°

高效全局优化初始阶段采用全因子采样方案对初始参数设计空间进行等密度采样，从而构建初始代理模型。结合蒙特卡洛方法完成飞行器末制导初始参数优化设计，通过 448 次序贯加点，高效全局优化方法达到收敛条件，收敛过程如图 5-3 所示。从整体趋势而言，随着迭代次数的增加，EIF 函数逐渐减小且最终收敛，收敛阈值 ε 取为 1×10^{-4}。在收敛过程中，存在多处突变的“跳点”如图 5-3 所示，这些“跳点”期望改善函数第二项的贡献远大于第一项的贡献，即此时的“跳点”具有较大的不确定性，从而探索未知设计空间，避免陷入局部最优。

优化前飞行器末制导初始参数及制导律控制参数选取 $\mu_x=40\ 000$ m，$\mu_y=30\ 000$ m，$\mu_v=1\ 800$ m/s，$\mu_\theta=-21°$，$K_1=-5$，$K_2=-2$，利用蒙特卡洛方法完成优化前初始参数及制导律参数的落点分布仿真，经过 5 000 次随机试验，落点分布如图 5-4 所示，此时飞行器落点在有效任务半径 R_e 内的概率为 75.48%，圆概率偏差 CEP 精度为 4.12 m。

优化后飞行器末制导初始参数及制导律控制参数选取为 $\mu_x^*=35\ 000$ m，$\mu_y^*=32\ 000$ m，$\mu_v^*=1\ 200$ m/s，$\mu_\theta^*=-29°$，$K_1^*=-2.73$，$K_2^*=-0.92$，利用蒙特卡洛方法完成优化后初始参数落点分布仿真，经过 5 000 次随机试验后，落点分布如图 5-5 所示，此时飞行器落点在有效任务半径内的概率达到了 100%，圆概率偏差 CEP 精度达到了 0.32 m，显著提升了飞行器落点的精

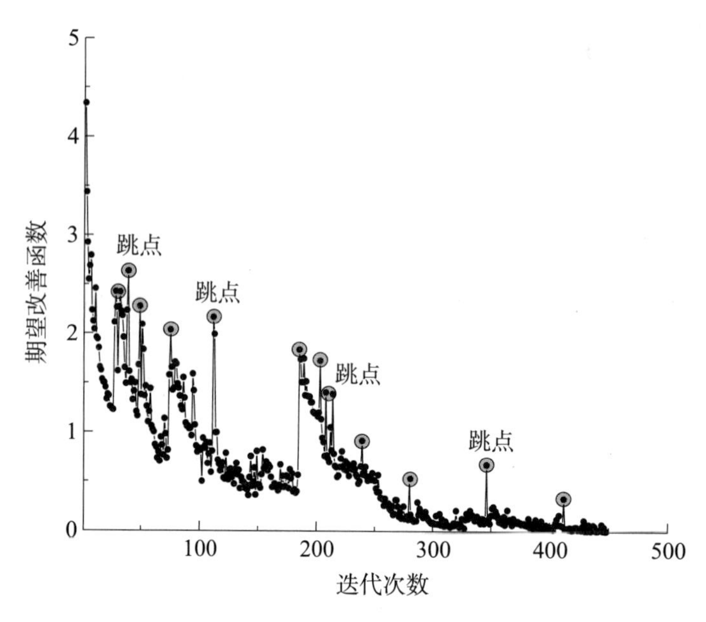

图 5－3　高效全局优化期望改善函数收敛历史

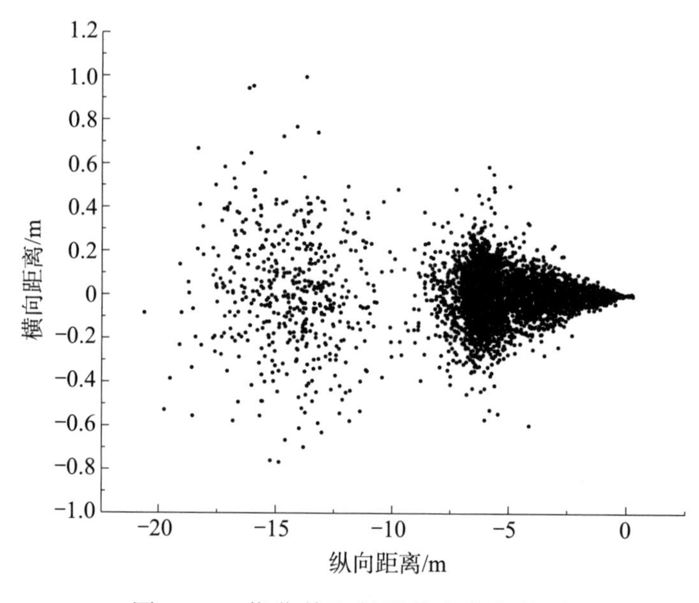

图 5－4　优化前飞行器落点分布情况

度，提升了飞行器落点在有效任务半径的概率。图 5－5 优化后飞行器落点分布情况中落点分布的离散性与滑模变结构导引律密切相关，由于式（5－18）滑模开关函数项的阶跃性，导致落点分布呈现一定的离散性。通过优化前后初始参数的对比，优化后初始位置参数的视线高低角 λ_D 更大，初始速度更低，在合适的初始轨迹倾角及制导律控制参数条件下，落点精度更高，这也符合工程实际的认知，从而验证了上述方法的正确性和可行性。

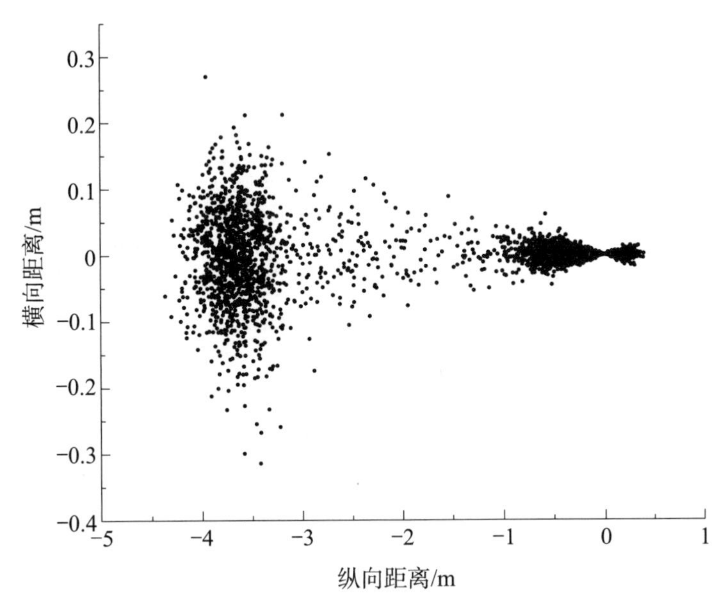

图 5－5　优化后飞行器落点分布情况

经过仿真对比，在初始参数不确定性及制导律参数的影响下，优化前的落点散布区域较大，而优化后的落点则全部分布在有效任务半径内，且大部分落点都集中在目标点附近区域。进一步，选取优化后的末制导初始参数，考虑初始参数不确定性的影响，选取 100 条符合打击条件的轨迹曲线如图 5－6～图 5－8 所示。

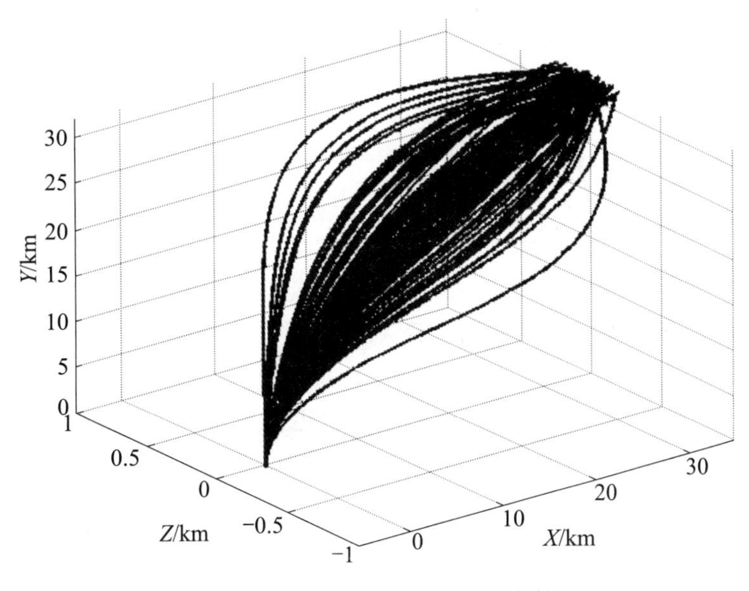

图 5－6　优化后的轨迹曲线簇

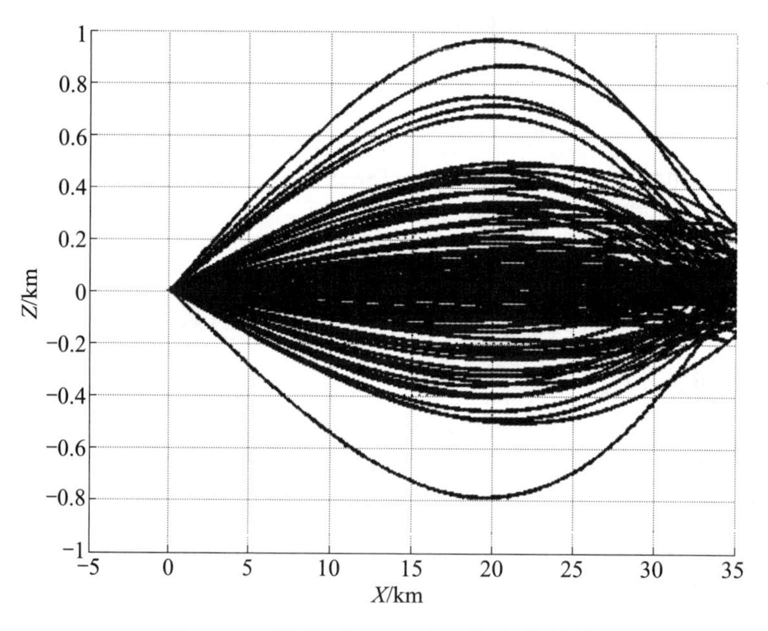

图 5-7　优化后 XZ 平面轨迹曲线簇

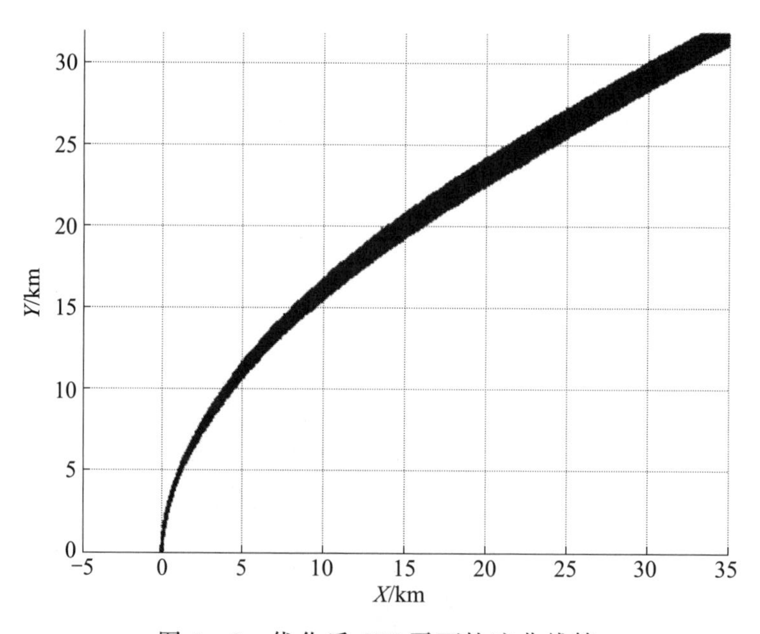

图 5-8　优化后 XY 平面轨迹曲线簇

通过上述仿真，末制导初始参数的不确定性对轨迹成型及落点分布影响显著，不同的末制导初始参数会导致不同的轨迹成型及落点分布结果。一般而言，在考虑末制导初始参数不确定性的条件下，末制导初始位置的视线高低角越大，初始速度越低，在合适的初始轨迹倾角及制导律控制参数条件下，其落点在有效任务半径内的概率越大，落点精度越高。因而选取合适的末制导初始参数及制导律控制参数可以显著提升飞行器落点精度，提高落点在有效任务半径的概率，实现飞行器末制导交接班的精细化设计。

5.3　基于不确定性的飞行安全区预示方法

飞行安全区，又称飞行安全控制区，指飞行器实际飞行时，可能使发射场、航迹区的人员、设施遭受损伤和破坏的区域[17]。根据飞行器正常飞行或故障飞行情况，可将安全区划分为发射场安全区（或称为首区安全区）、子级残骸安全区、航区安全区及落区安全区。由于飞行安全区是飞行器正常飞行时分离物或者异常飞行时的残骸可能到达的区域，该散布区域大小与助推发动机性能和飞行环境密切相关，因此在进行安全区计算时需要考虑各种偏差和干扰的影响，如发动机性能偏差、结构质量偏差、气动偏差、大气偏差及风干扰等。

采用抛物线飞行轨迹的飞行器，其大部分飞行轨迹位于真空中，飞行器在大气层内飞行的时间较短，气动偏差、大气偏差及风干扰等因素对安全区范围影响较小，在进行飞行安全区计算时，往往采用几种主要偏差极限叠加的方法，计算方法偏保守。

相比传统飞行器，助推滑翔飞行器的助推发动机残骸在大气层中飞行的时间更长，受大气环境和气动力偏差的影响更严重，其落区范围显著增大，进一步加大了靶场安控实施难度。此外，还存在对发射时间选择等方面的需求，对安全区精细化设计需求更高。

国内外学者在飞行安全区精细化计算方面开展了较多的研究工作，并取得了丰硕的成果。文献［17］采用蒙特卡洛方法进行了运载火箭残骸落区的计算，有效地减小了安全防范区域。文献［18］针对火箭在不同季节、不同月份发射的飞行包络开展了打靶仿真，用于确定发射时间。但由于偏差组合工况过多、仿真时间不充裕，无法满足使用的需求，为此采取了选取恶劣工况的方法来减少仿真次数。可见，蒙特卡洛方法将安全区范围、偏差项及发生概率建立了关系，是一种较为精细化的安全区计算方法，但当计算工况较多时，存在仿真时间过长的问题。

国内外学者针对如何确定蒙特卡洛方法打靶次数有一定的研究，并得出“对于一般的工程技术问题，打靶次数 3 000～5 000 次即可满足工程精度要求”

的结论。但由于存在需要单独施加的偏差（如风干扰）及需对发射时间（不同季节、不同月份）进行选择等问题，打靶次数仍然会大量增加。为了进一步加快仿真速度，近年来在采用代理模型加速蒙特卡洛打靶方面也有一定的研究，文献［21］和［22］分别针对 Kriging 模型开展了相关研究，并取得了一定的成果。

结合蒙特卡洛方法和代理模型的特点，提出了一种基于优化加点 Kriging 模型的助推发动机残骸安全区分析方法，可在不损失计算精度的前提下加快仿真速度，高效完成概率安全区分析计算。

5.3.1 轨迹规划模型

（1）运动方程

采用基于四元数解算姿态角的六自由度方程进行飞行器及分离残骸的轨迹计算。质心运动动力学方程和绕质心转动动力学方程[23]，见式（5－32）、式（5－33）。

$$m\begin{pmatrix}\dot{V}_x\\ \dot{V}_y\\ \dot{V}_z\end{pmatrix}=\boldsymbol{G}_B\begin{pmatrix}\boldsymbol{P}+X_{1c}\\ Y_{1c}+F'_{ky1}\\ Z_{1c}+F'_{kz1}\end{pmatrix}+\boldsymbol{G}_V\begin{pmatrix}\boldsymbol{X}\\ \boldsymbol{Y}\\ \boldsymbol{Z}\end{pmatrix}+m\begin{pmatrix}g_x\\ g_y\\ g_z\end{pmatrix}-m\begin{pmatrix}a_{ex}\\ a_{ey}\\ a_{ez}\end{pmatrix}-m\begin{pmatrix}a_{kx}\\ a_{ky}\\ a_{kz}\end{pmatrix} \tag{5-32}$$

$$\begin{pmatrix}I_{x1}&0&0\\0&I_{y1}&0\\0&0&I_{z1}\end{pmatrix}\begin{pmatrix}\dot{\omega}_{Tx1}\\ \dot{\omega}_{Ty1}\\ \dot{\omega}_{Tz1}\end{pmatrix}+\begin{pmatrix}(I_{z1}-I_{y1})\omega_{Tz1}\omega_{Ty1}\\ (I_{x1}-I_{z1})\omega_{Tx1}\omega_{Tz1}\\ (I_{y1}-I_{x1})\omega_{Ty1}\omega_{Tx1}\end{pmatrix}=\begin{pmatrix}0\\ \boldsymbol{M}_{y1st}\\ \boldsymbol{M}_{z1st}\end{pmatrix}+\begin{pmatrix}\boldsymbol{M}_{x1d}\\ \boldsymbol{M}_{y1d}\\ \boldsymbol{M}_{z1d}\end{pmatrix}+\begin{pmatrix}\boldsymbol{M}_{x1c}\\ \boldsymbol{M}_{y1c}\\ \boldsymbol{M}_{z1c}\end{pmatrix}+\begin{pmatrix}\boldsymbol{M}'_{x1k}\\ \boldsymbol{M}'_{y1k}\\ \boldsymbol{M}'_{z1k}\end{pmatrix} \tag{5-33}$$

式中，m 为质量；$\dot{V}_x$、$\dot{V}_y$、$\dot{V}_z$ 为发射系速度分量的导数；X_{1c}、Y_{1c}、Z_{1c}、F'_{ky1}、F'_{kz1} 为弹体系控制力和附加哥氏力分量；$\boldsymbol{X}$、$\boldsymbol{Y}$、$\boldsymbol{Z}$ 为阻力、升力和侧向力，$\boldsymbol{G}_B$、$\boldsymbol{G}_V$ 为转换矩阵；g_x、g_y、g_z、a_{ex}、a_{ey}、a_{ez}、a_{kx}、a_{ky}、a_{kz} 分别为引力、离心力和哥氏力加速度分量；I_{x1}、I_{y1}、I_{z1} 为转动惯量；$\dot{\omega}_{Tx1}$、$\dot{\omega}_{Ty1}$、$\dot{\omega}_{Tz1}$ 为转动角速度的导数；$\boldsymbol{M}_{y1st}$、$\boldsymbol{M}_{z1st}$ 为气动力矩；$\boldsymbol{M}_{x1d}$、$\boldsymbol{M}_{y1d}$、$\boldsymbol{M}_{z1d}$ 为阻尼力矩；$\boldsymbol{M}_{x1c}$、$\boldsymbol{M}_{y1c}$、$\boldsymbol{M}_{z1c}$ 为控制力矩；$\boldsymbol{M}'_{x1k}$、$\boldsymbol{M}'_{y1k}$、$\boldsymbol{M}'_{z1k}$ 为附加哥氏力矩。

质心运动学方程见式（5－34），基于四元数的绕质心转动运动学方程见

$$\begin{pmatrix} \dot{x} \\ \dot{y} \\ \dot{z} \end{pmatrix} = \begin{pmatrix} V_x \\ V_y \\ V_z \end{pmatrix} \tag{5-34}$$

式中，x、y、z 为发射系位置分量；V_x V_y V_z 为发射系速度分量。

为防止姿态角解算出现奇异问题，采用四元数方法进行姿态角解算处理。基于四元数的绕质心转动运动学方程见式（5－35）、式（5－36）。

$$\begin{pmatrix} \dot{q}_0 \\ \dot{q}_1 \\ \dot{q}_2 \\ \dot{q}_3 \end{pmatrix} = \frac{1}{2} \begin{pmatrix} 0 & -\omega_{Tx1} & -\omega_{Ty1} & -\omega_{Tz1} \\ \omega_{Tx1} & 0 & \omega_{Tz1} & -\omega_{Ty1} \\ \omega_{Ty1} & -\omega_{Tz1} & 0 & \omega_{Tx1} \\ \omega_{Tz1} & \omega_{Ty1} & -\omega_{Tx1} & 0 \end{pmatrix} \begin{pmatrix} q_0 \\ q_1 \\ q_2 \\ q_3 \end{pmatrix} \tag{5-35}$$

$$\begin{aligned} \sin\psi_T &= -2(q_3 q_1 - q_0 q_2) \\ \tan\varphi_T &= \frac{2(q_1 q_2 + q_0 q_3)}{q_0^2 + q_1^2 - q_2^2 - q_3^2} \\ \tan\gamma_T &= \frac{2(q_2 q_3 + q_0 q_1)}{q_0^2 - q_1^2 - q_2^2 + q_3^2} \end{aligned} \tag{5-36}$$

式中，q_0、q_1、q_2、q_3 为四元数；ψ_T、φ_T、γ_T 为姿态角。

（2）主要偏差情况

在针对助推发动机残骸散布区域等进行安全区计算时，需要考虑发动机性能偏差、质量特性偏差、气动系数偏差、大气偏差（温度、密度、压强）、风干扰等不确定干扰因素。干扰因素的分布规律依赖于统计数据给出，一般可以认为发动机性能偏差、质量特性偏差、气动系数偏差、大气偏差等服从高斯分布，记为

$$\Delta X_n \sim N(\mu, \sigma_n^2), n = 1, 2, \cdots, N \tag{5-37}$$

发动机性能偏差一般包括发动机推力偏斜，发动机工作时间偏差、推力偏差、总冲偏差等。

风干扰一般取为常值项，风速大小随飞行高度变化，计算公式见式（5－38）。由于风向或射向的不确定性，通常按照顺风、逆风、左侧风、右侧风等四个工况分别施加并针对其他偏差项进行蒙特卡洛仿真分析[19]。

$$V_W = f(h) \tag{5-38}$$

5.3.2 基于优化加点 Kriging 模型的安全区预示

（1）安全区预示模型

在不确定性干扰因素的影响下，工程上残骸安全区范围通常假设为某一矩形区域，由纵向最远距离 $\varepsilon_{y\max}$、纵向最近距离 $\varepsilon_{y\min}$、横向最远距离 $\varepsilon_{x\max}$、横向最近距离 $\varepsilon_{x\min}$ 构成。结合助推滑翔飞行器及分离残骸轨迹运动方程，综合考虑分离残骸运动过程中的不确定性因素影响，假设分离残骸运动的不确定性干扰因素为 $\boldsymbol{P}=(p_1, p_2, \cdots, p_n)^{\mathrm{T}}$，残骸落点距离发射点的纵向距离为 $Y(\boldsymbol{P})$，横向偏移距离为 $X(\boldsymbol{P})$。则残骸安全区预示模型可描述为

$$\begin{cases} \Pr(Y(\boldsymbol{P}) > \varepsilon_{y\max}) = P_{fy1} \\ \Pr(Y(\boldsymbol{P}) < \varepsilon_{y\min}) = P_{fy2} \\ \Pr(X(\boldsymbol{P}) > \varepsilon_{x\max}) = P_{fx1} \\ \Pr(X(\boldsymbol{P}) < \varepsilon_{x\min}) = P_{fx2} \end{cases} \tag{5-39}$$

式中，$\Pr(\cdot)$ 表示某一区域的概率；P_{fy1}，$\mathrm{P_{fy2}}$，P_{fx1}，$\mathrm{P_{fx2}}$ 为对应的目标失效概率。残骸安全区预示问题的物理意义在于高效寻找安全区域的阈值 $\varepsilon_{y\max}$，$\varepsilon_{y\min}$，$\varepsilon_{x\max}$，$\varepsilon_{x\min}$，使得残骸落在该阈值之外的概率等于给定的目标失效概率 P_{fy1}，$\mathrm{P_{fy2}}$，P_{fx1}，$\mathrm{P_{fx2}}$，从而确定残骸安全区域。

针对这一模型，常规的蒙特卡洛方法需针对所有不确定干扰因素进行大量的仿真分析，对残骸落点结果进行统计，确定安全区域的阈值，给出满足目标失效概率要求的安全区域范围，这一方法体现了概率设计思想，更符合实际物理意义，此外蒙特卡洛方法具有非侵入性和无偏性，能够给出精确的安全区预示范围。然而，蒙特卡洛方法需要调用大量的轨迹仿真模型，导致计算效率较低，时间成本较高，难以满足快速设计迭代的工程需求。针对这一问题，提出了一种基于优化加点 Kriging 模型的助推滑翔飞行器安全区分析方法，结合蒙特卡洛方法和代理模型的特点，通过序列优化加点策略自适应更新代理模型，直至满足收敛条件，进而结合蒙特卡洛方法高效完成概率安全区分析计算。

（2）优化加点 Kriging 策略

为了进一步提高安全区域分析计算的求解效率，提出了一种基于优化加点 Kriging 模型的高效概率安全区预示方法。以求解纵向最远阈值 $\varepsilon_{y\max}$ 为例，根据识别的分离残骸干扰因素分布类型及其分布参数，在整个随机概率空间选取一定数量的蒙特卡洛样本点集 P_{MC}，结合纵向最远阈值的目标失效概率 P_{fy1}，

为保证样本点集 P_{MC} 的相关系数不大于 0.05，蒙特卡洛样本点数量 N_{MC} 满足如下条件：

$$\sqrt{\frac{1-P_{fy1}}{N_{MC}P_{fy1}}} \leqslant 0.05 \tag{5-40}$$

在构建初始代理模型的基础上，利用 Kriging 代理模型快速求解纵向最远阈值 $\hat{\varepsilon}_{y\max}$ 描述为

$$\Pr(\hat{Y}(\boldsymbol{P}_{MC}) > \hat{\varepsilon}_{y\max}) = P_{fy1} \tag{5-41}$$

进而，在蒙特卡洛样本点集 P_{MC} 中，选取当前纵向最远阈值 $\hat{\varepsilon}_{y\max}$ 条件下分类失效概率最大的样本点作为序贯新增训练点。根据 Kriging 模型服从高斯分布的特性，若 Kriging 预测值大于当前纵向最远阈值 $\mu_y(\boldsymbol{P}) > \hat{\varepsilon}_{y\max}$，则分类失效概率可以表达为

$$\pi_1 = \Phi\left(\frac{0-|\mu_y(\boldsymbol{P})-\hat{\varepsilon}_{y\max}|}{\sigma_y(\boldsymbol{P})}\right) \tag{5-42}$$

若 Kriging 预测值小于当前纵向最远阈值 $\mu_y(\boldsymbol{P}) < \hat{\varepsilon}_{y\max}$，则分类失效概率可以表达为

$$\pi_2 = 1-\Phi\left(\frac{0+|\mu_y(\boldsymbol{P})-\hat{\varepsilon}_{y\max}|}{\sigma_y(\boldsymbol{P})}\right) = \Phi\left(-\frac{|\mu_y(\boldsymbol{P})-\hat{\varepsilon}_{y\max}|}{\sigma_y(\boldsymbol{P})}\right) \tag{5-43}$$

综上所述，分类失效概率可以表达为如下形式：

$$\pi_{\text{error}} = \Phi(-U), U = \frac{|\mu_y(\boldsymbol{P})-\hat{\varepsilon}_{y\max}|}{\sigma_y(\boldsymbol{P})} \tag{5-44}$$

式中，U 函数为学习函数，在蒙特卡洛样本点集 P_{MC} 中，选取 U 函数最小值对应的样本点作为序贯新增训练点，自适应更新代理模型后，再次求解纵向最远阈值 $\hat{\varepsilon}_{y\max}$，序贯加点，直至收敛。

若在当前纵向最远阈值 $\hat{\varepsilon}_{y\max}$ 条件下，U 函数的最小值大于 2 时，所有蒙特卡洛样本点 P_{MC} 的分类最大失效概率仅为 $\Phi(-2) \approx 0.0228$，即任意一个样本点分类失效的概率均低于 0.022 8，若此时判定收敛，即可确定纵向最远阈值为 $\varepsilon_{y\max}$。

（3）安全区预示流程

基于优化加点 Kriging 模型的安全区预示方法流程图如图 5－9 所示。

同理根据上述方法，可以确定纵向最近距离阈值 $\varepsilon_{y\min}$、横向最远距离阈值 $\varepsilon_{x\max}$ 和横向最近距离阈值 $\varepsilon_{x\min}$，从而给出子级残骸概率安全区。

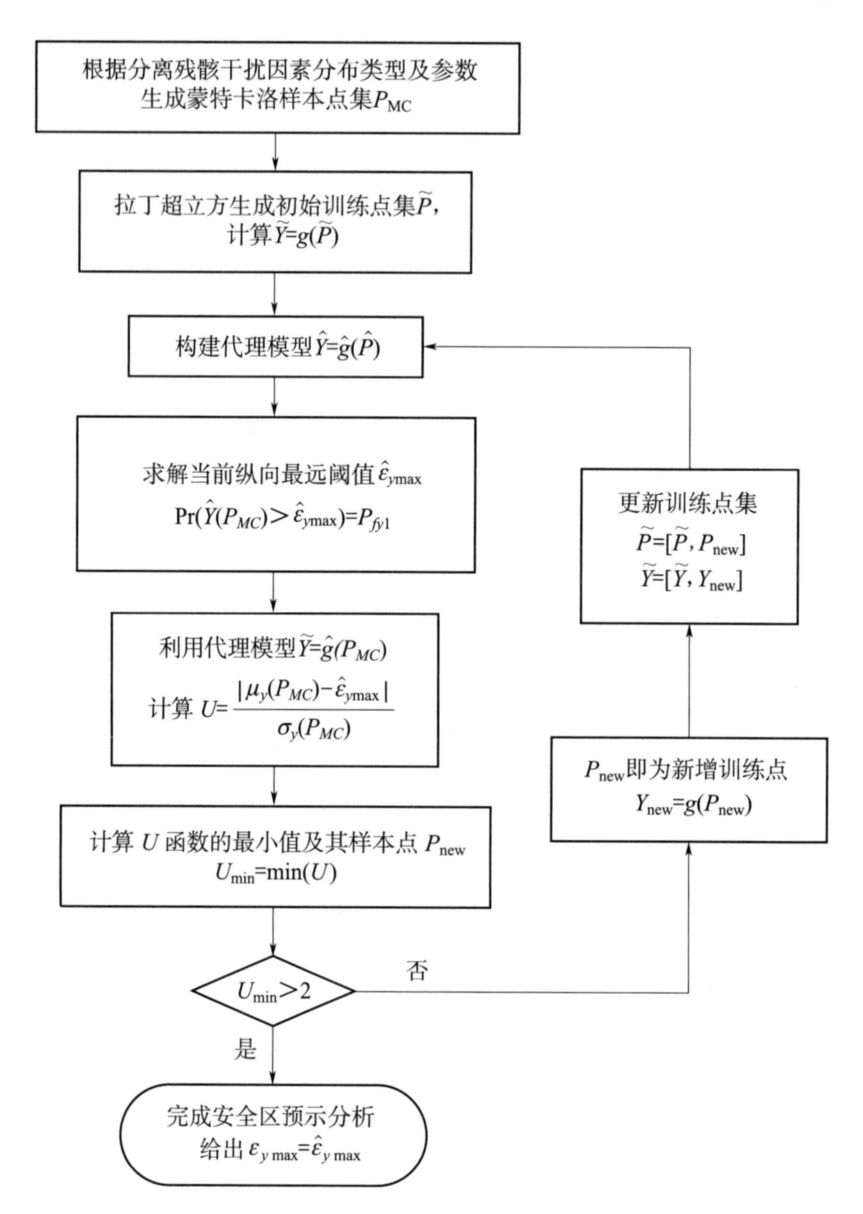

图 5-9 基于优化加点 Kriging 模型的安全区预示方法流程图

5.3.3 案例应用

以某型飞行器助推发动机残骸安全区计算为例，对提出的基于优化加点 Kriging 模型安全区预示方法进行仿真验证。助推发动机残骸主要参数见表 5-2，助推发动机残骸分离时刻及飞行过程中主要偏差量分布规律见表 5-3，为简便起见，不考虑风的影响。

表 5－2　助推发动机残骸主要参数

参数名称	参数取值
质量/kg	3 000
参考面积/m^2	1.5
分离点高度/km	40
分离点速度/(m/s)	2 500
分离点轨迹倾角/(°)	20
分离点轨迹偏角/(°)	0

表 5－3　助推发动机残骸主要偏差量分布规律

参数名称	分布规律
分离点速度偏差/(m/s)	高斯分布 N (0,50)
分离点轨迹偏差倾角/(°)	高斯分布 N (0,0.5)
分离点轨迹偏差偏角/(°)	高斯分布 N (0,0.3)
轴向力系数偏差	高斯分布 N (0,10%)
法向力系数偏差	高斯分布 N (0,10%)

为了验证基于优化加点 Kriging 模型的安全区预示方法的快速性和准确性，首先采用蒙特卡洛方法开展助推发动机残骸落点统计分析。取目标失效概率为 $P_{fy1}=P_{fy2}=P_{fx1}=P_{fx2}=0.01$，为保证蒙特卡洛采样点集相关系数小于 0.05，计算出样本点个数约为 40 000，则选取仿真次数为 40 000 次对助推火箭残骸安全区进行统计。同时，取同样的目标失效概率，采用基于优化加点 Kriging 模型的安全区预示方法进行助推发动机残骸落点统计，两种方法对应的统计结果对比情况见表 5－4。

表 5－4　两种方法计算结果对比

安全区	蒙特卡洛方法预示结果	本书算法预示结果	相对误差
$\varepsilon_{y\min}$	115.3 km	115.5 km	0.17%
$\varepsilon_{y\max}$	154.3 km	154.0 km	0.19%
$\varepsilon_{x\min}$	0.39 km	0.39 km	0.0%
$\varepsilon_{x\max}$	0.75 km	0.75 km	0.0%
总分析次数	40 000	765	—

从表 5－4 可见，提出的基于优化加点 Kriging 模型的安全区预示方法与蒙特卡洛方法相比，预示结果相对误差小于 0.2%，具有较高的计算精度，且分

析次数大大下降，具有较高的计算效率。

采用传统的极限偏差叠加方法，对助推发动机残骸分离时刻的相关偏差及残骸气动力系数偏差等进行极限偏差组合，计算出来的纵向最近距离 $\varepsilon_{y\min}$ 为 100 434.8 m，纵向最远距离 $\varepsilon_{y\max}$ 为 271 834.848 m，横向最近距离 $\varepsilon_{x\min}$ 为 243.995 m，横向最远距离 $\varepsilon_{x\max}$ 为 2 214.77 m。对应的安全区预示范围与基于优化加点 Kriging 模型的安全区预示结果（失效概率阈值 0.000 1）对比情况如图 5－10 所示。

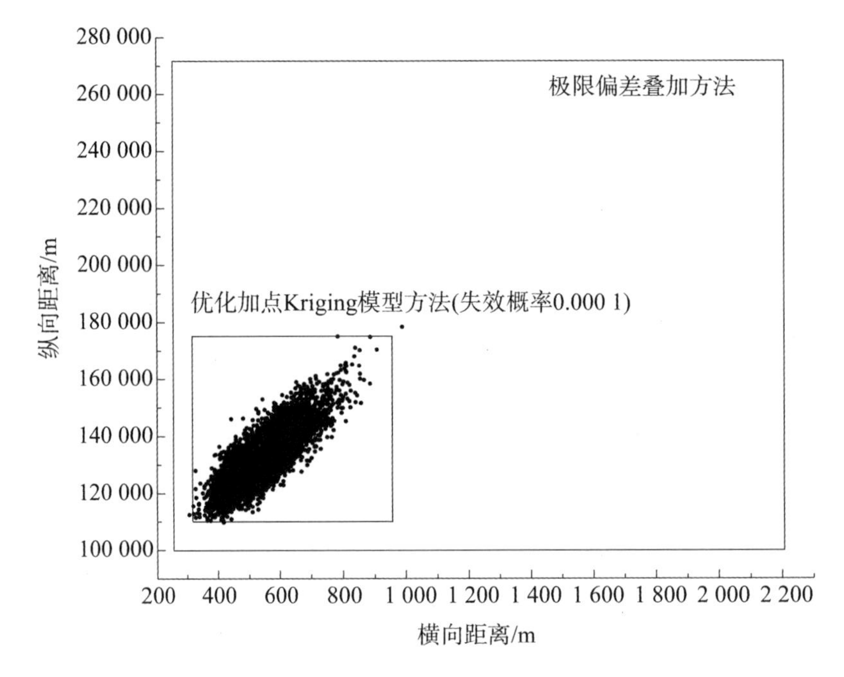

图 5－10　优化加点 Kriging 模型方法与极限偏差叠加方法对比

从图 5－10 可以看出，采用基于优化加点 Kriging 模型的安全区预示方法计算的安全区范围远远小于传统极限偏差叠加方法的安全区计算结果，前者面积仅仅是后者的 13％，可大大降低发射场安全控制实施的难度。

此外，通过改变目标失效概率，可实现安全区的精细化预示，为发射场实施安全控制分级管理提供理论和数据支撑。图 5－11 中给出了失效概率阈值分别为 0.1、0.01 和 0.000 1 的助推发动机残骸安全区预示范围，对应的助推发动机残骸落点在该区域内的概率分别在 60％、96％和 99.96％以上。

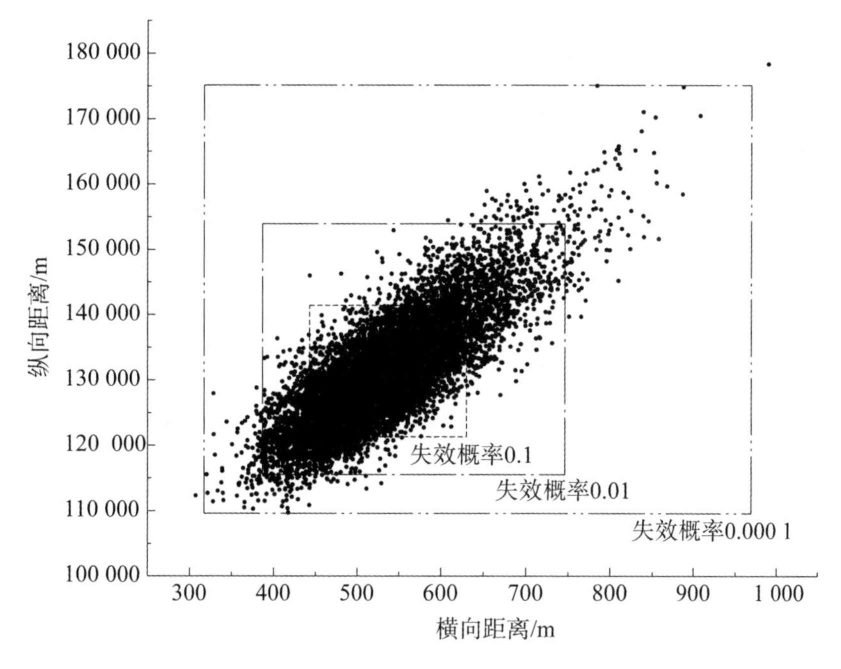

图5-11 不同失效概率对应的安全区预示结果

5.4 小结

本章以轨迹规划与制导不确定性分析与优化设计为主题，分别给出了滑翔飞行器轨迹不确定性建模与分析方法、基于不确定性的飞行器末制导初始参数优化设计方法以及基于不确定性的飞行器助推发动机残骸安全区预示方法。

滑翔飞行器轨迹不确定性建模与分析方法，结合Gauss伪谱法与任意混沌多项式展开（arbitrary Polynomial Chaos，aPC），能够大幅减少复杂常微分方程组的调用数量，因此能够有效减少基于不确定性的滑翔段轨迹规划的仿真时间，为高超声速飞行器方案设计快速迭代提供支撑。

基于不确定性的飞行器末制导初始参数优化设计方法，通过考虑末制导初始参数不确定性的影响，建立了基于不确定性的飞行器末制导初始参数及制导律控制参数优化模型。针对这一模型，提出了基于高效全局优化和蒙特卡洛方法的末制导初始参数及制导律控制参数优化设计方法，实现了初始参数及制导参数的综合优化，提升了末制导初始参数及制导律控制参数优化设计的精度，为飞行器末制导交接班的精细化设计提供决策支持。

基于不确定性的飞行器助推发动机残骸安全区预示方法，建立了助推发动机残骸轨迹计算动力学模型，并采用四元数方法对姿态角解算进行处理；提出基于优化加点 Kriging 模型的安全区预示方法，结合蒙特卡洛和 Kriging 代理模型的特点，给出了安全区预示流程。该方法具有较高的准确性和高效性，满足快速迭代的工程需求，相比传统极限偏差叠加方法，可显著减小安全区覆盖面积。

参考文献

[1] PRABHAKAR A, FISHER J, BHATTACHARYA R. Polynomial chaos - based analysis of probabilistic uncertainty in hypersonic flight dynamics [J]. Journal of guidance, control, and dynamics, 2010, 33 (1): 222 - 234.

[2] HUANG Y, LI H. Reliability - based trajectory optimization using nonintrusive polynomial chaos for Mars entry mission [J]. Advances in Space Research, 2018, 61 (11): 2854 - 2869.

[3] 赫泰龙，陈万春，刘芳. 高超声速飞行器平稳滑翔弹道扰动运动伴随分析 [J]. 北京航空航天大学学报，2019，45 (1): 112 - 125.

[4] OLADSHKIN S, NOWAK W. Data - driven uncertainty quantification using the arbitrary polynomial chaos expansion [J]. Reliability Engineering & System Safety, 2012, 106 (4): 179 - 190.

[5] XIONG F F, XIONG Y, GREENE S, et al. A new sparse grid based method for uncertainty propagation [J]. Structural and Multidisciplinary Optimization, 2010, 41 (3): 335 - 349.

[6] 冯必鸣，聂万胜，李柯. 制导动能弹最优初始参数计算方法研究 [J]. 弹箭与制导学报，2014，34 (1): 51 - 55.

[7] 聂万胜，冯必鸣，李柯. 高速远程精确打击飞行器方案设计方法与应用 [M]. 北京：国防工业出版社，2014: 52 - 66.

[8] 杨靖，王旭刚，王中原，等. 考虑自动驾驶仪动态特性和攻击角约束的鲁棒末制导律 [J]. 兵工学报，2017，38 (5): 900 - 909.

[9] 田源，任章. 大气层外动能拦截器末段导引规律设计 [J]. 宇航学报，2009，30 (2): 474 - 480.

[10] 冯必鸣，聂万胜，李柯. 再入飞行器多约束预测-修正末导引律研究 [J]. 弹道学报，2013，25 (1): 5 - 9.

[11] 晁涛，王松艳，杨明. 带角度约束的倾斜转弯飞行器制导律设计 [J]. 弹道学报，2014，26 (1): 56 - 60.

[12] JONES D, SCHONLAU M, WELCH W. Efficient global optimization of expensive black - box functions [J]. Journal of Global Optimization, 1998, 13: 455 - 492.

[13] BARRON J B, MICHAEL S E, SANKARAN M, et al. Efficient global surrogate

modeling for reliability - based design optimization [J] . Journal of Mechanical Design, 2013, 135: 011009.

[14] 彭科，胡凡，张为华，等．序列近似优化方法及其在火箭外形快速设计中的应用 [J]. 国防科技大学学报，2016，38（1）：129－136.

[15] CURRIN C, MITCHELL T, MORRIS M D, et al. Bayesian prediction of deterministic functions, with applications to the design and analysis of computer experiments [J]. Journal of the American Statistical Association, 1991, 86 (416): 953－963.

[16] SACKS J, SCHILLER S B, WELCH W J. Design for computer experiment [J]. Technometrics, 1989, 31 (1): 41－47.

[17] 王明海，刘新学，康建斌．导弹飞行安全区确定 [J]. 飞行力学，1999（1）：77－80.

[18] 肖松春，宋建英，安学刚．基于蒙特卡洛方法的运载火箭残骸落区划定 [J]. 装备指挥技术学院学报，2010，21（4）：66－70.

[19] MERRY C, TARPLEY A, BEATY J, et al. Ares I - x Range Safety Trajectory Analyses and Independent Validation and Verification [C] //AIAA Atmospheric Flight Mechanics Conference, AIAA 2011－6461, Portland, Oregon, 2011.

[20] 张意国．基于子级运动模态预示的安全控制区设计方法研究 [D]. 北京：中国航天科技集团公司第一研究院，2017.

[21] 佟操，孙志礼，杨丽，等．一种基于 Kriging 和 Monte Carlo 的主动学习可靠度算法 [J]. 航空学报，2015，36（9）：2942－2951.

[22] SONG C, YANG X D, SONG W P. Multi - infill strategy for kriging models used in variable fidelity optimization [J]. Chinese Journal of Aeronautics, 2018, 31 (3): 448－456.

[23] 张毅，杨辉耀，李俊莉．弹道导弹弹道学 [M]．长沙：国防科技大学出版社，1999.

第6章　姿控与分离不确定性分析与优化设计方法

姿态控制系统是飞行器飞行控制系统的基本组成部分，其任务是稳定和控制飞行器的绕质心运动。飞行器绕质心运动的稳定和控制保证了飞行器沿程序轨迹飞行，而质心运动的控制是通过控制姿态以改变推力方向来实现的。姿控系统不确定性分析与优化设计的目的是在考虑各种不确定性因素的前提下，实现姿控系统的精细化设计，确保飞行器飞行姿态控制品质满足要求。

级间分离是多级飞行器执行飞行任务的关键环节之一，其功能是在一定的高度将完成预定功能的部分结构分离并抛去，旨在改善总体性能，增大飞行速度，提高运载能力。级间分离不确定性建模与分析的目的是在考虑各种不确定性因素的前提下，实现级间分离任务可靠性的精确高效分析，为级间分离方案精细化设计、确保级间分离可靠安全提供技术方法支撑。

投放分离可靠安全是机载飞行器研制中需要解决的关键问题。飞行器从载机投放后受到载机气动干扰流场的影响，飞行器自身可能会发生较大姿态变化从而与载机发生碰撞，造成严重的安全事故。投放分离不确定性建模与分析，考虑载机干扰气动特性、飞行器质量特性、投放初始姿态角与角速度等不确定性因素，开展投放分离不确定性分析，实现投放分离安全风险分析评估，为确保投放分离安全性满足要求提供技术方法支撑。

6.1　姿控系统不确定性分析与优化设计方法

姿控系统有两个基本作用：稳定作用，即克服各种干扰，使飞行器姿态对于预定姿态角的偏差在容许范围内；控制作用，即按制导系统发出的指令准确地改变姿态。

在经典控制理论中，经常采用时域分析法、根轨迹法和频域分析法对线性系统进行分析。在对控制系统进行频域设计的过程中，采用频域分析法可以兼顾系统动态响应和抑制噪声等方面。将系统中所考虑的偏差量当作随机变量来处理，对其建立相应的概率模型，开展姿控系统不确定性建模与分析。

6.1.1 姿控设计原理

姿态控制系统的主要任务是稳定和控制飞行器的绕质心运动，具体而言包括：

1）稳定作用，即克服各种干扰，抑制非刚体运动，使飞行器姿态角相对预定姿态角的偏差控制在允许范围内，以控制质心运动达到要求的制导精度。

2）控制作用，即按制导系统发出的指令，控制弹体姿态角，改变推力方向，实现要求的运动状态，以控制飞行器质心沿预定的程序轨迹飞行。

飞行器各通道的结构组成基本相同，每个姿态稳定回路包含放大装置、执行机构、敏感装置、伺服机构、操纵机构以及飞行器受控对象。控制系统和被控对象构成闭合回路，姿态控制系统通过敏感装置，测得弹体绕俯仰、偏航、滚动三个轴的角速度信号，信号经解算得姿态角信号，姿态角信号与标准姿态角之差，形成姿态角偏差信号即姿态控制信号，该信号经姿态控制系统主回路运算处理，被综合放大后再分配到四个舵机，带动舵面偏转，产生相应的控制力，进而达到控制飞行器运动姿态的目的。

控制器一般由 PD 控制器和校正网络组成。由于测量装置、伺服机构、控制对象的方案一经确定，其结构和技术特性就已确定，一般较难改动，只有控制器可以完全根据姿态稳定回路的要求设计，而且调整或改变起来也比较容易，所以姿控系统设计的主要任务就是确定控制器中的静态增益系数 a_0 、动态增益系数 a_1 和校正网络参数。控制器首先应保证飞行器飞行的稳定性，然后再考虑提高系统的鲁棒稳定性以及动态性能，飞行器姿态控制系统原理框图，如图 6-1 所示。

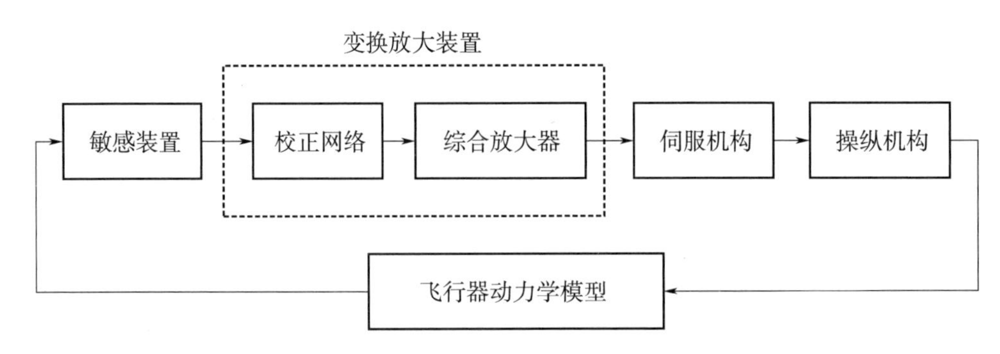

图 6-1 飞行器姿态控制系统原理框图

姿态控制系统的每个通道是由姿态控制的硬件设备和飞行器动力学对象构

成闭合的姿态稳定回路。各通道之间可能通过执行机构、动力学方程等产生耦合联系，由于飞行器绕质心运动一般是在发射平面内的小角度转动，因此这种交叉联系在正常飞行条件下并不严重，整个姿态稳定系统的工作可以看作建立在各通道单独工作的基础上，分析和设计时可将三个通道视为各自独立的通道，形成三个单通道控制系统，采用经典控制理论中的频域设计方法进行设计。该方法设计思路如下：

1）确定特征秒：依据任务具体要求选择飞行中有代表性、特性明显的时刻，作为用固化系数法分析系统的特征秒，如起飞、气动力矩系数最大、速度头最大、发动机后效等时刻。

2）将飞行器控制系统模型在各特征点处进行线性化处理，并对各特征点的线性化模型分别进行简化，不考虑三个通道之间的关联项，实现滚动、俯仰以及偏航这三个通道之间的解耦。

3）在各特征点处，按照简化处理后的单通道模型，计算传递函数和频率特性，绘出频率特性图；利用频域方法设计各个特征点处的局部控制器。

4）进行稳定性分析与综合：根据系统裕度指标和过渡过程品质，各姿态角、舵偏角的大小，选取静态放大系数和校正网络的结构以及参数，完善整个飞行器控制系统的控制器的设计。

控制系统的性能指标在频域中通常表述为闭环带宽、幅值裕度、相位裕度以及截止频率等特征量，它们能够反映出系统的稳定性、对设定值的跟踪能力和干扰抑制能力。传统的频域设计包括额定、上限、下限状态，额定状态指按标准参数设计，上限和下限状态将按照给定的偏差进行设计。频域设计可采用静态增益加校正网络的方式，根据总体提供的参数，分别设计某些特征点对应的校正网络系数，设计结果应满足相关频域指标要求，以判断设计主控回路的稳定性、可靠性。

（1）姿控系统不确定性来源分析

飞行器在生产制造过程中，由于工艺、设备及技术水平等各种因素制约，飞行器舱段结构总会与理论设计状态不完全一致，存在一定的结构误差。主要的结构安装误差有质量分布不对称、不同轴、翼面安装角误差、舵面机械零位误差等。在设计姿态控制系统时，由于动力系数理论计算与实际飞行时有差异，额定状态并不能完全代表飞行器的飞行条件，设计人员必须考虑到与姿态控制系统有关的气动参数、结构参数和控制系统参数等存在偏差的情况下，姿态控制系统应正常工作，且有足够的稳定裕度和所需的控制品质。

考虑的主要偏差有：质量及几何特性偏差（质心位置和转动惯量）、固体发动机性能偏差和气动系数偏差（包含力系数、力矩系数、阻力系数等）。

（2）额定和上下限状态

飞行器总体参数和控制系统参数不仅应分别考虑偏差，同时要考虑偏差最恶劣组合，构成额定、上限和下限三种基本状态，这是验证频域设计稳定性和适应性的重要手段之一，确保额定、上限、下限状态均满足一定的频域指标要求，姿态角偏差较快收敛，以满足实际飞行条件。

系统上限、下限状态，是以参数偏差对稳定性的影响，即对开环幅相频特性影响效果而定义。具体定义如下：

系统的上限状态：选取的飞行器总体参数、控制系统参数的偏差组合，应使系统开环幅频增大，高频幅裕度减小，弹性各次峰值增高，弹性振动频率取使弹性振动相裕度或幅裕度减小。

系统的下限状态：选取的飞行器总体参数、控制系统参数的偏差组合，应使系统开环幅频减小，低频幅裕度减小，弹性振动频率取使弹性振动相裕度或幅裕度减小。

根据姿控上下限的选取原则，对上述各项系数使用参数的偏差进行组合，可以得到姿控系统的上下限状态。考虑各项参数偏差后，同一秒点上下限状态存在较大的频域散布，增大了姿态控制系统设计的难度。

（3）频域设计指标

在控制系统的设计中，采用的设计方法一般依据所期望的性能指标而定。而在频域设计中，为了满足控制系统设计所要求的频域性能指标，常采用频域校正的方法。目前常用的频域指标有：

1）幅值裕度 L 。在开环频域特性的相角 $\varphi(\omega_g)=-180^\circ$ 时的频率 ω_g 处，开环幅值 $|G(\omega_g\mathrm{j})H(\omega_g\mathrm{j})|$ 的倒数称为幅值裕度，用 L 表示。即

$$L=\frac{1}{|G(\omega_g\mathrm{j})H(\omega_g\mathrm{j})|} \tag{6-1}$$

式中，ω_g 称为相位交界频率。

式（6－1）表示系统在变到临界稳定时，增益还能增大多少。由奈奎斯特稳定判据可知，对于最小相位系统，闭环系统稳定的充要条件是 $G(\omega_g\mathrm{j})H(\omega_g\mathrm{j})$ 曲线不包围（－1，0）点，即 $G(\omega_g\mathrm{j})H(\omega_g\mathrm{j})$ 曲线与其负实轴焦点处的模小于1，此时对应的 $L>1$。反之，对于不稳定的闭环系统，其 $L<1$。

2）相位裕度 θ_c 。描述系统相对稳定的另一个度量是相位裕度。对应于 $|G(\omega_g \mathrm{j})H(\omega_g \mathrm{j})|=1$ 时的频率 ω_c 称为剪切频率，又名增益交界频率。在剪切频率 ω_c 处，使系统达到临界稳定状态时能接受的附加相位滞后角，定义为相位裕度，用 θ_c 表示。对于任何系统，相位裕度的算式为

$$\theta_c = 180^\circ + \varphi(\omega_c) \tag{6-2}$$

式中，$\varphi(\omega_c)$ 是开环频率特性在剪切频率 ω_c 处的相位。

对于开环稳定的系统，若 $\theta_c < 0^\circ$，表示 $G(\omega_g \mathrm{j})H(\omega_g \mathrm{j})$ 曲线包围（-1，0）点，相应的闭环系统是不稳定的；反之，若 $\theta_c > 0^\circ$，则相应的闭环系统是稳定的。一般 θ_c 越大，系统的相对稳定性就越好。

系统设计指标一般按额定、上限、下限状态给出。姿态控制系统的额定、上限、下限状态的稳定裕度指标见表 6－1。

表 6－1　姿态控制系统稳定裕度指标参考值

指标名称		系统状态	
		额定	上下限
刚体指标	相位裕度 θ_c/(°)	$\geqslant 30$	$\geqslant 15$
	高频幅值裕度 L_H/dB	$\geqslant 4$	$\geqslant 2$
	低频幅值裕度 L_L/dB	$\geqslant 6$	$\geqslant 3$

（4）频域设计方法

飞行器在无控状态下姿态运动不稳定的原因是，当有姿态角偏差时飞行器的姿态角振荡或单调发散。如果能根据姿态角偏差产生一个控制力矩和一个与姿态角偏差相反的姿态角运动，同时为增大对角运动的阻尼，在控制方程中还需要引入姿态角速度偏差，如图 6－2 所示，该反馈控制方案中的控制方程如下：

$$\delta_\varphi = a_0 \Delta\varphi + a_1 \Delta\dot{\varphi} \tag{6-3}$$

将控制方程代入，可得闭环系统的特征方程：

$$\begin{aligned} D(s) = & s^3 + (a_1 b_3 + b_1 + c_1 - c_2)s^2 + \\ & [a_0 b_3 + b_2 + (a_1 b_3 + b_1)(c_1 - c_2) - a_1 b_2 c_3]s + \\ & a_0[b_3(c_1 - c_2) - b_2 c_3] - b_2 c_2 \end{aligned} \tag{6-4}$$

根据古尔维茨判据，可得到系统稳定的充要条件为

$$a_0 b_3 > -b_2[1 + c_1/(a_1 b_3 + b_1) + a_0 c_3/(a_1 b_3 + b_1)] a_0[b_3(c_1 - c_2) - b_2 c_3] - b_2 c_2 > 0 \tag{6-5}$$

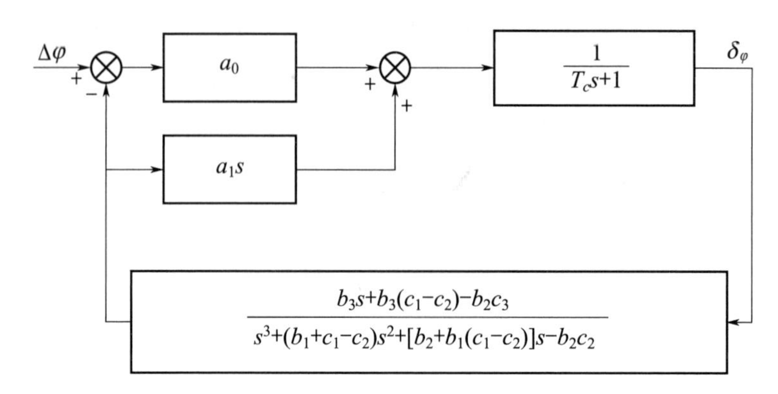

图 6 - 2　系统控制框图

由于气动环境差异性、风洞试验数据不准确等因素的存在，飞行器飞行过程中，气动参数、质心和转动惯量等参数的实际值与用于设计计算的标准值存在偏差，计算系数时需要合理考虑参数偏差，额定、上限和下限三种偏差状态的系数计算公式如下：

$$
\begin{cases}
c_{1f}=\left[-\left(\dfrac{\partial C_A}{\partial \alpha}+C_N\right)\sin\alpha+\left(\dfrac{\partial C_N}{\partial \alpha}-C_A\right)\cos\alpha\right]\dfrac{qS_m}{mV}+\dfrac{P_e\cos\alpha}{mV} \\
c_{1fu}=-\left[\dfrac{\partial C_A}{\partial \alpha}(1+\Delta C_A)+C_N(1-\Delta C_N)\right]\sin\alpha\,\dfrac{qS_m}{mV}+ \\
\qquad \left[\dfrac{\partial C_N}{\partial \alpha}(1-\Delta C_N)-C_A(1+\Delta C_A)\right]\cos\alpha\,\dfrac{qS_m}{mV}+\dfrac{P_e\cos\alpha}{mV} \\
c_{1fl}=-\left[\dfrac{\partial C_A}{\partial \alpha}(1-\Delta C_A)+C_N(1+\Delta C_N)\right]\sin\alpha\,\dfrac{qS_m}{mV}+ \\
\qquad \left[\dfrac{\partial C_N}{\partial \alpha}(1+\Delta C_N)-C_A(1-\Delta C_A)\right]\cos\alpha\,\dfrac{qS_m}{mV}+\dfrac{P_e\cos\alpha}{mV} \\
c_{2f}=\dfrac{g\sin\theta}{V} \\
c_{3f}=2\sqrt{2}\,\dfrac{180}{\pi}\cdot\dfrac{R_p}{mV} \\
c_{3fu}=2\sqrt{2}\,\dfrac{180}{\pi}\cdot\dfrac{R_p}{mV}(1+\Delta R_p) \\
c_{3fl}=2\sqrt{2}\,\dfrac{180}{\pi}\cdot\dfrac{R_p}{mV}(1-\Delta R_p) \\
b_{1f}=\dfrac{C_{mq}qS_m l_k^2}{J_{z1}V}
\end{cases}
$$

$$
\begin{cases}
b_{2f}=\dfrac{180}{\pi}\dfrac{\partial(C_{mzj}+C_{N}X_{c}/l_{k})}{\partial\alpha}qS_{m}l_{k}\dfrac{1}{J_{z1}}\\
b_{2fu}=-\dfrac{180}{\pi}\left[\dfrac{\partial(C_{mzj}}{\partial\alpha}(1-\Delta C_{mzj})+\dfrac{\partial C_{N}}{\partial\alpha}\cdot\dfrac{X_{c}}{l_{k}}(1-\Delta X_{c})\right]qS_{m}l_{k}\dfrac{1}{J_{z1}(1-\Delta J_{z1})}\\
b_{2fl}=-\dfrac{180}{\pi}\left[\dfrac{\partial(C_{mzj}}{\partial\alpha}(1+\Delta C_{mzj})+\dfrac{\partial C_{N}}{\partial\alpha}\cdot\dfrac{X_{c}}{l_{k}}(1+\Delta X_{c})\right]qS_{m}l_{k}\dfrac{1}{J_{z1}(1+\Delta J_{z1})}\\
b_{3f}=2\sqrt{2}\dfrac{180}{\pi}R_{p}(L_{c}-X_{c})\dfrac{1}{J_{z1}}\\
b_{3fu}=2\sqrt{2}\dfrac{180}{\pi}R_{p}(1+\Delta R_{p})[L_{c}-X_{c}(1-\Delta X_{c})]\dfrac{1}{J_{z1}(1-\Delta J_{z1})}\\
b_{3fl}=2\sqrt{2}\dfrac{180}{\pi}R_{p}(1-\Delta R_{p})[L_{c}-X_{c}(1+\Delta X_{c})]\dfrac{1}{J_{z1}(1+\Delta J_{z1})}
\end{cases}
\tag{6-6}
$$

式中，c_{1f}、c_{2f}、c_{3f}、b_{1f}、b_{2f}、b_{3f} 为额定状态系数；c_{1fu}、c_{3fu}、b_{2fu}、b_{3fu} 为上限状态系数；c_{1fl}、c_{3fl}、b_{2fl}、b_{3fl} 为下限状态系数。

6.1.2　基于不确定性的频域设计

传统频域设计方法中，考虑各项偏差组合，构成了额定、上限和下限三种基本状态，以确保额定、上限、下限状态均满足一定的频域指标要求，通过包络设计方法，以保证飞行器的稳定性，但也增大了设计的保守性。同时，由弹体开环频率特性可知，上下限状态增大了弹体开环频域散布，并增大了控制系统设计难度。为此，提出了基于概率方法的频域设计方法。通过总体各项偏差量的概率分布模型，生成总体各项偏差量概率分布，计算刚体动力学系数，分析弹体开环频率特性，设计静态增益及校正网络，在保证一定可靠度的情况下，确保闭环系统的稳定性，并具有一定的稳定裕度。

（1）总体偏差量概率分布

传统频域设计中，采用的总体各项偏差均为极限偏差值，且出现概率极小，姿控系统根据各项偏差的影响进行了组合分析，形成了频域设计的上下限，采用包络设计方法，确保姿控上下限具有一定的稳定裕度，造成了设计的保守性。本书采用的概率设计方法通过建立质量、质心、转动惯量以及气动偏差的概率分布模型，按一定的均值和方差生成各项偏差的概率分布，用于姿态控制系统设计，各项偏差分布模型见表6－2。

表 6－2　总体偏差量的概率分布模型

不确定性因素		单位	偏差量(3σ)	随机数分布
质量及几何特性	质心纵向偏差	mm	±20	$N(0,(20/3)^2)$
	质心横向偏差	mm	±10	$N(0,(10/3)^2)$
	转动惯量 J_x 偏差	%	±20	$N(0,(20/3)^2)$
	转动惯量 J_y 偏差	%	±20	$N(0,(20/3)^2)$
	转动惯量 J_z 偏差	%	±20	$N(0,(20/3)^2)$
固体发动机	推力线几何横移	mm	±5	$N(0,(5/3)^2)$
	推力线几何偏斜	(′)	±20	$N(0,(20/3)^2)$

（2）概率方法频域设计

根据建立的各项总体偏差概率分布模型，进行弹体开环传递特性计算。以俯仰通道为例，概率设计的传递函数为

$$W_{\delta m}^{\varphi}(s)=-\frac{b_{3fm}s+b_{3fm}(c_{1fm}-c_{2f})-b_{2fm}c_{3fm}}{s^3+(b_{1f}+c_{1fm}-c_{2f})s^2+[b_{2fm}+b_{1f}(c_{1fm}-c_{2f})]s-b_{2fm}c_{2fm}} \tag{6-7}$$

其中：

$$\begin{cases}c_{1fm}=-\left[\dfrac{\partial C_A}{\partial\alpha}(1+\Delta C_A)+C_N(1+\Delta C_N)\right]\sin\alpha\dfrac{qS_m}{mV}+\\\qquad\left[\dfrac{\partial C_N}{\partial\alpha}(1+\Delta C_N)-C_A(1+\Delta C_A)\right]\cos\alpha\dfrac{qS_m}{mV}+\dfrac{P_e\cos\alpha}{mV}\\c_{2f}=\dfrac{g\sin\theta}{V}\\c_{3fm}=2\sqrt{2}\dfrac{180}{\pi}\cdot\dfrac{R_p}{mV}(1+\Delta R_p)\\b_{1f}=-\dfrac{C_{mq}qS_ml_k^2}{J_{z1}V}\\b_{2fm}=-\dfrac{180}{\pi}\left[\dfrac{\partial C_{mzj}}{\partial\alpha}(1+\Delta C_{mzj})+\dfrac{\partial C_N}{\partial\alpha}\cdot\dfrac{X_c}{l_k}(1+\Delta X_c)\right]qS_ml_k\dfrac{1}{J_{z1}(1+\Delta J_{z1})}\\b_{3fm}=2\sqrt{2}\dfrac{180}{\pi}R_p(1+\Delta R_p)[L_c-X_c(1+\Delta X_c)]\dfrac{1}{J_{z1}(1+\Delta J_{z1})}\end{cases} \tag{6-8}$$

对俯仰通道进行频域设计，首先采用蒙特卡洛方法按照给定偏差量的概率

模型随机生成符合其概率分布的取值，代入式（6－7）通过计算统计可以得到 C_{1fm}、c_{2f}、c_{3fm}、b_{1f}、b_{2fm}、b_{3fm} 在各个主要特征秒的概率分布模型。采用蒙特卡洛方法仿真 50 000 次得到各秒点动力系数的分布见表 6－3。

表 6－3　各主要特征秒俯仰通道各动力系数的概率分布

特征秒	C_{1fm}		C_{3fm}		b_{2fm}		b_{3fm}	
	均值	标准差	均值	标准差	均值	标准差	均值	标准差
0 s	53.642	6.6×10^{-10}	7.228 1	0.830	-5.03×10^{-4}	9.65×10^{-7}	2.245 7	0.161 4
30 s	3.253 9	0.145 8	0.016 6	0.015	−4.313 8	0.817 2	5.811 0	0.418 5
70 s	5.085 8	0.035 1	0.009 1	0.007	−0.119 0	0.332 6	9.818 0	0.731 7

对比传统基于上下限的姿控系统频域设计方法，采用概率方法进行频域设计具有以下优势：

1）根据建立的总体偏差概率分布模型得到的各特征点弹体开环频域特性分布处于传统频域上下限之间，并接近额定状态，从而缩小了弹体的频域散布，并减小了姿控网络覆盖带宽的需求，降低了姿态控制系统频域设计难度，提高了上下限状态的稳定裕度。

2）由于弹体频域散布缩小，在相同的稳定裕度指标要求下，姿态控制系统可以放宽对各项偏差量的要求，降低总体、气动及结构的设计难度，优化飞行器武器系统方案。

6.1.3　基于不确定性的控制力分析

在姿态控制系统工程设计中，为保证飞行可靠性，对各项偏差量采用极限偏差组合的方法进行处理，保证姿态控制系统的稳定性并具有一定的余量，以此作为控制力的设计依据。一方面各项偏差均为极限值，且进行各偏差组合，导致计算出的干扰力和力矩过大，对控制力需求过大；另一方面设计余量本身是按照设计者经验选取的，具有一定主观性，综合造成了传统控制力分析方法设计余量过大，阻碍了飞行器的方案优化。为了解决这个问题，提出以概率设计的方法来确定在满足系统可靠性前提下控制力需求。

在姿态控制系统的设计中可将偏差量引起的等效舵偏角最大值当作 s ，将系统需求舵偏当作 S ，姿态控制系统的可靠度则为 S 大于 s 的概率。按照应力-强度干涉模型，可按如下方法计算系统的可靠度：

假设 s 和 S 均为正态分布，其概率密度函数为

$$\begin{cases} f(s) = \dfrac{1}{\sigma_s \sqrt{2\pi}} e^{-\frac{1}{2}\left(\frac{s-\mu_s}{\sigma_s}\right)^2} \\ f(S) = \dfrac{1}{\sigma_S \sqrt{2\pi}} e^{-\frac{1}{2}\left(\frac{s-\mu_s}{\sigma_s}\right)^2} \end{cases} \tag{6-9}$$

定义干涉随机变量 $Z = S - s$ ，则 Z 也服从正态分布，其概率密度函数为

$$f(Z) = \frac{1}{\sigma_Z \sqrt{2\pi}} e^{-\frac{1}{2}\left(\frac{Z-\mu_Z}{\sigma_Z}\right)^2} \tag{6-10}$$

则可靠度为

$$\begin{aligned} R &= P(Z > 0) = \int_0^{\infty} f(Z) \mathrm{d}Z \\ &= \int_0^{\infty} \frac{1}{\sigma_Z \sqrt{2\pi}} e^{-\frac{1}{2}\left(\frac{Z-\mu_Z}{\sigma_Z}\right)^2} \mathrm{d}Z \end{aligned} \tag{6-11}$$

将式（6－11）化为标准正态分布，令 $u = \dfrac{Z - \mu_Z}{\sigma_Z}$ ，则 $\mathrm{d}u = \dfrac{\mathrm{d}Z}{\sigma_Z}$ ，当 $Z = 0$，$u = -\beta = -\dfrac{\mu_Z}{\sigma_Z}$ ；当 $Z \to +\infty$ ，$u \to +\infty$ 。因此可靠度可表示为

$$R = \int_{-\beta}^{+\infty} \frac{1}{\sqrt{2\pi}} e^{-\frac{1}{2}u^2} \mathrm{d}u \tag{6-12}$$

由于正态分布的对称性，式（6－12）也可表示为

$$R = \int_{-\infty}^{\beta} \frac{1}{\sqrt{2\pi}} e^{-\frac{1}{2}u^2} \mathrm{d}u = \Phi(\beta) \tag{6-13}$$

式（6－13）中的积分上限：

$$\beta = \frac{\mu_Z}{\sigma_Z} = \frac{\mu_S - \mu_s}{\sqrt{\sigma_S^2 + \sigma_s^2}} \tag{6-14}$$

可以看出，式（6－14）将等效舵偏角最大值的分布参数、系统需求舵偏的分布参数和可靠度三者联系起来。已知等效舵偏角最大值的概率分布模型时，根据给定的可靠度指标 R ，根据正态分布计算给出 β ，将 β 和已知等效舵偏角最大值的分布参数代入式（6－14），从而求得姿态控制系统所需控制力。

在传统控制力分析中，根据建立的三通道姿态控制小偏差模型及干扰计算模型，将偏差量按照对控制系统的影响分为姿控上限状态和姿控下限状态，通过仿真分析得到三通道控制力需求，进而确定飞行器姿态控制的控制力需求。

根据仿真结果可知，单舵最大舵偏角出现在姿控下限状态，达 22.31°，已超出燃气舵单舵最大舵偏 20°限制，控制力无法满足需求。同时，虽然给出了

系统的需求舵偏角，但并不能回答姿态控制系统可靠度的问题，也无法回答在可靠度要求为 3σ 的条件下结论是否合理。

对姿态控制系统三通道小偏差模型进行蒙特卡洛仿真，统计计算三通道等效舵偏角最大值概率分布参数，仿真流程图如图 6-3 所示。

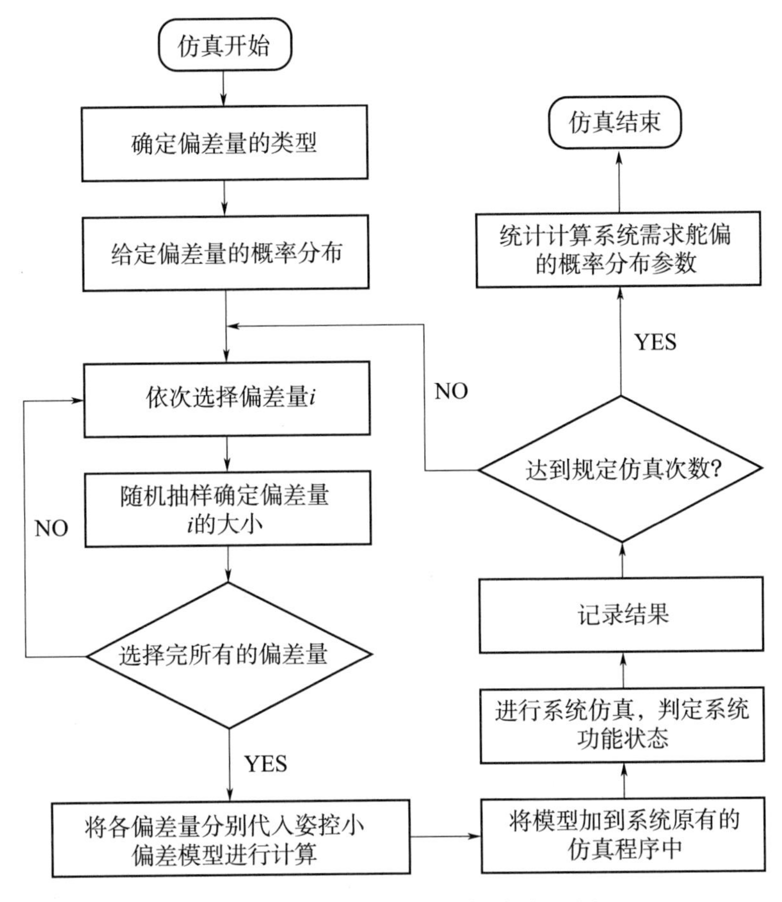

图 6-3　蒙特卡洛方法仿真流程图

采用蒙特卡洛方法仿真计算 50 000 次，得到各通道等效舵偏角随时间变化的曲线，通过提取每条曲线上等效舵偏角最大值，统计并计算其均值和标准差。

根据蒙特卡洛仿真结果进行正态分布拟合，可得其概率分布模型分别为

$$\begin{cases} \delta_\varphi \sim N(1.080,(0.114)^2) \\ \delta_\psi \sim N(3.839,(0.408)^2) \\ \delta_\gamma \sim N(9.788,(1.067)^2) \end{cases} \tag{6-15}$$

各通道需求舵偏也是随机变量，假设其服从正态分布：

$$\begin{cases} \delta_{\varphi m} \sim N\left(\bar{\delta}_{\varphi m}, \left(\dfrac{\bar{\delta}_{\varphi m}}{10}\right)^2\right) \\ \delta_{\psi m} \sim N\left(\bar{\delta}_{\psi m}, \left(\dfrac{\bar{\delta}_{\psi m}}{10}\right)^2\right) \\ \delta_{\gamma m} \sim N\left(\bar{\delta}_{\gamma m}, \left(\dfrac{\bar{\delta}_{\gamma m}}{10}\right)^2\right) \end{cases} \tag{6-16}$$

其中，$\bar{\delta}_{\varphi m}$、$\bar{\delta}_{\psi m}$、$\bar{\delta}_{\gamma m}$ 分别为俯仰、偏航、滚动通道多次试验中各通道需求舵偏的均值。

在可靠性要求为 0.997 3(3σ) 的条件下，$\beta_z=\beta_y=\beta_x=2.78$，代入式（6－14），可以求得：

$$\begin{cases} \bar{\delta}_{\varphi m}=1.582° \\ \bar{\delta}_{\psi m}=4.853° \\ \bar{\delta}_{\gamma m}=15.309° \end{cases} \tag{6-17}$$

计算可得，单舵最大需求舵偏角为 18.525°。通过表 6－4 对概率设计方法和传统方法进行对比可知，在设计输出参数满足 3σ 要求的同时，概率设计方法能降低执行机构的需求力矩和需求舵偏角，满足执行机构对舵偏角的限制。

表 6－4　传统方法与概率设计方法对比

项目		概率设计方法	传统方法	减小比例
等效舵偏角最大值/(°)	俯仰通道	1.582	1.772	10.72%
	偏航通道	4.853	7.862	38.27%
	滚动通道	15.309	18.576	17.59%

6.2　级间分离不确定性建模与分析方法

级间分离是飞行器飞行任务的关键环节之一，其功能是在一定的高度将完成预定功能的部分结构分离并抛去，旨在改善总体性能，增大飞行速度，提高运载能力[6]。在飞行器设计过程中，飞行器级间分离技术是亟须攻克的一项关键技术。级间分离主要包括级间热分离和级间冷分离两种方法。热分离过程可简化为上面级点火—切割解锁—级间分离的过程，具有分离速度快、失控时间短、分离碰撞可能小的优点，然而其级间结构以及下面级燃料箱需要承受上面级发动机排气的高温高压作用，相应部位需要采取额外的热防护措施，增加了飞行器的结构质量；冷分离过程一般利用安装在下面级的反推发动机提供级间分离力，其优势在于级间结构不受发动机排气的高温高压作用，结构质量较小，有利于提升飞行器总体性能，但是其失控时间较长，分离干扰较大，不确定性因素影响显著。

传统的分离分析通常是基于参数偏差进行的，通过偏差组合考虑最严酷的情况，以此判断分离设计方案是否满足要求[16]。然而，随着飞行器可靠性要求不断提高以及新技术方法的发展应用，传统方法为了包络最严酷的极限条件，其设计方案往往偏于保守，增加结构重量，在某些情况下甚至严重影响飞行器总体性能，难以满足精细化设计需求。

针对这一问题，目前的研究趋势是综合考虑不确定性因素影响，将不确定性注入分离动力学仿真模型，建立飞行器分离可靠性模型，实现分离方案的精细化分析[18-20]。鉴于轴对称式级间冷分离是飞行器典型的级间分离方式，选取此分离方案为对象进行重点介绍。分离过程中，上面级受到重力、分插拔脱力和气动力的影响，下面级受到重力、分插拔脱力、主发动机残余推力、反推发动机推力以及气动力的影响，飞行器级间冷分离方案示意图如图 6－4 所示。由于上面级发动机喷管位于下面级壳体内，故在分离过程中需要着重关注两者之间的相对最小距离。

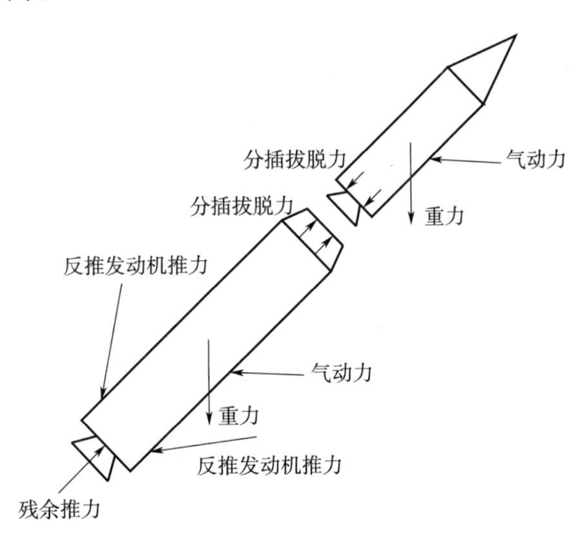

图 6－4　飞行器级间冷分离方案示意图

6.2.1　级间分离动力学建模方法

定义飞行器上面级和下面级的弹体坐标系原点与各自质心重合，x 轴与各自弹体纵轴重合，指向弹体头部；y 轴在弹体主对称平面内，垂直于 x 轴向上为正；z 轴垂直于主对称面，方向可由右手法则确定。进而定义分离坐标系与分离初始时刻飞行器组合体的弹体坐标系重合，假设忽略地球自转的影响，此时分离坐标系即为分离惯性参考系。以此为基础，在分离坐标系下分别针对组合体、上面级以及下面级建立质心运动方程如下：

$$\begin{cases} m_c \dfrac{\mathrm{d}v_{cx}}{\mathrm{d}t}=F_{cx} \\ m_c \dfrac{\mathrm{d}v_{cy}}{\mathrm{d}t}=F_{cy} \\ m_c \dfrac{\mathrm{d}v_{cz}}{\mathrm{d}t}=F_{cz} \end{cases},\begin{cases} m_u \dfrac{\mathrm{d}v_{ux}}{\mathrm{d}t}=F_{ux} \\ m_u \dfrac{\mathrm{d}v_{uy}}{\mathrm{d}t}=F_{uy} \\ m_u \dfrac{\mathrm{d}v_{uz}}{\mathrm{d}t}=F_{uz} \end{cases},\begin{cases} m_l \dfrac{\mathrm{d}v_{lx}}{\mathrm{d}t}=F_{lx} \\ m_l \dfrac{\mathrm{d}v_{ly}}{\mathrm{d}t}=F_{ly} \\ m_l \dfrac{\mathrm{d}v_{lz}}{\mathrm{d}t}=F_{lz} \end{cases} \tag{6-18}$$

式中，下标“c”代表组合体，下标“u”代表上面级，下标“l”代表下面级；m 是分析对象的质量；v_x，v_y，v_z 是分析对象的速度矢量在分离坐标系下的速度投影；F_x，F_y，F_z 是分析对象受到的合力在分离坐标系下的投影。需要指出的是，气动力的升力和阻力定义在飞行器速度坐标系下，需要将计算得到的升力和阻力转化至分离坐标系下计算其合力 F，通过式（6－18）的质心运动方程，给出飞行器分离过程中质心运动分析结果。合力 F 计算过程中，坐标系的转化示意图如图 6－5 所示。

速度坐标系 V $\xRightarrow{B_V}$ 弹体坐标系 B $\xRightarrow{G_B}$ 分离坐标系 G

图 6－5　分离过程坐标系的转化示意图

定义速度坐标系原点与飞行器质心重合，x 轴与速度矢量重合，沿速度矢量方向为正；y 轴位于弹体纵向对称面内与 x 轴垂直，向上为正；z 轴垂直于 oxy 平面，其方向按照右手定则确定。由速度坐标系和弹体坐标系定义可知，由速度坐标系 V 到弹体坐标系 B 的转换矩阵 $\boldsymbol{B}_V$ 为

$$\boldsymbol{B}_V=\boldsymbol{L}_z(\alpha)\boldsymbol{L}_y(\beta)=\begin{pmatrix} \cos\beta\cos\alpha & \sin\alpha & -\sin\beta\cos\alpha \\ -\cos\beta\sin\alpha & \cos\alpha & \sin\beta\sin\alpha \\ \sin\beta & 0 & \cos\beta \end{pmatrix} \tag{6-19}$$

式中，$\boldsymbol{L}_z(\alpha)$ 为绕 z 轴旋转 α 角的旋转矩阵；$\boldsymbol{L}_y(\beta)$ 为绕 y 轴旋转 β 角的旋转矩阵。同理，基于弹体坐标系和分离坐标系的定义，由弹体坐标系到分离坐标系的转换矩阵 $\boldsymbol{G}_B$ 为

$$
\boldsymbol{G}_B = \boldsymbol{L}_z(-\varphi)\boldsymbol{L}_y(-\psi)\boldsymbol{L}_x(-\gamma)
= \begin{pmatrix} \cos\varphi\cos\psi & -\sin\varphi\cos\gamma + \cos\varphi\sin\psi\sin\gamma & \sin\varphi\sin\gamma + \cos\varphi\sin\psi\cos\gamma \\ \sin\varphi\cos\psi & \cos\varphi\cos\gamma + \sin\varphi\sin\psi\sin\gamma & -\cos\varphi\sin\gamma + \sin\varphi\sin\psi\cos\gamma \\ -\sin\psi & \cos\psi\sin\gamma & \cos\psi\cos\gamma \end{pmatrix} \tag{6-20}
$$

式中，$\boldsymbol{L}_z(-\varphi)$ 为绕 z 轴旋转 $-\varphi$ 角的旋转矩阵；$\boldsymbol{L}_y(-\psi)$ 为绕 y 轴旋转 $-\psi$ 角的旋转矩阵；$\boldsymbol{L}_x(-\gamma)$ 为绕 x 轴旋转 $-\gamma$ 角的旋转矩阵。φ，ψ，γ 分别为分析对象的弹体坐标系相对分离坐标系的欧拉角，通过式（6－20）的转换矩阵将分析对象在弹体坐标系下受到的合力转换为分离坐标系下受到的合力，进而通过式（6－18）建立飞行器分离过程组合体、上面级以及下面级的质心运动方程。

进一步，为考虑分离过程两体姿态的影响，分别在对应的弹体坐标系下建立组合体、上面级和下面级的绕质心动力学方程如下：

$$
\begin{cases} I_{cx1}\dfrac{\mathrm{d}\omega_{cx1}}{\mathrm{d}t} + (I_{cz1} - I_{cy1})\omega_{cz1}\omega_{cy1} = M_{cx1} \\ I_{cy1}\dfrac{\mathrm{d}\omega_{cy1}}{\mathrm{d}t} + (I_{cx1} - I_{cz1})\omega_{cx1}\omega_{cz1} = M_{cy1} \\ I_{cz1}\dfrac{\mathrm{d}\omega_{cz1}}{\mathrm{d}t} + (I_{cy1} - I_{cx1})\omega_{cy1}\omega_{cx1} = M_{cz1} \end{cases}
\begin{cases} I_{ux1}\dfrac{\mathrm{d}\omega_{ux1}}{\mathrm{d}t} + (I_{uz1} - I_{uy1})\omega_{uz1}\omega_{uy1} = M_{ux1} \\ I_{uy1}\dfrac{\mathrm{d}\omega_{uy1}}{\mathrm{d}t} + (I_{ux1} - I_{uz1})\omega_{ux1}\omega_{uz1} = M_{uy1} \\ I_{uz1}\dfrac{\mathrm{d}\omega_{uz1}}{\mathrm{d}t} + (I_{uy1} - I_{ux1})\omega_{uy1}\omega_{ux1} = M_{uz1} \end{cases}
$$

$$
\begin{cases} I_{lx1}\dfrac{\mathrm{d}\omega_{lx1}}{\mathrm{d}t} + (I_{lz1} - I_{ly1})\omega_{lz1}\omega_{ly1} = M_{lx1} \\ I_{ly1}\dfrac{\mathrm{d}\omega_{ly1}}{\mathrm{d}t} + (I_{lx1} - I_{lz1})\omega_{lx1}\omega_{lz1} = M_{ly1} \\ I_{lz1}\dfrac{\mathrm{d}\omega_{lz1}}{\mathrm{d}t} + (I_{ly1} - I_{lx1})\omega_{ly1}\omega_{lx1} = M_{lz1} \end{cases} \tag{6-21}
$$

式中，下标“c”代表组合体，下标“u”代表上面级，下标“l”代表下面级，下标“1”代表弹体坐标系；ω_{x1}，ω_{y1}，ω_{z1} 为分析对象转动角速度在弹体坐标系中的分量；I_{x1}，I_{y1}，I_{z1} 为分析对象相对其弹体坐标系的转动惯量。式（6－18）和式（6－21）建立了飞行器分析对象的质心运动方程及动力学方程，分别以组合体、上面级和下面级为分析对象，补充建立速度与位置、欧拉角与角速度之间的关系：

$$
\begin{cases}
\dfrac{\mathrm{d}x}{\mathrm{d}t}=V_x \\
\dfrac{\mathrm{d}y}{\mathrm{d}t}=V_y \\
\dfrac{\mathrm{d}z}{\mathrm{d}t}=V_z \\
\dfrac{\mathrm{d}\varphi}{\mathrm{d}t}=\dfrac{\sin\gamma}{\cos\psi}\omega_{y1}+\dfrac{\cos\gamma}{\cos\psi}\omega_{z1} \\
\dfrac{\mathrm{d}\psi}{\mathrm{d}t}=\omega_{y1}\cos\gamma-\omega_{z1}\sin\gamma \\
\dfrac{\mathrm{d}\gamma}{\mathrm{d}t}=\omega_{x1}+\omega_{y1}\sin\gamma\tan\psi+\omega_{z1}\cos\gamma\tan\psi
\end{cases}
\tag{6-22}
$$

对于某一分析对象而言，结合以上公式，分别建立组合体、上面级和下面级的六自由度刚体运动及动力学仿真模型，通过四阶 Runge - Kutta 方法开展两体分离动力学仿真[15]。

针对冷分离方案上面级发动机喷管位于下面级壳体内的特点，在两体分离过程中需要着重关注两者之间的相对距离，判断两体是否发生碰撞。碰撞检测是分离仿真的难点之一，其关键在于计算空间两体的最小间隙距离。当两体处于最小相对距离状态未碰撞时，整个分离过程就不会发生碰撞，常规方法通过对两体划分全局网格，使用枚举法求解间距，但这一过程复杂耗时。针对这一问题，本章提出了一种新的快速碰撞检测方法，结合干扰式轴对称级间分离结构的几何特点，干扰式分离过程中，两体分离最小间隙距离一般有如下两种形式，如图 6 - 6 所示。图中阴影梯形区域代表上面级发动机喷管，白色梯形区域代表级间段。

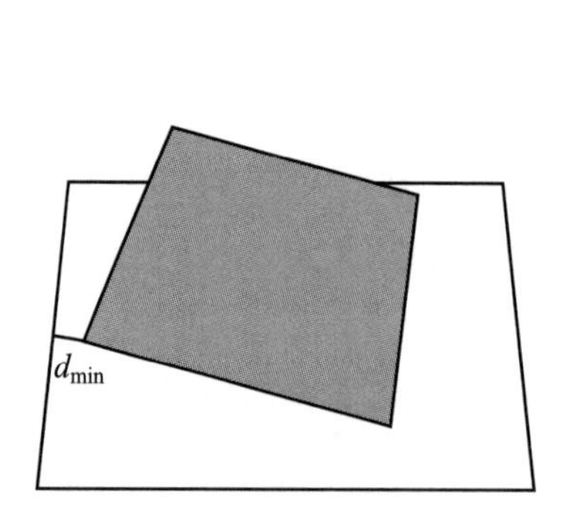

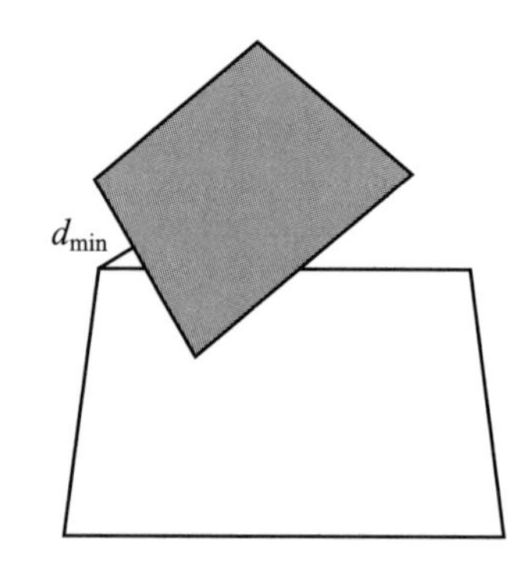

图 6 - 6　飞行器干扰式分离示意图

针对串联干扰式分离的特点，危险体截面为上面级发动机喷管的下底边和级间段的上底边，故特征点应在危险体截面上平均选取。这里将上面级发动机喷管和级间段简化为一个圆台体，需要着重关注的是各个特征点到圆台体的最短距离，记圆台体上表面圆心为 A，半径为 r_A；下表面圆心为 B，半径为 r_B；特征点为 P，由于特征点到圆台体的最短距离 d 一定在平面 PAB 内，此时三维空间问题转化为二维平面问题，如图 6-7 所示。

为保证特征点到圆台体最短距离的计算完备性，根据圆台体的几何特点，将特征点所在区域划分为 10 个不同的区域，其中 3、4、8、9 区的最短距离为特征点到圆台体内外表面的最短距离；其他区域最短距离为特征点到圆台体上下底边的最短距离。特征点 P 到圆台体中轴线的距离 r_P，圆台体截面底边夹角 θ 及 8、9、10 区分界点 C、D 可进一步表示为

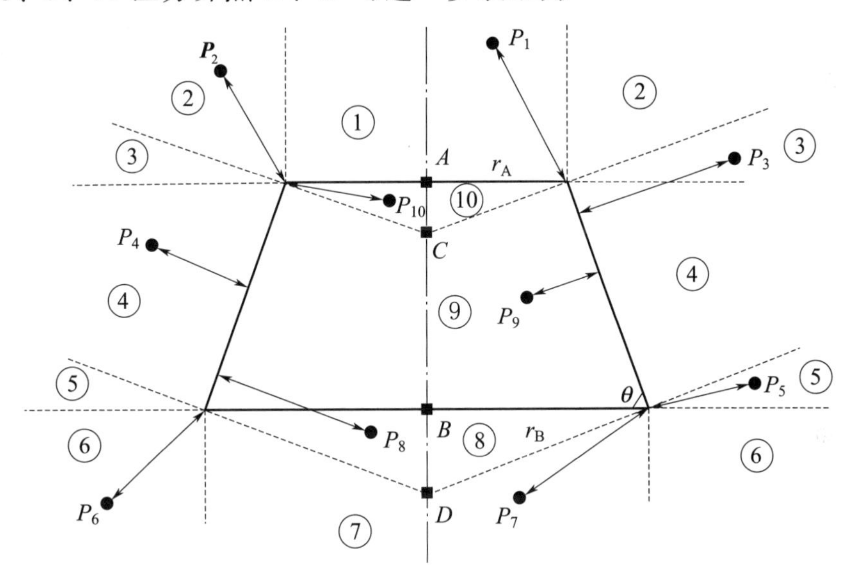

图 6-7　不同区域最短距离示意图

$$
\begin{cases}
r_P = \dfrac{\|\boldsymbol{AP} \times \boldsymbol{AB}\|}{\|\boldsymbol{AB}\|} \\
\theta = \arctan\left(\dfrac{\|\boldsymbol{AB}\|}{r_B - r_A}\right) \\
\boldsymbol{C} = \dfrac{r_A}{\tan\theta} \cdot \dfrac{\boldsymbol{AB}}{\|\boldsymbol{AB}\|} + \boldsymbol{A} \\
\boldsymbol{D} = \dfrac{r_B}{\tan\theta} \cdot \dfrac{\boldsymbol{AB}}{\|\boldsymbol{AB}\|} + \boldsymbol{B}
\end{cases}
\tag{6-23}
$$

结合所在区域的几何特点，给出特征点 P 到圆台体的最小距离 d，公式为

1）若 $\begin{cases} \boldsymbol{AP} \cdot \boldsymbol{AB} < 0 \\ r_P \leqslant r_A \end{cases}$，$P$ 点在 1 区，最小距离 $d = \sqrt{(r_A - r_P)^2 + \|\boldsymbol{AP}\|^2 - r_P^2}$。

2）若 $\begin{cases} \boldsymbol{AP} \cdot \boldsymbol{AB} < 0 \\ \left(r_P - r_A + \dfrac{\sqrt{\|\boldsymbol{AP}\|^2 - r_P^2}}{\tan\theta}\right)\cos\theta\sin\theta < \sqrt{\|\boldsymbol{AP}\|^2 - r_P^2} \\ r_P > r_A \end{cases}$，$P$ 点在 2 区，最小距离 $d = \sqrt{(r_P - r_A)^2 + \|\boldsymbol{AP}\|^2 - r_P^2}$。

3）若 $\begin{cases} \boldsymbol{AP} \cdot \boldsymbol{AB} < 0 \\ \left(r_P - r_A + \dfrac{\sqrt{\|\boldsymbol{AP}\|^2 - r_P^2}}{\tan\theta}\right)\cos\theta\sin\theta \geqslant \sqrt{\|\boldsymbol{AP}\|^2 - r_P^2} \\ r_P > r_A \end{cases}$，$P$ 点在 3 区，最小距离 $d = \left(r_P - r_A + \dfrac{\sqrt{\|\boldsymbol{AP}\|^2 - r_P^2}}{\tan\theta}\right)\sin\theta$。

4）若 $\begin{cases} \boldsymbol{AP} \cdot \boldsymbol{AB} > 0 \\ r_P > r_A + (r_B - r_A)\dfrac{\|\boldsymbol{AB}\| - \sqrt{\|\boldsymbol{BP}\|^2 - r_P^2}}{\|\boldsymbol{AB}\|} \\ \left(r_P - r_A - (r_B - r_A)\dfrac{\|\boldsymbol{AB}\| - \sqrt{\|\boldsymbol{BP}\|^2 - r_P^2}}{\|\boldsymbol{AB}\|}\right)\cos\theta\sin\theta < \sqrt{\|\boldsymbol{BP}\|^2 - r_P^2} \\ \boldsymbol{BA} \cdot \boldsymbol{BP} > 0 \end{cases}$，$P$ 点在 4 区，最小距离 $d = \left(r_P - r_A - (r_B - r_A)\dfrac{\|\boldsymbol{AB}\| - \sqrt{\|\boldsymbol{BP}\|^2 - r_P^2}}{\|\boldsymbol{AB}\|}\right)\sin\theta$。

5）若 $\begin{cases} \boldsymbol{AP} \cdot \boldsymbol{AB} > 0 \\ r_P > r_A + (r_B - r_A)\dfrac{\|\boldsymbol{AB}\| - \sqrt{\|\boldsymbol{BP}\|^2 - r_P^2}}{\|\boldsymbol{AB}\|} \\ \left(r_P - r_A - (r_B - r_A)\dfrac{\|\boldsymbol{AB}\| - \sqrt{\|\boldsymbol{BP}\|^2 - r_P^2}}{\|\boldsymbol{AB}\|}\right)\cos\theta\sin\theta \geqslant \sqrt{\|\boldsymbol{BP}\|^2 - r_P^2} \\ \boldsymbol{BA} \cdot \boldsymbol{BP} > 0 \end{cases}$，$P$ 点在 5 区，最小距离 $d = \sqrt{(r_P - r_B)^2 + \|\boldsymbol{BP}\|^2 - r_P^2}$。

6）若 $\begin{cases} \boldsymbol{BA} \cdot \boldsymbol{BP} < 0 \\ r_P > r_B \end{cases}$，$P$ 点在 6 区，最小距离 $d = \sqrt{(r_P - r_B)^2 + \|\boldsymbol{BP}\|^2 - r_P^2}$。

7）若 $\begin{cases} \boldsymbol{BA} \cdot \boldsymbol{BP} < 0 \\ \arccos\dfrac{\boldsymbol{DB} \cdot \boldsymbol{DP}}{\|\boldsymbol{DB}\| \cdot \|\boldsymbol{DP}\|} > \theta \\ r_P \leqslant r_B \end{cases}$，$P$ 点在 7 区，最小距离 $d = \sqrt{(r_B - r_P)^2 + \|\boldsymbol{BP}\|^2 - r_P^2}$。

8）若 $\begin{cases} \boldsymbol{BA} \cdot \boldsymbol{BP} < 0 \\ \arccos\dfrac{\boldsymbol{DB} \cdot \boldsymbol{DP}}{\|\boldsymbol{DB}\| \cdot \|\boldsymbol{DP}\|} < \theta \\ r_P \leqslant r_B \end{cases}$，$P$ 点在 8 区，最小距离 $d = \left(r_B + \dfrac{\sqrt{\|\boldsymbol{BP}\|^2 - r_P^2}}{\tan\theta} - r_P\right)\sin\theta$。

9）若 $\begin{cases} \boldsymbol{AP} \cdot \boldsymbol{AB} > 0 \\ r_P \leqslant r_A + (r_B - r_A)\dfrac{\|\boldsymbol{AB}\| - \sqrt{\|\boldsymbol{BP}\|^2 - r_P^2}}{\|\boldsymbol{AB}\|} \\ \arccos\dfrac{\boldsymbol{CA} \cdot \boldsymbol{CP}}{\|\boldsymbol{CA}\| \cdot \|\boldsymbol{CP}\|} > \theta \\ \boldsymbol{BA} \cdot \boldsymbol{BP} > 0 \end{cases}$，$P$ 点在 9 区，最小距离 $d = \left(r_A + (r_B - r_A)\dfrac{\|\boldsymbol{AB}\| - \sqrt{\|\boldsymbol{BP}\|^2 - r_P^2}}{\|\boldsymbol{AB}\|} - r_P\right)\sin\theta$。

10）若 $\begin{cases} \boldsymbol{AP} \cdot \boldsymbol{AB} > 0 \\ r_P \leqslant r_A + (r_B - r_A)\dfrac{\|\boldsymbol{AB}\| - \sqrt{\|\boldsymbol{BP}\|^2 - r_P^2}}{\|\boldsymbol{AB}\|} \\ \arccos\dfrac{\boldsymbol{CA} \cdot \boldsymbol{CP}}{\|\boldsymbol{CA}\| \cdot \|\boldsymbol{CP}\|} \leqslant \theta \\ \boldsymbol{BA} \cdot \boldsymbol{BP} > 0 \end{cases}$，$P$ 点在 10 区，最小距离 $d = \sqrt{(r_A - r_P)^2 + \|\boldsymbol{AP}\|^2 - r_P^2}$。

结合所在区域的特点，给出特征点 P 到圆台体的最小距离 d，进而，选取危险截面所在特征点的最小值为某一时刻两体分离的最小间隙：

$$d_{\min} = \min\{d_i\}, i = 1 \cdots N \tag{6-24}$$

式中，N 为危险截面特征点的数量，由于采用四阶 Runge - Kutta 方法进行两体分离动力学仿真，定义从分离开始到上面级起控过程中，两体最小间隙距离最近的时刻为危险时刻，在上面级发动机喷管从级间段拔出过程中，为避免时间步长过大导致漏失危险时刻，需要在危险区域附近缩短时间步长，识别两体分离过程中的危险时刻，时间步长为 0.002 s。考虑数值误差和安全系数的影响，给定最小间隙阈值 ε_d ，若从开始分离到上面级起控过程中，所有时刻最小间隙距离的最小值大于阈值 ε_d ，则判定分离过程中未发生碰撞。

6.2.2 不确定性分类与建模

飞行器实施分离时的恶劣环境将导致两体可靠分离困难，尤其在低空大动压条件下，两体分离严重制约飞行器可靠性水平的提升。在分离过程中存在着诸多不确定性因素，如反推发动机作用时间不同步，下面级残余推力偏斜以及残余推力作用点位置偏差等。在这些不确定性因素的综合影响下，两体分离存在碰撞风险，可能导致分离任务失败。

结合飞行器级间分离方案特点，梳理识别飞行器分离偏差量来源，包括：质量特性偏差、初始特性偏差、推力特性偏差、气动特性偏差等。考虑到下面级主发动机关机后仍会产生残余推力，且残余推力随时间变化而快速减小，需要进一步考虑残余推力的偏移偏斜影响，如图 6－8 所示。

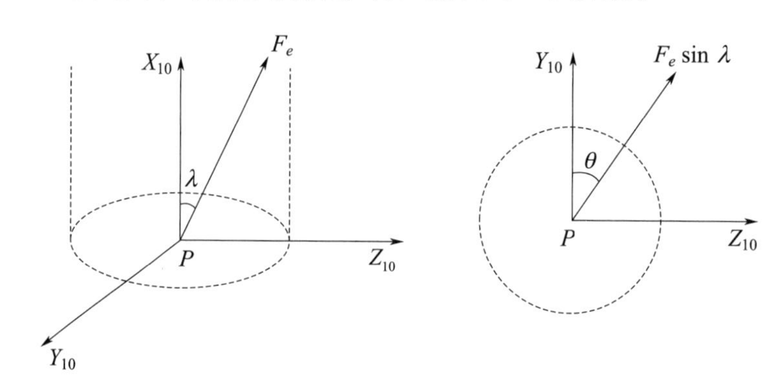

图 6－8 残余推力偏移偏斜示意图

点 P 是残余推力的等效作用点，PX_{10}，PY_{10}，PZ_{10} 与下面级弹体坐标系平行。其中，λ 角为残余推力的推力线与下面级弹体中轴线的夹角；θ 角为残余推力的推力线在截面 $PY_{10}Z_{10}$ 上的投影与 Y_{10} 轴的夹角，给出残余推力在弹体坐标系下的分量为

$$\boldsymbol{F}_e = \begin{pmatrix} F_e \cos\lambda \\ F_e \sin\lambda \cos\theta \\ F_e \sin\lambda \sin\theta \end{pmatrix} \tag{6-25}$$

由于偏移偏斜的影响，残余推力的作用点与下面级质心的相对位置为

$\boldsymbol{r}_{pc}=(x_{pc},\ y_{pc},\ z_{pc})^{\mathrm{T}}$，故发动机推力偏移偏斜产生的力矩为

$$\boldsymbol{M}_e=\begin{pmatrix}0 & -z_{pc} & y_{pc}\\ z_{pc} & 0 & -x_{pc}\\ -y_{pc} & x_{pc} & 0\end{pmatrix}\begin{pmatrix}F_e\cos\lambda\\ F_e\sin\lambda\cos\theta\\ F_e\sin\lambda\sin\theta\end{pmatrix} \tag{6-26}$$

此外，飞行器在低空大动压条件下实施分离，气动特性偏差对两体可靠分离影响显著，包括：升力系数偏差、阻力系数偏差、气动力矩系数偏差等。气动特性偏差属于模型不确定性，由于气动仿真模型的复杂性，彼此之间的偏差是相关的，为简化分析问题，采用气动特性偏差表征升力系数偏差、阻力系数偏差以及气动力矩系数偏差，即三者系数偏差相等。

综上所述，考虑质量、气动、残余推力以及反推发动机等不确定性因素影响，给出分离过程不确定性因素名称及其概率分布参数，建立分离过程不确定性因素模型。

6.2.3　级间分离仿真与灵敏度分析

根据标称值开展飞行器级间分离仿真，假设飞行器级间段下表面直径为1 m，上表面直径为0.8 m，喷管扩张段下表面直径为0.7 m，在飞行高度40 km处实施级间分离，上面级在0.5 s后开始起控，利用分离动力学模型及快速碰撞检测方案开展标称状态下飞行器级间分离仿真。分离过程质心相对位移、两体最小间隙距离、上面级攻角、侧滑角、姿态角及姿态角速度如图6－9所示。

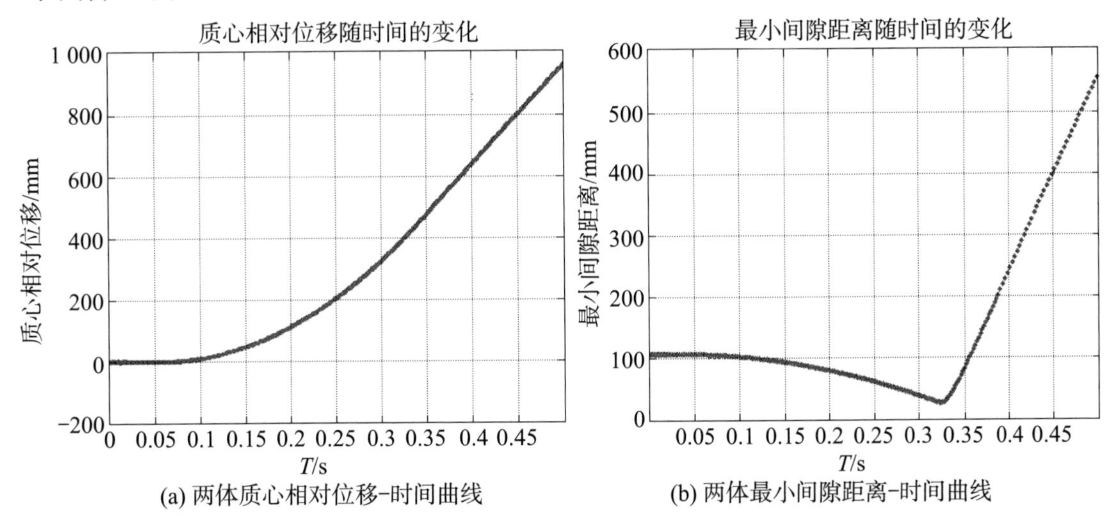

图6－9　标称状态下分离过程参数变化图

通过图6－9（a）可知在反推发动机的作用下两体正常分离，避免了下面

级发动机关机后存在后效推力导致下面级碰撞上面级的情况，图 6-9（b）采用快速碰撞检测方案给出了两体分离最小间隙距离随时间变化图像，两体最小间隙距离最近的时刻为 0.324 s，此时上面级喷管下截面恰与下面级级间段上截面平齐，此时两体间距离最短为 0.026 1 m，由于喷管下截面直径为 0.7 m，级间段上截面直径为 0.8 m，在理想状态下喷管拔出过程中两体分离最短距离为 0.05 m，由于气动及初始角速率等因素影响，两体分离过程中最小间隙距离小于理想状态下最短距离，若在其他偏差干扰因素影响下，两体可能存在发生碰撞的风险。

在此基础上，进一步开展飞行器级间分离不确定性灵敏度分析，采用基本效应灵敏度分析方法，以绝对值均值 μ_i^* 为指标，给出对两体分离最小间隙距离 d 影响最大的 10 个因素如图 6-10 所示。

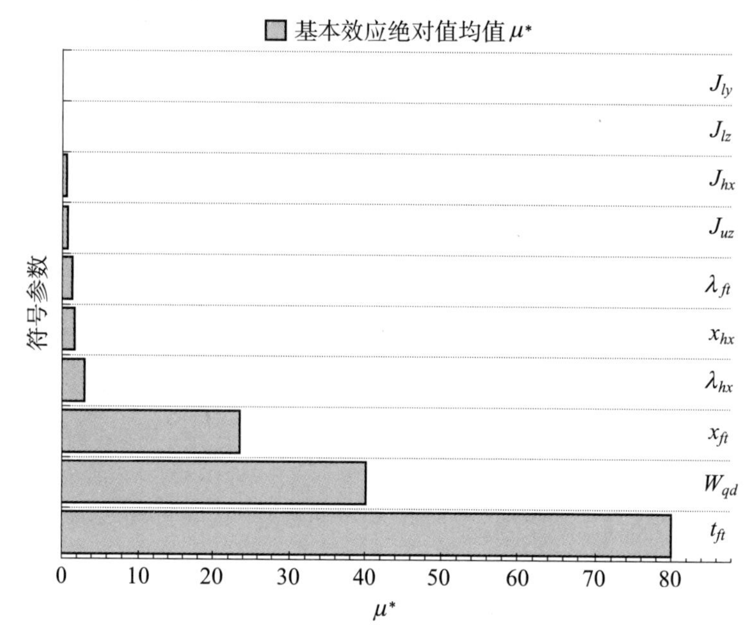

图 6-10　飞行器级间分离基本效应绝对值均值

基于上述分析，选取主要不确定性因素包括：反推发动机不同步时间 t_{ft}，气动特性偏差 W_{qd}，反推推力作用点位置 x_{ft}，残余推力的推力线与下面级弹体中轴线夹角 λ_{hx} 以及残余推力作用点位置 x_{hx}，这 5 个主要不确定性因素基本效应绝对值均值总和占全部绝对值均值总和的影响超过 95%，识别主要不确定性因素，滤除影响较小的次要不确定性因素。

为满足精细化设计需求，在建立分离不确定性模型的基础上，将主要不确定性因素注入分离动力学模型，建立飞行器分离碰撞不确定性模型。结合分离快速碰撞检测方案，给出不确定性分析模型的极限状态方程为分离过程两体最小间隙距离 d 与给定阈值 d_0 之差等于零，即

$$g(t_{ft}, W_{qd}, x_{ft}, \lambda_{hx}, x_{hx}) = d(t_{ft}, W_{qd}, x_{ft}, \lambda_{hx}, x_{hx}) - d_0 = 0 \quad (6-27)$$

式中，t_{ft}，W_{qd}，x_{ft}，λ_{hx}，x_{hx} 为不确定性参数，失效域定义为

$$D = \{(t_{ft}, W_{qd}, x_{ft}, \lambda_{hx}, x_{hx}) \mid g(t_{ft}, W_{qd}, x_{ft}, \lambda_{hx}, x_{hx}) \leqslant 0\} \quad (6-28)$$

因而在不确定性 t_{ft}，W_{qd}，x_{ft}，λ_{hx}，x_{hx} 因素影响下，分离过程两体不发生碰撞的概率为

$$R = \Pr\{d(t_{ft}, W_{qd}, x_{ft}, \lambda_{hx}, x_{hx}) - d_0 > 0\} \quad (6-29)$$

6.2.4　级间分离不确定性分析

针对式（6-29）所示模型，常规方法可定义模型的联合概率密度函数为 $p(t_{ft}, W_{qd}, x_{ft}, \lambda_{hx}, x_{hx})$，则式（6-29）可进一步表示为

$$R = 1 - \int_D \cdots \int p(t_{ft}, W_{qd}, x_{ft}, \lambda_{hx}, x_{hx})\, \mathrm{d}t_{ft} \cdots \mathrm{d}x_{hx} \quad (6-30)$$

鉴于不确定性参数较多，难以获得失效域 D 联合概率密度函数 $p(t_{ft}, W_{qd}, x_{ft}, \lambda_{hx}, x_{hx})$ 的显示表达，直接积分求解难度较大且复杂耗时，因而通常采用蒙特卡洛方法进行不确定性分析，该方法精度较高，且随着不发生概率指标的提升，调用分离仿真模型的次数也会急剧增加，导致求解效率较低，难以满足快速设计迭代的工程需求。为满足变异系数不大于0.05，则蒙特卡洛样本点集数量 N_c 随失效概率 P_f 的变化如图6-11所示。

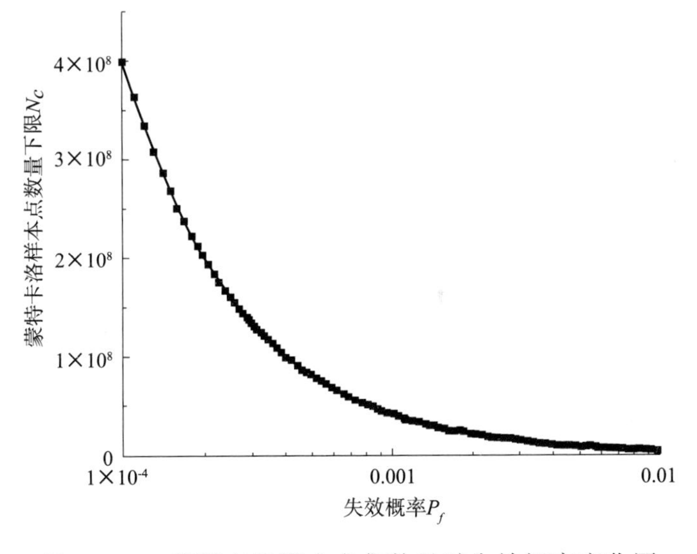

图6-11　蒙特卡洛样本点集数量随失效概率变化图

针对这一问题，采用改进主动学习 Kriging 不确定性分析方法求解，忽略次要因素影响，考虑主要不确定性因素分布类型及其分布参数见表 6－5。根据识别的主要分离不确定性模型随机选取 50 000 个蒙特卡洛样本点，通过相同的样本点集分别采用主动学习 Kriging 和改进主动学习 Kriging 进行级间分离可靠性分析，为进一步验证改进主动学习 Kriging 的稳健性，给出 10 次两体不发生碰撞概率的分析结果，见表 6－6。

表 6－5　主要不确定性因素分布类型及其分布参数

分离不确定性	分布类型	分布参数
t_{ft}/s	正态分布	$N(0.03, 0.006\,6^2)$
W_{qd}	均匀分布	$U(-0.15, 0.15)$
x_{ft}/m	正态分布	$N(8.5, 0.2^2)$
λ_{hx}/(°)	正态分布	$N(0, 1.5^2)$
x_{hx}/m	正态分布	$N(5, 0.2^2)$

表 6－6　飞行器级间分离分析结果

分析次数	主动学习 Kriging		改进主动学习 Kriging	
	未碰撞概率 R	调用次数	未碰撞概率 R	调用次数
1	0.989 3	149	0.989 1	134
2	0.989 0	230	0.989 2	179
3	0.988 9	189	0.989 2	184
4	0.988 9	240	0.988 9	202
5	0.989 0	246	0.989 0	220
6	0.989 0	260	0.989 0	162
7	0.987 8	232	0.987 8	165
8	0.988 9	240	0.988 9	202
9	0.989 0	181	0.989 1	177
10	0.989 2	218	0.989 3	203
均值	0.988 9	218.5	0.988 95	182.8
标准差	4.083×10^{-4}	—	4.249×10^{-4}	—

改进主动学习 Kriging 的分离仿真模型调用次数更少，分析效率更高，其不确定性分析效率平均提高了 16.34%。随机选取 10 次不同的初始训练点集和蒙特卡洛样本点集，主动学习 Kriging 和改进主动学习 Kriging 结果的标准差

近似相同，验证了改进主动学习 Kriging 方法的稳健性。给出其中第 7 次仿真训练点集的分离最小间隙距离与给定阈值之差的历程对比以及 U 函数迭代历程对比，如图 6 - 12、图 6 - 13 所示。可以发现，主动学习 Kriging（Active Learning Kriging，ALK）和改进主动学习 Kriging（Improved Active Learning Kriging，IALK）都趋于选择分离最小间隙距离在给定阈值附近的样本点。因而，两者在极限状态方程附近都具有较高的精度，同时 U 函数迭代历程表明，改进主动学习 Kriging 方法提高了采样策略的加点质量，尤其是早期加点质量，使得 U 函数更早地进入上升阶段，提高了不确定性分析效率。

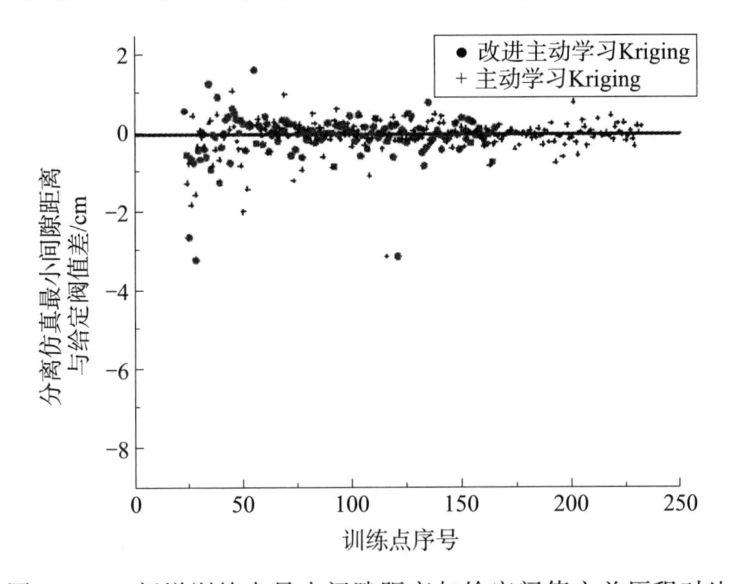

图 6 - 12　新增训练点最小间隙距离与给定阈值之差历程对比

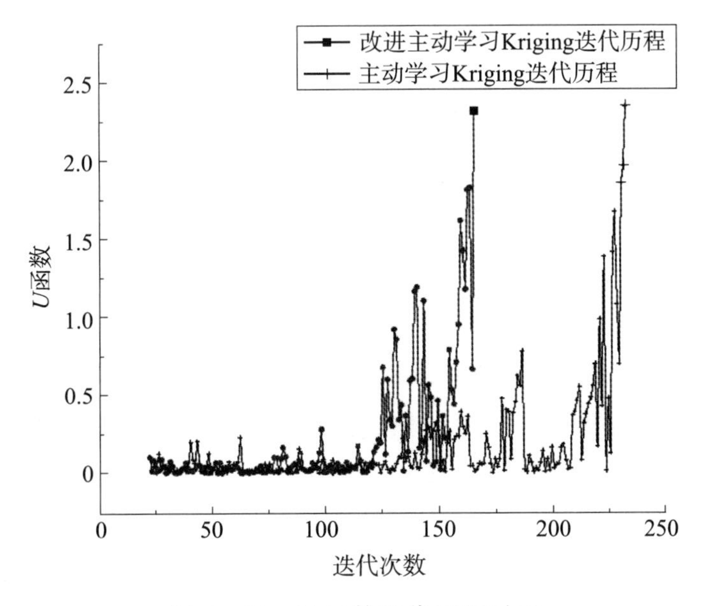

图 6　13　U 函数迭代历程对比

采用蒙特卡洛方法计算两体不发生碰撞的概率，验证方法的准确性和有效性，给出分离不确定性分析对比见表 6－7。

表 6－7 飞行器级间分离不确定性分析对比

方法	未碰撞概率	误差	调用次数均值	计算时间
蒙特卡洛方法	0.989 10	—	50 000	29.7 h
主动学习 Kriging	0.988 90	2.022×10^{-4}	218.5	8.12 min
改进主动学习 Kriging	0.988 95	1.516×10^{-4}	182.8	6.82 min

与蒙特卡洛方法相比，主动学习 Kriging 和改进主动学习 Kriging 方法都具有很高的效率，蒙特卡洛方法完成一次不确定性分析需要 1 天多的时间，而采用主动学习 Kriging 和改进主动学习 Kriging 方法则仅需要几分钟即可，满足快速迭代工程需求。与主动学习 Kriging 方法相比，改进主动学习 Kriging 方法的分析误差更小，调用次数更少，计算时间更短，具有较高的效率和精度。

针对低空高速轴对称式飞行器级间冷分离方案，飞行器分离高度对两体是否发生碰撞具有显著影响，由于空气密度较大，飞行马赫数较高，飞行动压较大，因而气动力及气动力矩的影响显著。选取适当的分离高度可以提升分离任务可靠性，保证两体可靠分离，在量化分离不确定性的同时，给出两体不发生碰撞概率的定量分析结果，为提升分离方案的可靠性提供了重要的方法支撑。

6.3 发射分离不确定性建模与分析方法

发射分离指飞行器在发射之后与发射平台分离的过程。在发射分离过程中，由于存在气动干扰、质量特性偏差等不确定性因素，飞行器与发射平台之间可能发生结构干涉，造成发射安全风险。因此，需要开展飞行器发射分离不确定性建模与分析方法研究。

以机载飞行器投放分离为典型对象，机载飞行器与载机分离过程中存在气动干扰[21]现象。投放分离过程中，除了满足载机与飞行器的安全性要求，还要确保飞行器能够克服干扰气动力和气动力矩，满足发动机正常点火的姿态要求，保证飞行器飞行姿态合理。因此，正确认识机载飞行器与载机相对运动过程中产生的复杂流动结构、气动干扰影响及飞行器与载机的相对运动规律，才能保证载机与飞行器的安全分离和飞行器的正常飞行。气动干扰现象与投放分离相对运动规律已经成为机载飞行器研制的关键性问题[22]。

机载飞行器一般外挂于载机，受到载机机身和机翼的下洗和侧洗作用，其气动特性与自由流状态下的气动特性有很大差异，这种干扰流场对飞行器运动轨迹、姿态存在影响。飞行器在载机干扰流场下的干扰气动特性包括挂机状态下飞行器气动干扰特性、投放状态下飞行器气动干扰特性和起控状态下飞行器气动干扰特性。如果飞行器气动特性设计不当，载机和飞行器分离过程中的气动干扰可能会导致飞行器受力和运动状态异常，出现非正常分离的情况，严重时会导致飞行器与载机发生碰撞，危及载机和飞行人员的安全。因此，研究机载飞行器与载机投放分离问题的目的就是通过获得飞行器的分离轨迹和分离过程中受到的气动力和气动力矩随时间的变化规律，从而解决机载飞行器与载机的安全飞行、安全分离和飞行器初始段精确起控[23]等问题。

针对机载飞行器投放分离安全性问题，首先研究给出飞行器在载机干扰流场下分离气动特性，建立投放分离动力学模型，结合飞行器初始投放条件、质量特性等，通过动力学仿真给出标称分离工况下的飞行器与载机的分离轨迹。之后，构建投放分离过程中飞行器与载机的最小间距计算模型。在上述工作基础上，梳理投放分离不确定因素清单，明确了各项不确定性因素的概率分布及其参数取值。之后，根据灵敏度分析结果与工程经验，筛选出对投放分离最小间距影响较大的重要不确定性因素。利用拉丁超立方设计方法（Latin Hypercube Design，LHD）生成样本点并开展动力学仿真，获取样本点对应的投放分离最小间距。以筛选出的重要不确定性因素的样本点为输入，以对应的投放分离最小间距为输出，建立 Kriging 代理模型，代替原始动力模型开展蒙特卡洛仿真分析，获取投放分离最小间距的概率分布，评估机载飞行器投放分离的安全性水平。

6.3.1　投放分离气动特性模型

针对机载飞行器投放分离轨迹及气动干扰特性问题，首先阐述了试验和数值研究方法，其次分析投放分离气动干扰特性影响规律，对机载飞行器的分离特性和干扰特性进行系统研究。

（1）试验方法

捕获轨迹系统（Captive Trajectory System，CTS）风洞试验由风洞及模型设备、六自由度运动机构（6DOF）和计算机系统相互配合，通过对飞行器等外挂物气动载荷的测量、运动轨迹的计算和 6DOF 机构对外挂物位置的控制完成飞行器等外挂物分离轨迹的预示[25]，试验过程如图 6－14 所示。CTS 试验的主要目的是获得载机飞行工况下，飞行器的离机轨迹和离机过程中不同位置和姿态下的干扰气动力和气动力矩，初步判断飞行器与载机是否能够安全分离。

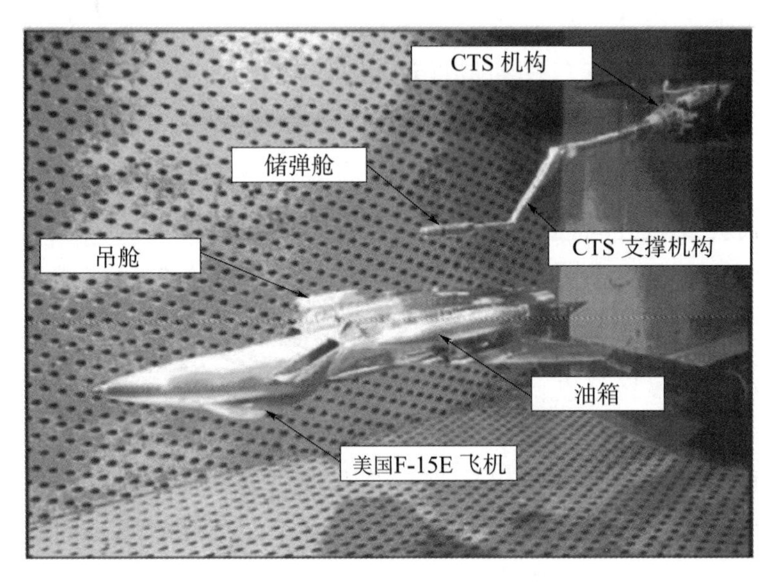

图 6－14　CTS 试验示意图

CTS 试验是一种静态的试验方法[26]，不能获取飞行器线性运动和角运动所诱导的影响，一般适用于诱导影响较弱的分离，如重力投放飞行器，而对于诱导影响较强或可能发生翻滚的不稳定分离试验应采用自由投放试验[27]。CTS 分离轨迹为给定状态下的轨迹，若飞行器质量特性或投放状态发生变化，则已有的轨迹数据就不能继续使用。所以，CTS 试验获得的轨迹十分依赖于试验的工况和飞行器的质量特性。

在载机系统内，干扰气动力系数是飞行器相对载机位置和姿态的函数。因此，网格测力试验采用与 CTS 试验相同的装置，将飞行器定位在相对载机预先选定的位置和姿态，通常是正交的网格上，得到每个网格点上干扰气动力系数数据，用以研究飞行器在载机干扰流场下的气动特性。网格测力试验也是一种静态的试验方法，而且这些干扰气动系数只适用于给定的载机和飞行器组合，不可以“外插”用于相同载机、不同飞行器或不同载机、不同飞行器的组合。

（2）数值方法

随着计算机性能的提高和计算流体力学方法的迅速发展，基于动网格技术，采用CFD方法耦合6DOF刚体运动方程，可以预示投放分离轨迹和飞行器在载机干扰流场下的气动特性。对投放分离轨迹进行直接数值预示时，需要在每一时间步上生成计算网格，求解流动方程获得气动力和气动力矩，在此基础上求解刚体运动方程获得飞行器的轨迹和姿态。因此，采用CFD方法预示投放分离轨迹需要选择合理的动网格技术。由于重叠网格对复杂构型飞行器有良好的适应性，采用基于重叠网格的数值方法预示投放分离轨迹和飞行器在载机干扰流场下的气动特性，投放分离模拟流程如图6-15所示。

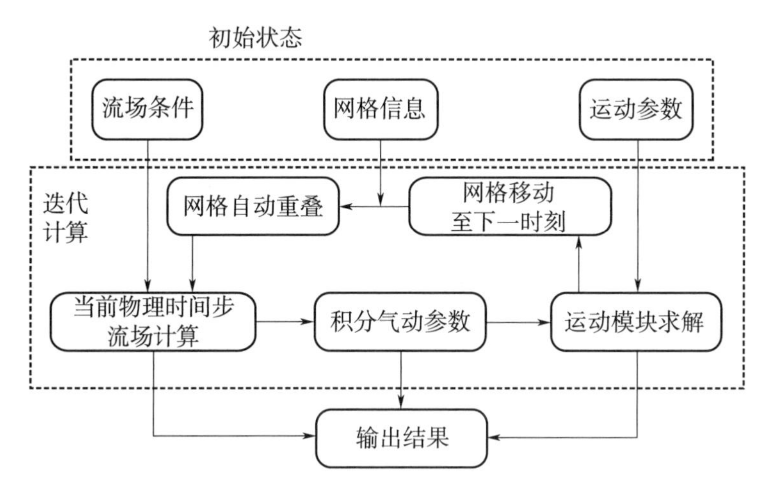

图6-15　基于重叠网格的投放分离模拟流程图

（3）投放分离气动干扰特性

飞行器外挂于载机，受到载机机身和机翼的下洗和侧洗作用，其气动特性与自由流状态下的气动特性存在很大差异，这种干扰流场直接影响飞行器受力、运动轨迹和姿态。采用图6-16的计算模型，对飞行器在机翼干扰流场中的气动干扰特性进行分析。飞行器与机翼/挂架分离的计算工况见表6-8，机翼和飞行器侧滑角均为0°。

图6-16　机翼/挂架/飞行器模型

表 6-8　气动特性计算工况

Ma	攻角/(°)		离机距离 *H* /m
	载机	飞行器	
0.6、0.95 、1.5、2.0	−2.0、0.0、3.0	−6.0、−3.0、0.0、3.0、6.0	0.0、0.15、0.3、0.8、1.6、3.5、4.5

图 6-17 和图 6-18 分别给出 *Ma* 0.95、机翼攻角 0°和 *Ma* 2.0、机翼攻角 −2.0°两种工况下飞行器气动系数随离机距离的变化曲线，反映了飞行器在跨、超声速机翼干扰流场下气动特性的变化规律。其中，*H* 表示离机距离；*AL* 表示飞行器攻角；*CA* 表示轴向力系数；*CN* 表示法向力系数；*CY* 表示横向力系数；*CLL* 表示滚转力矩系数；*CLN* 表示偏航力矩系数；*CLM* 表示俯仰力矩系数。

由图 6-17 和图 6-18 可以看出：

1）飞行器在不同离机高度处气动系数随飞行器攻角的变化规律类似。

2）在跨声速 *Ma* 0.95 工况下，飞行器在初始挂机时刻受到机翼干扰量值最大，随着飞行器离机距离的增大，机翼对飞行器的干扰量值逐渐减小，飞行器的气动数据逐渐逼近于自由流数据，飞行器干扰气动数据随离机高度基本呈线性变化。在超声速 *Ma* 2.0 工况下，随着飞行器离机距离的增大，机翼对飞行器的干扰量值先逐渐逼近自由流数据，在离机高度 1.6 m 时越过自由流数据，在离机高度 3.5 m 和 4.5 m 时从反方向逼近自由流数据，飞行器干扰气动数据随离机高度呈现出非线性变化。该现象表明随着 *Ma* 从亚、跨声速增大到超声速，飞行器的气动干扰特性明显由线性变化转为非线性变化，该变化会影响飞行器的起控设计。

3）由机翼干扰流场中飞行器干扰气动系数与自由流气动系数的接近程度可以判断，在飞行器离机高度为 4.5 m 时，飞行器基本脱离机翼的干扰。

（4）气动干扰特性影响规律分析

图 6-19 给出机翼攻角 0°、离机高度 0.15 m 工况下，飞行器俯仰力矩系数 *CLM* 随 *Ma* 的变化曲线。图 6-20 给出 *Ma* 0.95、离机高度 0.3 m 工况下，飞行器横向力系数 *CY* 和俯仰力矩系数 *CLM* 随机翼攻角的变化曲线。

由图 6-19 和图 6-20 可以看出：

1）随着 *Ma* 由亚声速、跨声速到超声速变化，*CLM* 曲线斜率由正变负，且同一攻角下 *CLM* 值呈现出非线性变化。

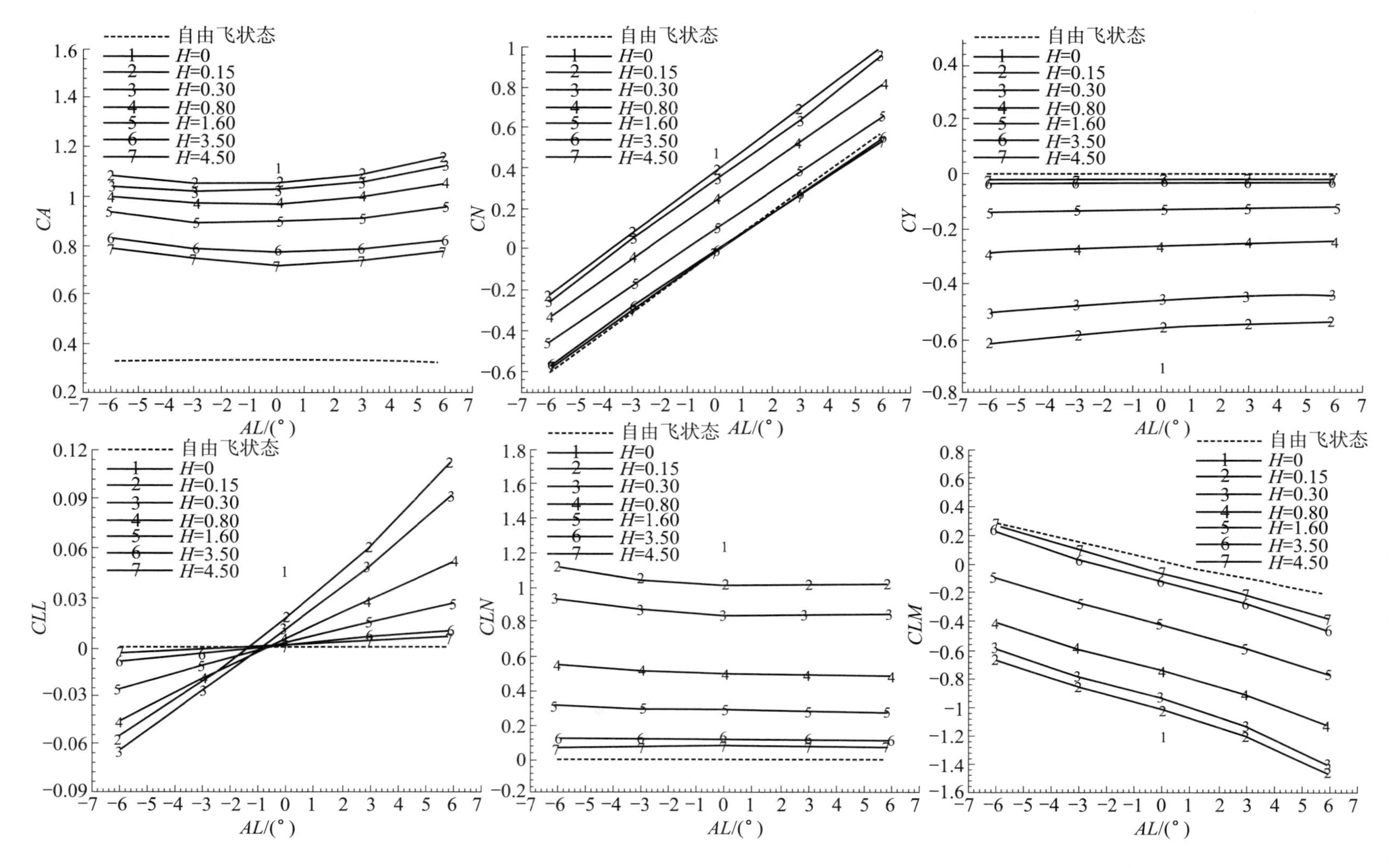

图 6-17　Ma 0.95、机翼攻角 0°工况下飞行器气动系数随离机距离的变化曲线

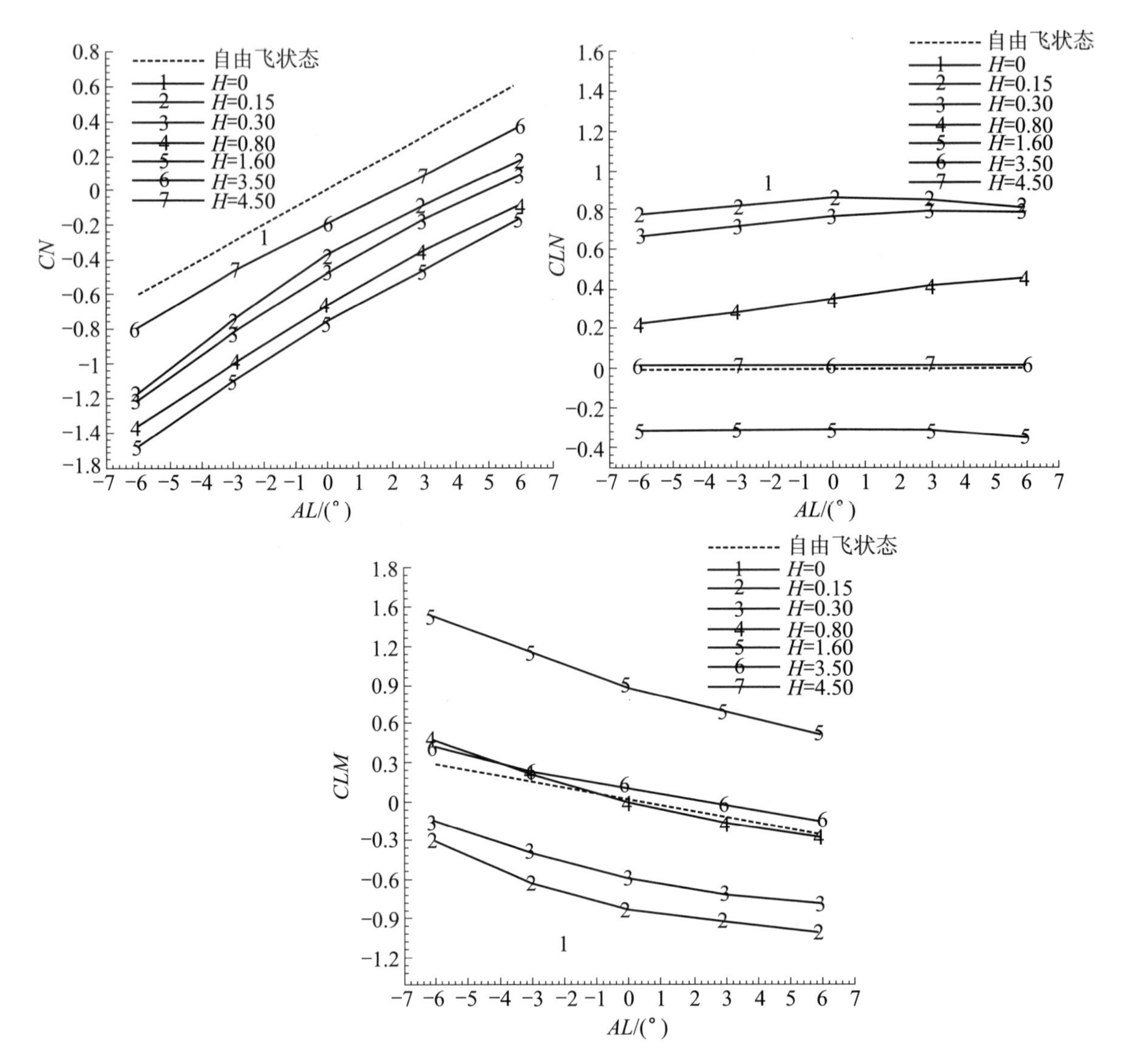

图 6-18　*Ma* 2.0、机翼攻角−2°工况下飞行器气动系数随离机距离的变化曲线

2）在不同机翼攻角下，飞行器 *CY* 和 *CLM* 均随飞行器攻角线性变化；随着机翼攻角由−2°增大到 3°，飞行器 *CY* 和 *CLM* 均减小，表明随着机翼攻角增大，飞行器受到机翼的干扰减弱。

图 6-21 给出 *Ma* 0.6、机翼 0°攻角工况下，飞行器法向力系数干扰量和俯仰力矩系数干扰量随离机高度的变化规律，其中干扰量为飞行器在机翼干扰流场下的干扰气动系数与自由流中气动系数的差量。在不同离机高度，飞行器气动系数干扰量随飞行器攻角的变化很小，且离机越远干扰量基本为一定值。因此，可以采用增量系数法处理飞行器气动干扰数据。增量系数法可以在飞行

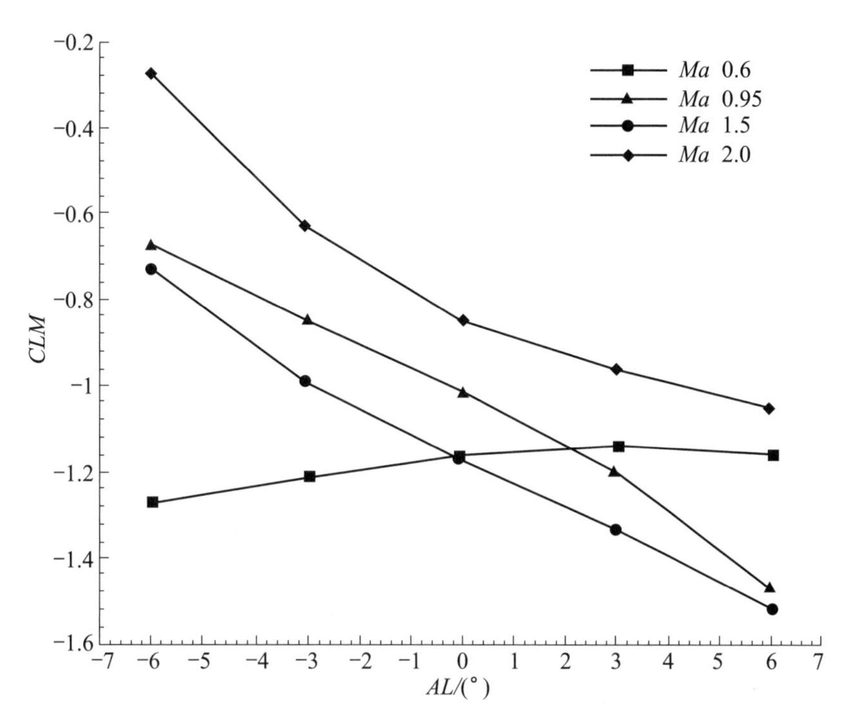

图 6-19 飞行器俯仰力矩系数随马赫数的变化曲线

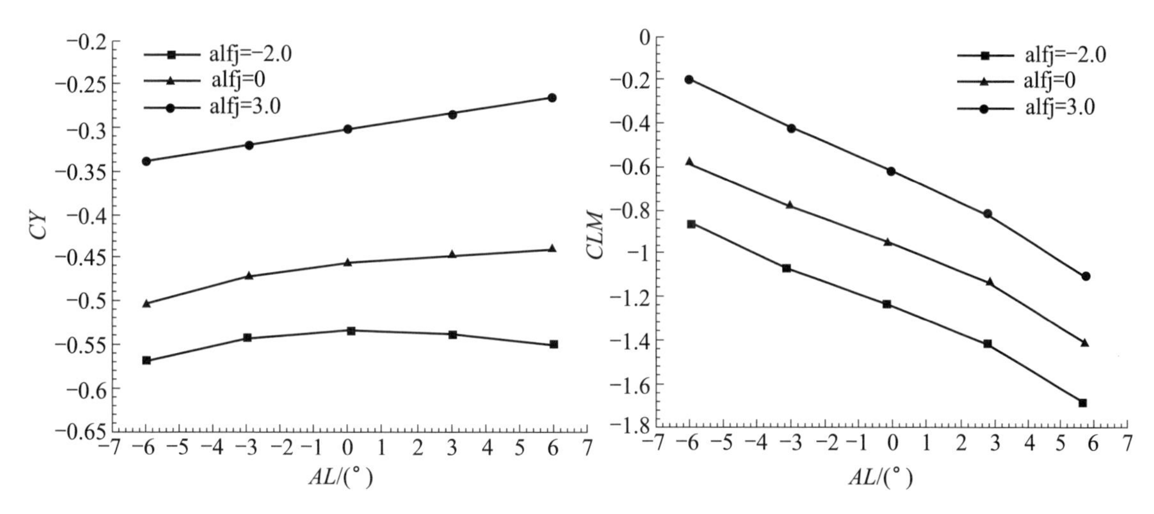

图 6-20 飞行器横向力系数、俯仰力矩系数随机翼攻角的变化曲线

注：alfj 为飞机攻角。

器攻角达不到的工况下，对气动干扰数据进行一阶外插，该方法示意如图 6-22 所示。

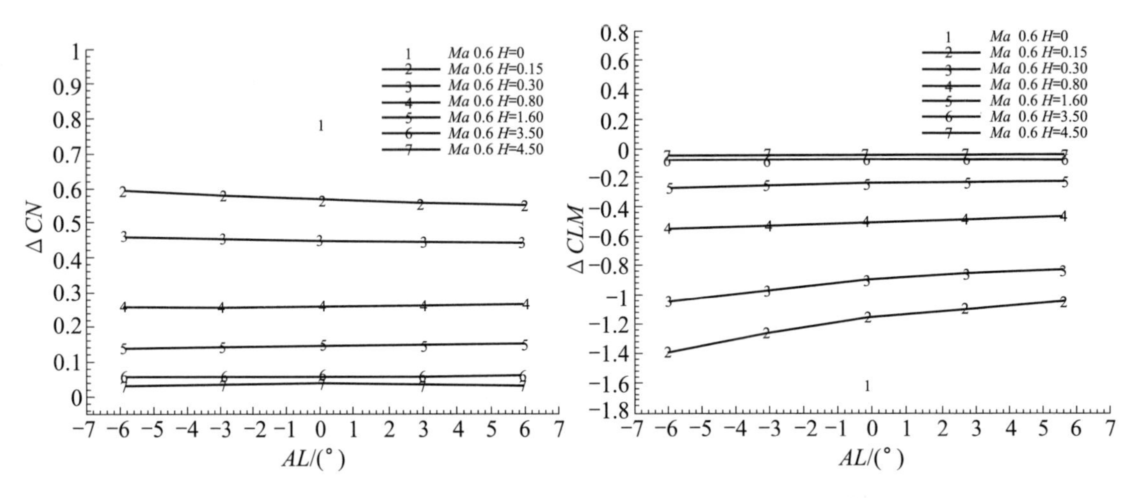

图 6　21　飞行器气动系数增量随离机高度的变化曲线

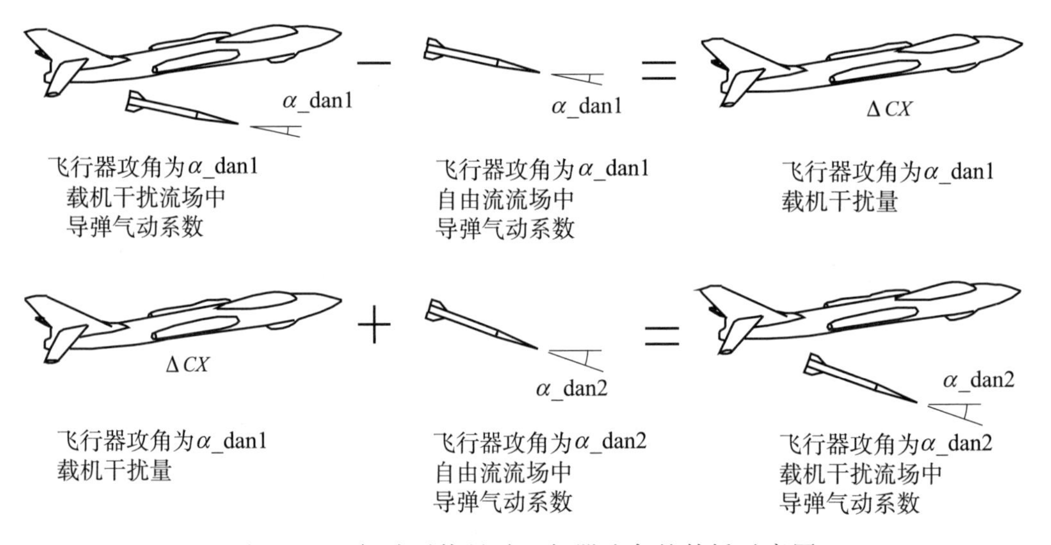

图 6-22　气动干扰量随飞行器攻角的外插示意图

6.3.2　投放分离动力学建模

（1）六自由度运动学模型

刚体飞行器的运动学方程包括六个动力学方程和六个运动学方程，参见文献［28-30］。采用四阶 Runger-Kutta 方法[31,32]迭代求解上述方程，姿态角解算采用双欧法[33,34]实现。

（2）标称投放工况下投放分离轨迹预示

采用 6.3.1 节中飞行器分离气动模型、数模及工况，预示投放分离轨迹。标称投放工况下，飞行器与载机分离马赫数为 0.95，攻角 0°，飞行高度 8 km。飞行器投放初始速度和角速度都为零，为使飞行器顺利投放，初始 0.05 s 内在飞行器质心前后分别施加弹射力，弹射力和飞行器物理特性参数见文献 [35]，即表 6-9。

表 6-9　飞行器物理特性参数及计算状态参数

序号	参数名称	取值
1	质心位置	距离挂载顶点 1.417 3 m
2	参考长度	1.810 m
3	弹射力一	距离挂载顶点 1.237 5 m,10 675.73 N
4	弹射力二	距离挂载顶点 1.746 5 m,42 702.93 N
5	弹射力作用距离	0.101 6 m
6	滚转惯性矩	27.116 kg · m^2
7	俯仰惯性矩	488.088 kg · m^2
8	偏航惯性矩	488.088 kg · m^2
9	挂载质量	907.8 kg
10	自由来流马赫数 M_∞	0.95
11	攻角	0°
12	模拟高度	7.92 km

图 6-23 给出了飞行器分离轨迹参数及气动力系数和力矩系数随时间的变化曲线，其中分离参数包括飞行器位移和角位移、速度和角速度，并同 CTS 试验结果进行对比。由图可以看出，飞行器分离轨迹参数数值预示结果与试验结果吻合。

图 6-24 给出不同时刻飞行器位置的侧视图、前视图和轴测图。

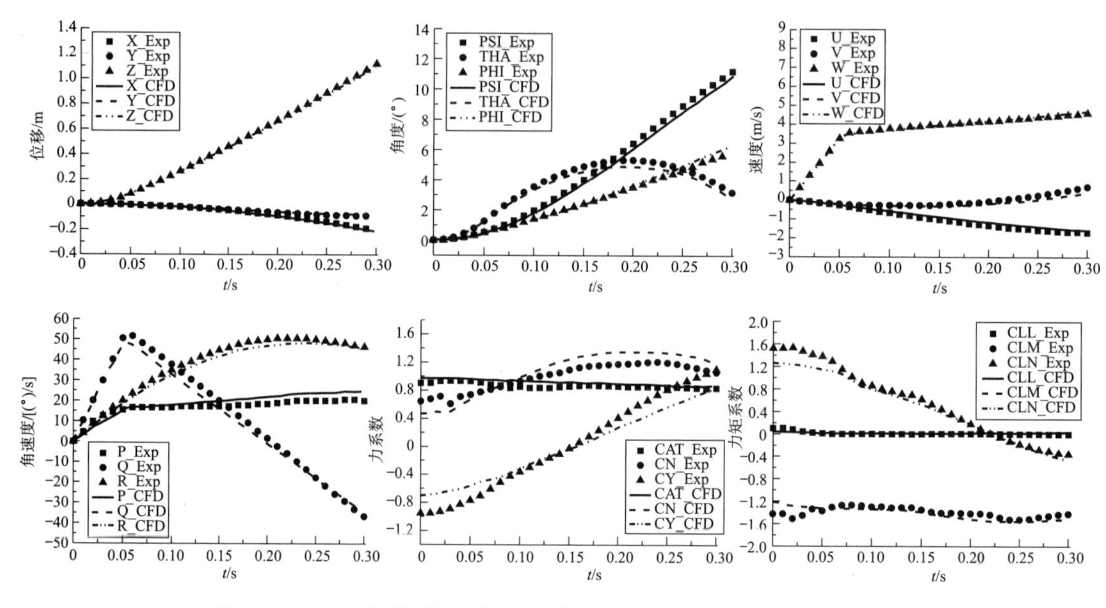

图 6-23　飞行器分离轨迹参数及气动系数随时间变化曲线

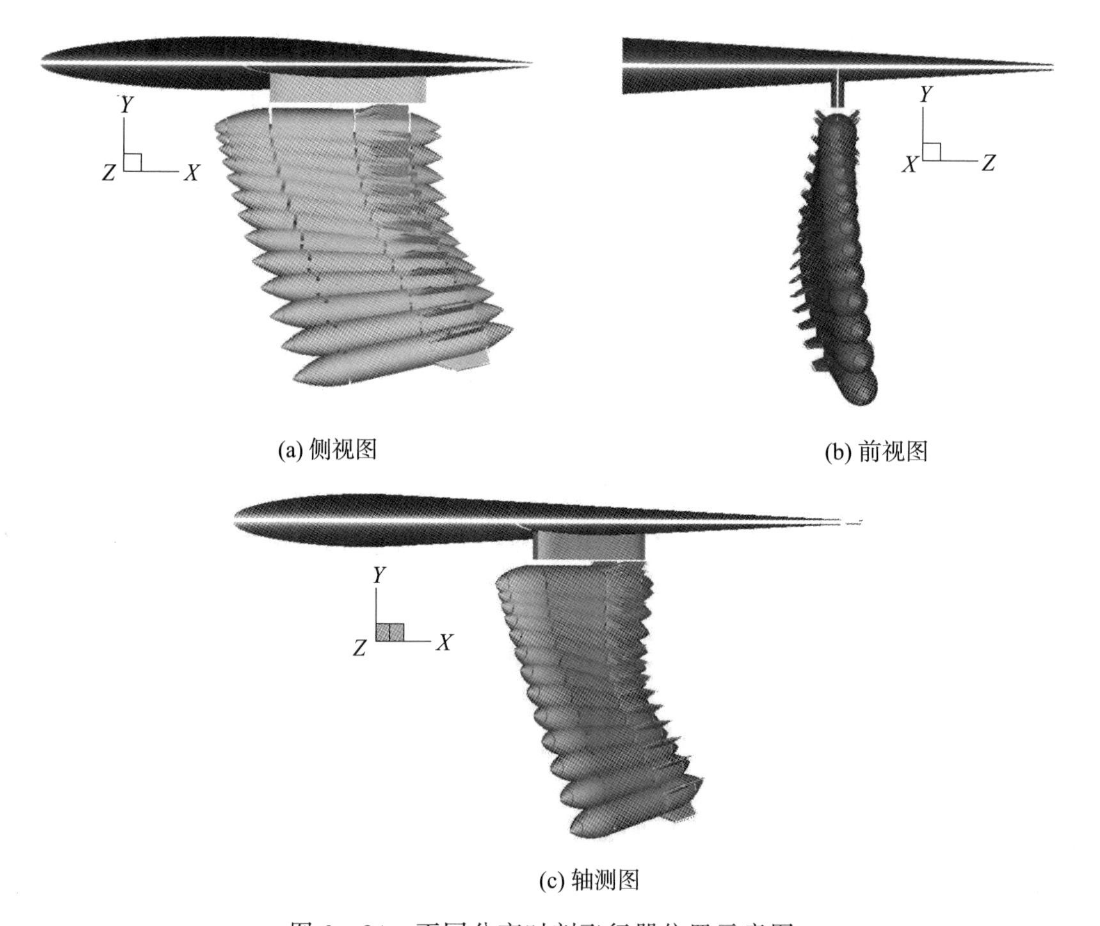

图 6-24　不同分离时刻飞行器位置示意图

6.3.3　投放分离最小间距

在飞行器投放分离过程中，飞行器与载机平台的最小间距示意图如图 6 - 25 所示，包括飞行器上仰状态与载机平台最小距离、下俯状态与载机平台最近距离。其中，LH 为飞行器质心与载机平台的垂直距离，CD 为由于飞行器姿态变化导致的飞行器与载机平台的实际最小距离。

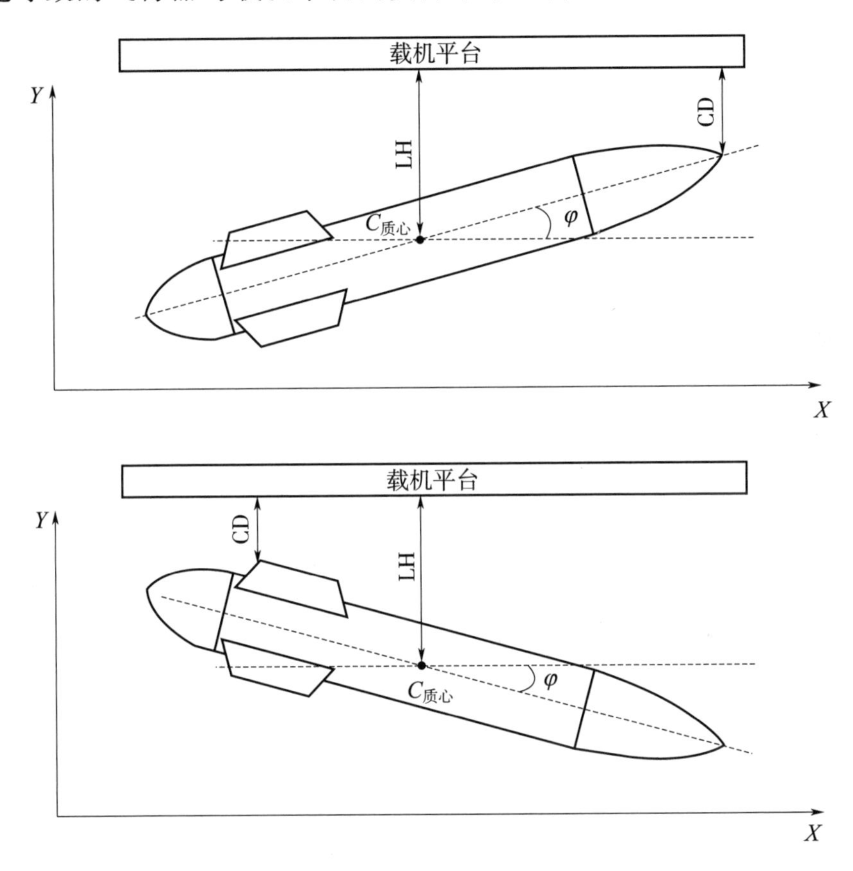

图 6 - 25　投放分离最小间距示意图

根据飞行器结构的最大包络范围，推导 CD 的近似计算公式如下：

$$\begin{cases} \mathrm{LH}=\Delta Y \\ \mathrm{CD}=\mathrm{LH}-(X_c\sin\varphi+R_d\cos\varphi) & \varphi\geqslant 0 \\ \mathrm{CD}=\mathrm{LH}-[(L_d-X_c)\sin|\varphi|+(R_d+L_{ar})\cos|\varphi|] & \varphi<0 \end{cases} \tag{6-31}$$

式中，LH 为飞行器质心与载机平台的垂直距离；ΔY 为飞行器质心纵向移动距离；CD 为飞行器与载机平台的实际最小距离；X_c 为飞行器质心距实际尖点的距离；R_d 为飞行器半径；L_d 为飞行器长度；L_{ar} 为单个空气舵的展长；φ 为俯仰角。

6.3.4 投放分离不确定性建模与分析

梳理辨识投放分离过程中的不确定性因素，形成不确定性因素清单，作为投放分离不确定性仿真分析的输入。飞行器质量特性、初始参数等不确定性因素清单见表 6-10。其中，弹射力、质量特性、质心位置等不确定性因素，根据相似产品实测数据与仿真预示结果，建立了正态分布模型并给出了分布参数。针对风扰方向、飞机投放高度偏差、水平速度偏差、俯仰角等不确定性因素，建立了均匀分布模型并给出了分布参数。

表 6-10 飞行器质量特性、初始参数等不确定性因素清单

序号	不确定性因素	分布类型	单位	参数 1	参数 2	备注
1	弹射力一	正态分布	N	10 675.73	100	
2	弹射力二	正态分布	N	42 702.93	100	
3	质量	正态分布	kg	907.8	3	
4	转动惯量 J_X	正态分布	kg · m^2	27.116	0.5	
5	转动惯量 J_Y	正态分布	kg · m^2	488.088	10	
6	转动惯量 J_Z	正态分布	kg · m^2	488.088	10	
7	质心 X 向位置	正态分布	mm	1417.3	5	
8	质心 Y 向位置	正态分布	mm	0.19	0.1	
9	质心 Z 向位置	正态分布	mm	0.38	0.1	
10	风扰方向	均匀分布	(°)	0	360	
11	飞机投放高度偏差	均匀分布	m	−500	500	
12	飞机投放水平速度偏差	均匀分布	m/s	−20	20	

注：1. 正态分布的参数 1 为均值，参数 2 为标准差。
2. 均匀分布的参数 1 为边界下限，参数 2 为边界上限。

根据计算流体力学仿真结果和风洞试验数据，在飞行器与载机距离的特定位置上分别建立气动特性参数不确定性模型。其中，轴向力系数的不确定性模型仅包括比例项，法向力系数、横向力系数、滚动力矩系数、偏航力矩系数、俯仰力矩系数的不确定性模型包括常值项和比例项。在抽样时，需根据计算过程中当前飞行器与载机距离，对常值项、比例项进行插值处理。

调用投放分离动力学模型开展传统蒙特卡洛仿真分析的计算量庞大、计算周期长。因此，利用 2.6.2 节 Kriging 方法建立投放分离动力学模型的代理模型，用于代替其开展不确定性分析，从而提高计算效率，缩短仿真时间。

首先，利用 2.4 节给出的灵敏度分析方法筛选对于投放分离间距影响较大的不确定性因素。灵敏度分析结果如图 6－26 所示。根据灵敏度分析结果与工程经验，筛选出的不确定性因素见表 6－11。

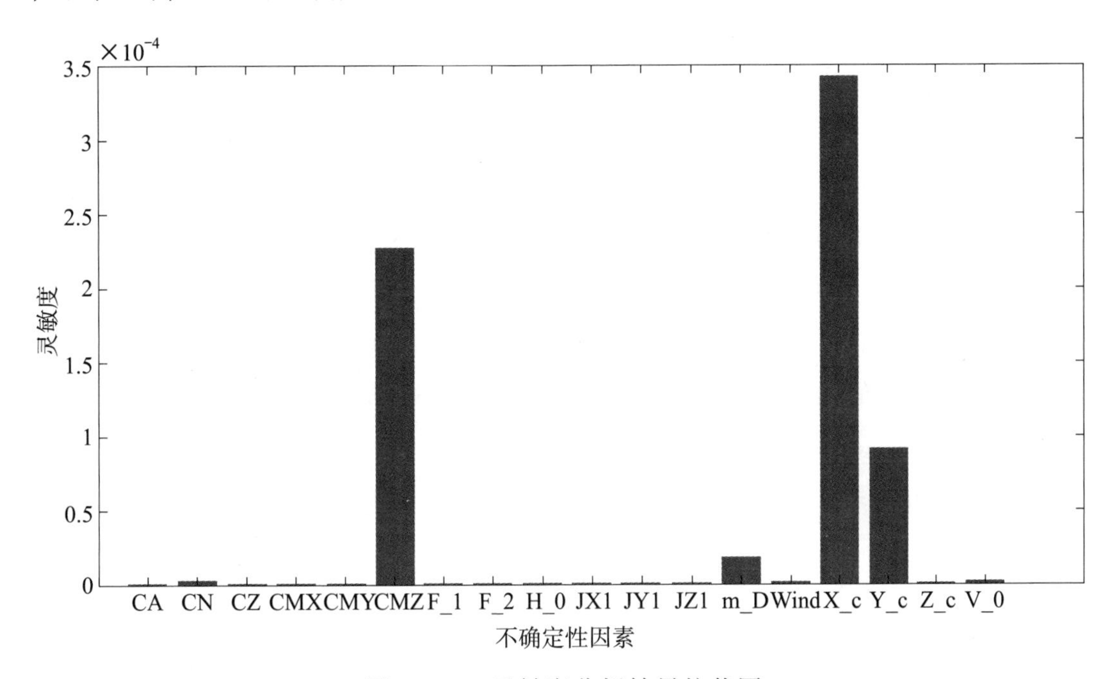

图 6－26　灵敏度分析结果柱状图

表 6－11　筛选出的重要不确定性因素

排序	不确定性因素	符号	灵敏度数值
1	质心 X 向位置	X_c	$3.424\,9\times10^{-4}$
2	俯仰力矩系数	CMZ	$2.274\,4\times10^{-4}$
3	质心 Y 向位置	Y_c	$9.110\,5\times10^{-5}$
4	质量	m_D	$1.752\,0\times10^{-5}$
5	法向力系数	CN	$2.935\,9\times10^{-6}$
6	飞机投放速度偏差	V_0	$1.956\,6\times10^{-6}$

利用 2.5.3 节中的拉丁超立方设计方法（Latin Hypercube Design，LHD）进行试验设计，生成建立代理模型所需的样本点。利用 LHD 样本点分别开展

投放分离动力学仿真，获取每个样本点对应的投放分离最小间距。

之后，以筛选出的6项不确定性参数的样本点作为输入，以样本点对应的投放分离最小间距作为输出，利用2.6.2节中的方法建立Kriging模型，并代替原始的投放分离动力学模型开展蒙特卡洛仿真分析，获取投放分离最小间距的概率分布，并开展机载飞行器投放分离安全性评估。

表6-12展示了基于Kriging的投放分离最小间距不确定性仿真分析结果，同时给出了传统蒙特卡洛仿真分析结果，作为新方法精度和效率的对比基线。在计算效率方面，Kriging方法仅在利用LHD样本开展动力学仿真时调用了原始动力学模型，后续用Kriging模型代替原始动力学模型开展不确定性仿真分析时，则无需再调用原始模型。因此，Kriging方法的原始模型调用次数仅为1 000次，远小于传统蒙特卡洛仿真分析的原始模型调用次数，有效减少了不确定性仿真分析的计算时间，大幅提高了计算效率。

在仿真分析精度方面，相较于传统蒙特卡洛方法，Kriging方法结果均值的相对误差为0.001 1；标准差相较于传统蒙特卡洛方法的相对误差为0.045 8。因此，新方法的均值和标准差的相对误差均小于0.05，能够满足精度要求。

表6-12 投放分离最小间距不确定性仿真分析结果

序号	方法名称	原始动力学模型调用次数	投放分离最小间距概率分布	
			均值/m	标准差
1	基于Kriging的投放分离最小间距不确定性仿真分析	1 000	0.089 1	$8.839\ 1\times10^{-5}$
2	蒙特卡洛仿真分析	10 000	0.089 2	$9.263\ 1\times10^{-5}$
相对误差			0.001 1	0.045 8

载机及飞行器发生碰撞的判决条件为：两者最小间距为0。利用建立的Kriging模型开展投放分离安全性分析评估，采用核密度估计法获取投放分离最小间距的累积概率分布函数，如图6-27所示。从图中可以看出，发生碰撞的概率远小于0.000 00 000 1。因此，在投放分离过程中载机与飞行器碰撞的安全风险极小，可确认投放分离安全性满足要求。

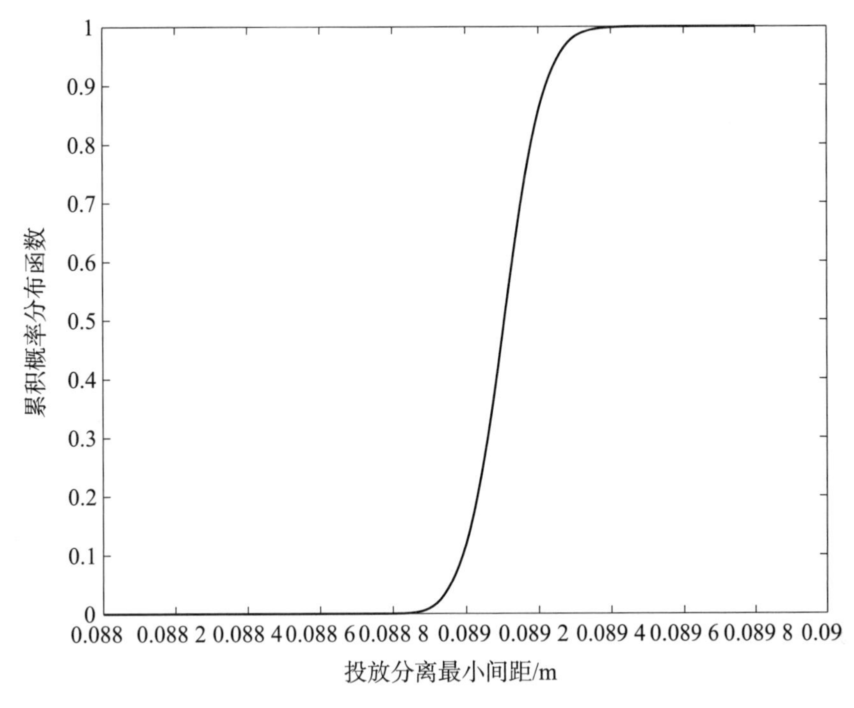

图 6 - 27　投放分离最小间距的累积概率分布函数图

6.4　小结

本章以姿控与分离不确定性分析与优化设计为主题，分别给出了姿控系统不确定性建模与分析方法、级间分离不确定性建模与分析方法以及发射分离不确定性建模与分析方法。

姿控系统不确定性分析与优化设计方法，一方面开展了基于不确定性的频域设计方法研究，该方法能够给出姿控系统特征秒各通道各动力系数概率分布，支撑从概率统计角度分析弹体开环频率特性，并设计静态增益及校正网络，在保证可靠度满足要求的前提下，确保闭环系统的稳定性，同时具有一定的稳定裕度。另一方面，开展了基于不确定性的控制力分析方法研究，该方法能够给出等效舵偏角最大值的概率分布、需求舵偏的概率分布等，利用应力-强度干涉模型可支撑姿控系统精细化设计。

级间分离不确定性建模与分析方法，以飞行器级间冷分离方案为研究对象，结合干扰式轴对称级间分离结构几何特点，给出了一种快速碰撞检测方法，将三维空间距离问题转化为二维平面距离问题，显著提高了计算效率；进而，在建立分离动力学模型的基础上，考虑分离过程不确定性因素的影响，识别影响分离的主要不确定性因素，建立分离不确定性分析模型。采用改进主动学习 Kriging 不确定性分析方法求解两体不发生碰撞的概率，结合案例应用验证了方法的正确性、高效性和稳健性。

投放分离不确定性建模与分析方法，以飞行器外挂于载机机翼的投放分离方案为研究对象，通过研究飞行器在载机干扰流场下分离气动特性，建立了投放分离气动特性模型，以此为基础，建立了投放分离动力学模型，针对标称投放工况，仿真给出了飞行器与载机的分离轨迹。同时，根据飞行器外形尺寸最大包络，推导了飞行器与载机投放分离最小间距。利用灵敏度分析方法筛选出影响投放分离最小间距的重要不确定性因素，降低后续建立代理模型的维度。利用拉丁超立方设计生成样本点，构建 Kriging 代理模型，代替原始投放分离动力学模型开展不确定性分析，实现了投放分离安全风险评价，案例应用结果证明了该方法的正确性和精确性。

参考文献

[1] KATSUHIKO O. 现代控制工程 [M]. 4版. 北京：电子工业出版社，2003.

[2] 胡寿松. 自动控制原理 [M]. 北京：科学出版社，2001.

[3] 廖晓钟. 控制系统分析与设计 [M]. 北京：清华大学出版社，2008.

[4] 蔡启仲. 控制系统计算机辅助设计 [M]. 重庆：重庆大学出版社，2003.

[5] FRANKLIN G F, POWELL J D, NAEINI A E. Feedback Control of Dynamics Systems [M]. UK: Prentice Hall, 2009.

[6] 李东旭. 航天导弹分离动力学 [M]. 北京：科学出版社，2013.

[7] 韩松，郭凤美. 一种新型级间分离技术研究 [J]. 宇航学报，2002，23 (4)：47-51.

[8] 郭凤美，余梦伦. 导弹分离设计技术研究 [J]. 导弹与航天运载技术，2014，1：5-10.

[9] 张海瑞，范晶晶，张为华. 运载火箭芯级与助推级分离的数值模拟 [J]. 国防科技大学学报，2014，36 (2)：7-12.

[10] 杨涛，王中伟，张为华，等. 固体发动机推力偏差对导弹级间分离的影响 [J]. 固体火箭技术，2006，29 (1)：1-4.

[11] 戈庆明，刘秀春，渠弘毅. 高速导弹头罩分离设计方案研究 [J]. 导弹与航天运载技术，2017，3：28-31.

[12] HU X Z, CHEN X Q, ZHAO Y, et al. Active subspace approach to reliability and safety assessments of small satellite separation [J]. Acta Astronautica, 2017, 131: 159-165.

[13] 李慧通，赵阳，黄意新，等. 新型级间分离方案设计与仿真 [J]. 固体火箭技术，2016，39 (4)：580-587.

[14] 贾如岩，江振宇，张为华. 高超声速导弹级间分离偏差干扰仿真 [J]. 固体火箭技术，2012，35 (5)：578-582.

[15] MICHELL D. H, PALMER G D. Analysis and simulation of a high accuracy spacecraft separation system [J]. Journal of Spacecraft and Rockets, 1996, 3 (4): 458-463.

[16] 彭迪，任怀宇，刘辉，等. 低空大动压级间分离碰撞边界预示方法 [J]. 宇航学报，2015，36 (5)：504-509.

[17] 李晶，张海瑞，廖选平，等．基于危险截面特征点的多体分离碰撞检测方法 [J]. 导弹与航天运载技术，2015，6：55 - 59.

[18] 孙平，刘昆．小型固体运载器一、二级分离动力学与仿真研究 [J]. 国防科技大学学报，2010，32 (2)：27 - 32.

[19] 贾如岩，江振宇，张为华．火箭低空级间热分离初期流场特性数值模拟 [J]. 宇航学报，2015，36 (11)：1310 - 1317.

[20] 钱程，王晓慧，张海征，等．基于 ADAMS 的导弹级间分离刚柔耦合仿真与分析 [J]. 兵器装备工程学报，2017 (4)：77 - 81.

[21] 史济涛，丁煜．机弹干扰下弹架的气动特性 [J]．航空兵器，2010，47 (67)：3 - 6.

[22] 张海瑞．吊挂式大型空地导弹分离轨迹及气动干扰特性研究 [D]. 长沙：国防科技大学，2015.

[23] 刘济民，侯志强，宋贵宝，等．机弹分离气动干扰对导弹自控终点散布影响仿真研究 [J]．系统仿真学报，2010，22 (6)：1355 - 1359.

[24] 范晶晶，张海瑞．外挂式导弹机弹分离气动干扰特性研究 [J]. 国防科技大学学报，2018，40 (2)：13 - 21.

[25] 范洁川．风洞试验手册 [M]. 北京：航空工业出版社，2002.

[26] HEMSCH M J，MENDENHALL M R. Tactical missile aerodynamics：general topics [M]. Published by the American Institute of Aeronautics and Astronautics，Inc.

[27] CARMAN J B JR. Store separation testing techniques at the arnold engineering development center [J]. arnold AFB，TN，AEDC TR - 79 - 1，1980，Ⅰ.

[28] 凯恩，等. 航天飞行器动力学 [M]．黄克累，张安厚，译．北京：科学出版社，1988.

[29] 肖业伦. 航空航天器运动的建模：飞行动力学的理论基础 [M]. 北京：北京航空航天大学出版社，2003.

[30] GRACE K W，COLGATE J E，GLUCKSBERG M R，et al. A six degree of freedom micromanipulator for ophthalmic surgery [C]．IEEE International Conference，1993.

[31] COCKBURN B，SHU C W. The Runge - Kutta Discontinuous Galerkin Method for Conservation Laws V：Multidimensional Systems [J]．Journal of Computational Physics，1998，141 (2)：199 - 224.

[32] COCKBURN B，SHU C W. TVB Runge - Kutta Local Projection Discontinuous Galerkin Finite Element Method for Conservation Laws II：General Framework [J]. Math of Comput，1989，52 (186)：411 - 435.

[33] 陈廷楠，张登成．双欧法与四元数法的应用比较［J］．飞行力学，1996，14（4）：59－64.

[34] 周伟，张晓今，寇保华，等．双欧法在克服伞-弹系统欧拉方程奇异性中的应用［J］．航天返回与遥感，2003，24（3）：4－8.

[35] HEIM E R. CFD Wing/Pylon/Finned store mutual interference wind tunnel experiment [R]. AEDC－TSR－91－P4.

[36] 聂兆伟，王浩，秦梦，等. 混合不确定条件下的飞行器级间分离可靠性分析 [J]. 国防科技大学学报，2022，44（3）：104－111.

[37] 聂兆伟，王浩，秦梦，等. 高维不确定性条件下飞行器级间分离可靠性评估 [J]. 宇航学报，2021，42（12）：1525－1531.

第7章　热防护系统不确定性分析与优化设计方法

飞行器再入大气层或在大气层中高速飞行时，飞行器与大气剧烈摩擦，表面气流温度急剧升高，形成了对飞行器严重的气动加热与气流剪切力，可能导致结构性能下降、设备功能失效，严重影响飞行器可靠性与安全性，甚至导致飞行失利。因此，需要在飞行器结构表面设计热防护系统（Thermal Protection System，TPS），降低飞行器结构承受的气动热，确保结构温度及舱内温度处于规定范围之内。

飞行器热防护系统设计，需要根据飞行器的飞行时间、飞行速度以及高度区域，预示其工作的气动热载荷。根据气动热载荷条件提出热防护系统的设计要求。在进行热防护系统设计时，需要考虑各种不确定性因素的影响开展精细化设计，一方面应避免防热失效，另一方面也应避免热防护系统过于保守，降低飞行器的有效载荷系数。

7.1　热防护系统设计原理

热防护系统分为热沉式、烧蚀式以及发汗式。热沉式防热的原理是依靠壳体自身的热容吸热来达到防热目的；烧蚀式防热的原理是利用防热材料的相变吸热和质量交换来达到防热目的；发汗式防热的原理是利用气体或液体在温度或压力作用下，从多孔材料中被挤压出并分解和汽化，达到吸热的作用。

热防护系统烧蚀传热机理研究，一直是国内外工程设计人员关注的焦点。由于烧蚀传热过程难以精确预示，为确保弹体结构温度处在设计范围内，热防护系统设计通常留有较大裕度，造成飞行器重量过大，严重制约飞行器性能提升。随着航天技术的迅猛发展，对防热材料及其结构在超高温、超高速气流及高过载等复杂环境下的性能表征和烧蚀传热机理的研究日趋迫切，研究热防护材料性能的宏观、微观演化规律，分析热防护材料在飞行器飞行热环境条件下的烧蚀传热过程，既具有重要的基础研究意义，也对飞行器热防护系统精细化设计有着重要的应用价值。

热防护系统设计过程中需要考虑诸多不确定性因素，例如防热材料物性偏差、加工制造误差、气动加热量不确定性等，这些不确定性因素可能造成飞行器防热失效，从而导致飞行任务失败。热防护系统的防热可靠性问题即是由上述不确定性因素引起的。热防护系统的防热可靠性定义为在规定的飞行任务时间内、规定的飞行环境条件下，飞行器舱段内壁面温度不超过规定阈值的概率。

7.1.1　飞行器防热材料选型

飞行器常用防热复合材料为重叠缠绕高硅氧/酚醛、斜缠高硅氧/酚醛、斜绕 SPQ9 以及软木，其中，重叠缠绕高硅氧/酚醛、斜缠高硅氧/酚醛属于烧蚀型防热材料；常用防热涂层材料为硅橡胶基体防热涂层材料，主要用于弹体结构大面积防热以及空气舵等舵翼面的气动热防护。

根据材料密度不同，烧蚀防热结构可分为高密度烧蚀防热结构以及低密度烧蚀防热结构。

高密度烧蚀防热结构由密度不低于 1 g/cm^3 的大面积防热层、与金属壳体套装的胶接层和局部防热的防火填料组成。防热层一般为模压防热层、螺旋铺层防热层、重叠缠绕防热层及硅橡胶基烧蚀防热层等。

低密度烧蚀防热结构由密度低于 1 g/cm^3 的大面积防热层、与金属壳体胶接的胶接层、局部防热用的边缘防热件和局部防热的防火填料组成。防热层由低密度烧蚀材料及其增强用蜂窝夹芯组成。

7.1.2　热防护系统烧蚀机理

在气动加热的作用下，流向飞行器的热量一部分被表面辐射出去，另一部分被材料吸收并向深部传递，随着热量不断传入，防热材料温度逐渐升高，当达到材料分解、熔化、汽化或升华温度时，材料因相变而吸收大量热量，同时，材料表面及相变产物将会与边界层内的空气发生化学反应吸热，气体在弹体表面形成了一个温度较低的气态层，这层气体在向边界层扩散时还要吸收一部分热量。由于扩散增大了边界层厚度，使边界层平均温度降低，从而显著降低了边界层向表面的热扩散，有效减少了流向飞行器前端的热量，产生热阻塞效应或质量引射效应。这种在气动加热作用下产生的相态变化和化学反应形成的质量和能量交换就是烧蚀。

防热复合材料结构的烧蚀可以分为表面烧蚀和体积烧蚀。表面烧蚀（又称为线烧蚀）指发生在结构表面的烧蚀，主要包括表面材料与环境气流的热化学反应、材料的熔化、蒸发（升华）、高速粒子撞击（侵蚀）以及机械剥蚀引起的质量损失；体积烧蚀指结构内部材料在较低温度（相对于表面烧蚀而言）下因热化学反应（热解反应和热氧化反应）导致的质量损失。两种烧蚀过程相互耦合，没有明确的分界，均包含多种复杂的质量与能量的传递过程，目前还没有包含两种烧蚀过程的统一的物理—数学模型。由于两种烧蚀过程各有其特点，建立不同的烧蚀模型进行分析是合理的，也是目前被广泛采用的方法。

（1）体积烧蚀

复合材料在不同的温度条件下发生的体积烧蚀，对于炭/酚醛、玻纤/环氧等有机物复合材料主要是热解反应，而对于C/C复合材料主要是热氧化反应。尽管C/C复合材料在制备过程中经过多次加压浸渍、炭化和石墨化，但基体中仍不可避免地存在少量未完全炭化的有机物。因而材料的初始成分包括：增强纤维（炭纤维、玻璃纤维等）、基体（树脂炭、沥青炭、CVD炭等）、孔隙（孔洞和裂纹）以及少量液体（在储运和机械加工过程中因吸温作用而驻留在孔洞中的水分、油分等，对于高密度的C/C编织复合材料，可以不考虑材料吸温的影响）。当材料受热、温度升高时，液体最先开始蒸发、气化，生成蒸气。在热解反应发生之前，材料的热传递方式主要是热传导，材料也只发生轻微的热膨胀。当材料的温度达到一定程度时（200～300 ℃），热解反应发生，基体分解为气体和焦炭，同时液体的组分也可能与基体发生化学反应而加快蒸气的形成。在热解初期，由于材料的孔隙率和渗透率都较低（尤其是对高密度复合材料，初始孔隙率和渗透率都很小），热解气体和蒸气被封闭在材料内部的孔隙中，容易引起较大的内部压力，导致基体的膨胀；同时有机基体在热解的过程中，会因分子链断裂引起热化学收缩。随着热解反应的进行，热解气体的生成率加快，孔隙中的气体压力迅速增加，当压力达到一定程度（基体材料的破坏强度）的时候，气体开始从材料中逸出，并对反应区起到热屏蔽的作用。随着热解的加剧，材料的孔隙率和渗透率增大，气体逸出的速度将逐渐趋近并最终超过热解气体的生成速度，其表现为，材料的热膨胀和驻留在材料中气体的气压在达到峰值后迅速下降，出现强烈的收缩现象。然后，由于材料的弹性恢复，随温度的升高，收缩减慢。当温度达到400 ℃后，材料中的炭与孔隙中的氧和二氧化碳开始发生氧化反应，$C+O_2\longrightarrow CO_2$，$2C+O_2\longrightarrow 2CO$，在更高温度下还存在$C+CO_2\longrightarrow 2CO$，消耗部分碳，生成气体。当温度超过1 000 ℃后，基体的热解反应基本完成。对于玻璃纤维增强复合材料，焦炭和氧化硅会发生化学反应，$C+SiO_2\longrightarrow SiO(g)+CO$，$3C+SiO_2\longrightarrow SiC+$

2CO，$2C+SiO_2 \longrightarrow Si$（L）$+2CO$，并导致热膨胀。如果热量和时间充足的话，材料中的活性材料将被完全反应，只留下惰性的焦炭。热解反应和热化学膨胀（收缩）都与升温速率的强烈相关。随着升温速率的升高，热解反应和热化学膨胀都将在更高的温度下发生。另外，热化学膨胀的峰值随升温速率的升高而增大，这是因为热解气体生成速率的升高，将导致材料内部更大的压力。

（2）表面烧蚀

在结构表面，高速气流中带来的氧会与材料发生氧化反应，消耗部分基体。同时随温度的升高，材料还可能熔化、蒸发（升华），导致表面材料的质量损失，带走大量的热量。氧化反应和蒸发（升华）所产生的气体进入边界气流中，降低了气流中的氧气浓度，并对材料表面的传热有屏蔽作用。另外，来流气体中的高速粒子的冲刷还会引起表面材料的热力学腐蚀（侵蚀），不仅造成材料的质量损失，还会影响材料强度。由于纤维和基体的物理、力学性质的差异，表面的热化学烧蚀和热力学腐蚀会导致表面粗糙度的增加，造成来流边层厚度增加，局部热流密度迅速增大，同时使紊流转捩区向驻点前移。在高速气流以及内部材料烧蚀产生气体压力作用下，表面材料还会因失效发生机械剥蚀。

（3）机械剥蚀机理

假如面上的热流分布均匀，由于基体的密度比纤维的密度小，故基体烧蚀得较快。但是，材料处于流场中，露在面外的纤维长度受到剪切力和涡旋分离阻力的制约，在剪切力和涡旋分离阻力的作用下，纤维开始粒状的剥落，如图 7－1 所示。

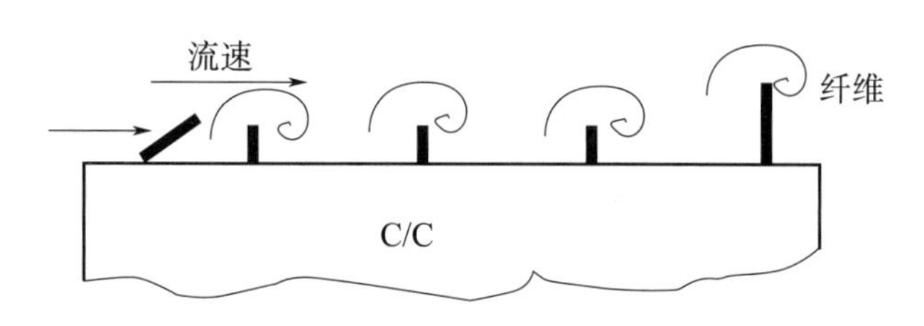

图 7－1　剪应力引起剥落物理模型

在短时间内，超高热流的作用下，材料表面的温度场按指数规律分布。碳纤维的强度随温度的升高而升高。当温度升高到一定值时，碳纤维的强度迅速下降。也可以这样认为，当超过某一温度时，碳纤维与基体的强度几乎没有差别。由纤维的高温性能推测，超过某一温度时，碳的晶体转变为无定型炭，而基体碳也转化为无定型炭，即超过某一温度的区域为无定型碳区，则呈现各向同性和低强度。剥蚀就在此区进行，一般从裂纹或孔隙等处开始，因为那里存在应力集中。由于C/C复合材料内部有孔隙，并且温度梯度非常大，在热应力作用下，易引起应力集中，当耦合的应力超过其强度时，便从裂纹尖端处或最大应力处开始剥离，引起片状剥落。

7.1.3 热防护系统烧蚀传热计算

高超声速飞行器的发展需求促使防热设计时需要遵循精细化设计的原则，不断提高烧蚀温度场预测精度，以满足防热系统的设计要求。从对大量试验数据的分析中发现，防热材料/结构的烧蚀温度场与理论预测值还存在一定的差距，究其原因，主要是防热复合材料在加热过程中涉及一系列复杂的物理化学变化，对这些变化难以进行准确的定量分析，从而导致烧蚀传热模型及计算方法精度较低。而且，环境与材料的高度耦合决定了防热复合材料的烧蚀温度场预测是一个异常复杂的系统问题，既依赖于材料本身的热化学烧蚀特性，还取决于所在的力热环境。

针对防热复合材料烧蚀传热计算方法精度的问题，研究者们提出了许多改进的方法，主要有：

1）深入研究烧蚀传热过程中的物理化学演化过程，但由于缺乏相应的分析表征手段，主要以定性研究为主，研究成果不能满足计算方法修正的需要。

2）考虑防热结构的三维效应及烧蚀温度场与热环境以及飞行器内部环境的相互影响，开展三维气动热烧蚀温度场的耦合计算，但相关研究对防热复合材料内部热解、传热过程考虑不足，此外，面向工程问题时，计算方法适应性差，效率低。

3）基于地面试验数据，对烧蚀传热计算方法进行修正，从而达到提高材料内部温度场预测精度的目的。但目前形成的计算方法只能满足特定需求，特别是修正哪些参数完全依赖于设计者的经验判断，若设计者经验不足，或者飞行器的材料及热环境特别复杂，可能会导致某些关键因素的修正误差较大，甚至达不到修正的效果。

目前，高超声速飞行器防热系统所用的防热复合材料大多是以树脂为基体的防热材料，但由于增强材料（主要是二氧化硅或者碳为主要成分）的不同，其表面的烧蚀传热规律存在差异。

飞行器热防护材料主要为硅基材料，重点对硅基材料烧蚀传热过程进行分析。硅基材料通常指以二氧化硅为主要成分的高硅氧布（或纤维）、玻璃布

（或纤维）按不同工艺方法与酚醛树脂复合而成的增强塑料以及熔融石英等材料，其中，增强塑料的烧蚀机理在这类材料中具有普遍性，其烧蚀的物理化学过程如下。

防热层在气动加热作用下，首先依靠自身热容吸收热量使温度升高，同时，热量不断向内部传导，当温度达到树脂的热裂解温度时，材料中的高分子聚合物开始发生热分解，产生的气体从表面逸出，进入边界层，阻塞部分气动加热的热量。这时烧蚀材料形成了焦炭残渣与纤维组成的多孔炭化层，来自边界层的氧气与碳发生燃烧反应。

当温度进一步升高，纤维开始融化，在炭化层表面形成一层熔融的液态层。当温度达到二氧化硅的蒸发温度时，液态层表面的二氧化硅发生蒸发并向边界层引射，阻塞部分气动加热的热量。液态层的另一部分在气动剪切力和压力梯度的作用下自表面流失。随着烧蚀过程的连续进行，在材料内形成了液态层、炭化层、热解层和原始材料四个区域。同时，在整个烧蚀过程中伴随有表面热辐射效应。硅基材料就是通过上述这些物理化学的热效应起到防热作用的。

当有气动加热存在时，熔融的液态层会发生流动。液态玻璃的粘度远大于气体，其切向流动速度比气体小得多，所以液体的流动对气体边界层的影响可忽略不计。当液态层发生蒸发时，引射的蒸气在气液交界面处发生相互作用。蒸气引射减小了气动加热和剪切力，它们之间的关系可用引射因子来修正，可将气动加热和剪切力作为已知的边界条件对液态层方程进行求解。

根据边界层特性，在粘性流的基本方程中略去二阶小量，假设研究对象是轴对称的，可得定常情况下可压缩层流的边界层方程组如下：

$$\frac{\partial(\rho u r)}{\partial x}+\frac{\partial(\rho v r)}{\partial y}=0 \tag{7-1}$$

$$\rho u\frac{\partial u}{\partial x}+\rho v\frac{\partial u}{\partial y}=-\frac{\partial p}{\partial x}+\frac{\partial}{\partial y}\left(\mu\frac{\partial u}{\partial y}\right) \tag{7-2}$$

$$\rho u\frac{\partial h}{\partial x}+\rho v\frac{\partial h}{\partial y}=u\frac{\partial p}{\partial x}+\frac{\partial}{\partial y}\left(\lambda\frac{\partial T}{\partial y}\right)+\mu\left(\frac{\partial u}{\partial y}\right)^2 \tag{7-3}$$

式中，u 为沿材料物面的切向速度（m/s）；v 为垂直于材料物面的法向速度（m/s）；r 为垂直于对称轴的烧蚀体半径（m）；ρ 为熔融物密度（kg/m^3）；μ 为熔融物动力粘性系数（Pa・s）；p 为物面压强（Pa）；h 为熔融物焓值（J/kg）；T 为熔融物温度（K）；λ 为熔融物导热系数［W/（m・K）］。

考虑平板烧蚀问题，采用移动坐标系，坐标系原点位于气体-液体交界面，x 轴沿烧蚀平面并指向气流流动方向，y 轴垂直于烧蚀平面并指向烧蚀材料外侧，忽略 u 在 x 方向和 y 方向的梯度，认为温度在 x 方向的梯度相对于 y 方向的梯度是无穷小，则式（7-1）～式（7-3）可简化为

$$\frac{\partial(xu)}{\partial x}+\frac{x\partial v}{\partial y}=0 \tag{7-4}$$

$$\frac{\partial}{\partial y}(\mu\frac{\partial u}{\partial y})=\frac{\mathrm{d}p}{\mathrm{d}x} \tag{7-5}$$

$$v\frac{\partial T}{\partial y}=\frac{\lambda}{\rho C_p}\cdot\frac{\partial^2 T}{\partial y^2} \tag{7-6}$$

在烧蚀表面（$y=0$）满足：

$$v=v_i\ ,\mu_w\frac{\partial u}{\partial y}\mid_{y=0}=\tau_w\ ,T=T_w \tag{7-7}$$

在烧蚀层与原始材料界面处（$y=-\infty$）满足：

$$v=v_{-\infty}\ ,u=0\ ,T=T_0 \tag{7-8}$$

式中，v_i 为汽化烧蚀速率（m/s）；$v_{-\infty}$ 为烧蚀速率（m/s）；τ_w 为壁面气动剪切力（Pa）；T_0 为材料初始温度（K），下标 w 表示壁面参数，考虑粘性系数与温度成指数关系，即 $\mu=\exp\left(\frac{a}{T}-b\right)$，对动量方程［式（7-5）］与能量方程［式（7-6）］积分，然后再代入连续方程［式（7-4）］，考虑质量守恒，可得到驻点条件下烧蚀速率表达式：

$$v_{-\infty}(1-f_p)=\alpha_{\mathrm{SiO_2}}v_{-\infty}+\frac{2\delta_L^2}{\mu_w}(\tau'_w-2p''\delta_L) \tag{7-9}$$

式中，f_p 为树脂质量分数；壁面剪切梯度 $\tau'_w=\dfrac{\mathrm{Pr}^{\frac{2}{3}}\varphi q_0\sqrt{\dfrac{2(p_s-p_\infty)}{\rho_s}}}{(R_N h_s)}$；压力沿 x 方向二阶导数为 $p''=\dfrac{-(p_s-p_\infty)}{R_0^2}$；$\alpha_{\mathrm{SiO_2}}$ 为 $\mathrm{SiO_2}$ 的蒸发质量分数，根据气—液交界面上组元质量守恒，假设传热系数与传质系数相等，可得到：

$$\alpha_{\mathrm{SiO_2}}(1-f_p)\rho v_{-\infty}=\frac{\varphi q_0+f_p\rho v_{-\infty}h_{re}}{\left(\dfrac{1}{C_{\mathrm{SiO_2}}}-1\right)h_{re}} \tag{7-10}$$

式中，φ 为质量引射因子，其值的大小表示未被阻塞的热流密度的百分数，经验关系式为

$$\varphi = 1 - \beta\left(\frac{M_a}{M_w}\right)^{\eta}\left[\alpha_{SiO_2}(1 - f_p)\rho v_{-\infty} + f_p\rho v_{-\infty}\right]\frac{h_{re}}{q_0} \tag{7-11}$$

式中，M_a 为空气的摩尔质量；β 与 η 取值为：层流 $\beta = 0.62$，$\eta = 0.26$；湍流 $\beta = 0.2$，$\eta = 0.33$；q_0 为热壁热流，表达式为

$$q_0 = q_{cold}\left(1 - \frac{h_w}{h_{re}}\right) \tag{7-12}$$

式中，q_{cold} 为冷壁热流密度（W/m^2）；h_w 为壁面温度下气体焓值（J/kg）。

C_{SiO_2} 为 SiO_2蒸气浓度，与蒸气压 p_v 的关系为

$$C_{SiO_2} = \frac{p_v}{p_e} \cdot \frac{M_v}{M_w} \tag{7-13}$$

式中，p_e 为壁面附近气动压力（Pa）；M_v 为 SiO_2蒸气摩尔质量（kg/mol）；M_w 为壁面混合气体的平均摩尔质量（kg/mol）。

进入壁面的热流包括考虑了阻塞效应的气动加热热流 φq_0 、碳的燃烧反应放热 $m_c \Delta H_c$ ，吸热机理包括材料对外界的辐射热流 $\varepsilon\sigma T_w^4$ 、烧蚀质量的热容吸热 $m_{\infty} c_p \Delta T$ 、树脂热解吸热 $m_p \Delta H_p$ 、SiO_2 蒸发吸热 $m_v \Delta H_v$ 以及进入材料内部的净热流。由于高硅氧/酚醛材料具有较低的热传导系数，绝大部分的气动热被烧蚀过程消耗，不考虑进入材料内部净热流的影响。烧蚀体表面的能量守恒方程可表示为

$$\varphi q_0 + m_c \Delta H_c = \varepsilon\sigma T_w^4 + m_{-\infty} c_p \Delta T + m_p \Delta H_p + m_v \Delta H_v \tag{7-14}$$

式中，总烧蚀质量损失表示为 $m_{-\infty} = \rho v_{-\infty}$ ；烧蚀表面温度变化 $\Delta T = T_w - T_0$；树脂热解反应质量损失 $m_p = f_p m_{-\infty}/2$；SiO_2 蒸发质量损失率 $m_v = [m_p + (1 + B_c)\varphi q_0 / h_{re}]/(M p_e / p_v - 1)$ ，其中 B_c 与边界层氧原子和氧分子质量浓度有关，本书取为 0.15，$m_c = \varphi q_0 B_c / h_{re}$ 。

求解质量守恒方程（式（7－9））与能量守恒方程（式（7－14）），可以得出外界热流条件下烧蚀速率 $v_{-\infty}$ 与烧蚀壁面温度 T_w 。

以高硅氧/酚醛复合材料为例进行分析，材料基本参数按表 7－1 选取，需要说明的是，由于烧蚀过程中材料温度与组分不断变化，材料密度与比热容不断变化。参考常用高硅氧/酚醛物性参数，选取材料密度为 1 800 kg/m^3，比热容 2.8 kJ/kg。

对比计算结果和电弧风动试验结果，见表 7－2。

表 7-1 高硅氧/酚醛复合材料基本参数

参数	数值
熔融液态层粘性系数 μ_w/[kg/(m·s)]	0.01exp(70 668/T_w−19.97)
SiO_2蒸气压 p_v/10^5 Pa	exp(18.48−57 780/T_w)
酚醛树脂分解热 ΔH_p /(kJ/kg)	418.7
熔融 SiO_2蒸发热 ΔH_v /(kJ/kg)	12 686
碳的燃烧放热 ΔH_c /(kJ/kg)	9 211
炭化材料辐射系数 ε	0.9

表 7-2 电弧加热器热环境下烧蚀速率计算结果与试验值的比较

序号	q_0/(kW/m^2)	h_{re}/(kJ/kg)	p_e/ 10^6 Pa	$v_{-\infty}$/(mm/s)		计算误差(%)
				试验值	本书结果	
1	7 105.4	6 740.8	0.160	0.300	0.302	0.67
2	11 664	11 053	0.161	0.477	0.497	4.19
3	15 217	14 235	0.163	0.590	0.611	3.56
4	6 996.1	8 667.1	0.154	0.320	0.292	−8.75
5	12 987	12 058	0.152	0.500	0.547	9.40
6	15 219	14 989	0.155	0.600	0.599	−0.167

从表 7-2 可以看出，不同冷壁热流以及气流恢复焓条件下，计算结果与试验结果最大误差为 9.4%，计算结果和试验值吻合较好，验证了烧蚀模型的正确性。

7.1.4 考虑烧蚀的多层防热材料传热模型

飞行器防热结构大面积传热为一维导热过程，将多层防热结构区域离散化，定义节点如图 7-2 所示。承力结构、隔热层以及防热层分别分割成等厚度的 N_1、N_2 以及 N_3 个节点，内壁面为节点 1，节点间距离为 $\Delta\delta$。

绝热层内部节点 n 的温度满足方程：

$$T_{n,k+1}=T_{n,k}+\alpha\Delta t\,\frac{T_{n+1,k}+T_{n-1,k}-2T_{n,k}}{\Delta\delta^2} \tag{7-15}$$

式中，α 为防热层材料的热扩散系数（m^2/s）；下标 k 表示当前时刻参数；下标 $(k+1)$ 表示下一时刻参数；Δt 表示时间步长。

隔热层与承力结构交界面节点在第 $(k+1)$ 时刻满足方程：

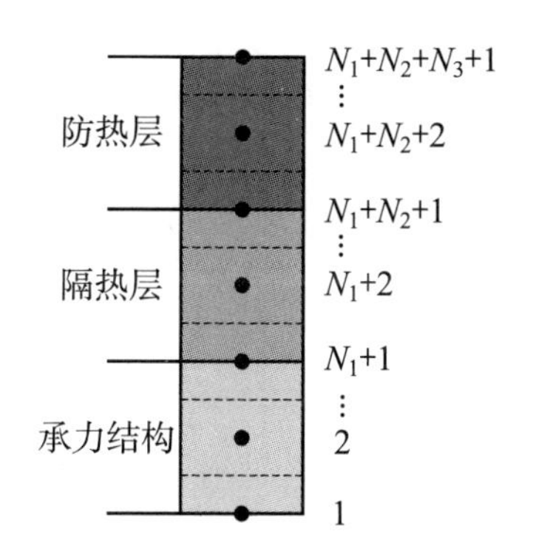

图 7-2　多层防热结构离散节点示意图

$$(T_{N_1+1,k+1}-T_{N_1+1,k})\frac{c_1\rho_1\Delta\delta_1+c_2\rho_2\Delta\delta_2}{2\Delta t}=\frac{\lambda_1}{\Delta\delta_1}(T_{N_1,k}-T_{N_1+1,k})+\frac{\lambda_2}{\Delta\delta_2}(T_{N_1+2,k}-T_{N_1+1,k}) \tag{7-16}$$

金属结构内壁面节点在第 $(k+1)$ 时刻的温度满足方程：

$$T_{1,k+1}=2\alpha\Delta t\frac{T_{2,k}-T_{1,k}}{\Delta\delta^2}+T_{1,k} \tag{7-17}$$

如果外壁面温度低于烧蚀温度 T_w，外壁面与空气对流传热，外壁面温度满足方程：

$$T_{N_1+N_2+N_3+1}=\frac{\left(T_{N_1+N_2+N_3}+\frac{h\Delta\delta}{\lambda}T_r\right)}{\left(1+\frac{h\Delta\delta}{\lambda}\right)} \tag{7-18}$$

若某飞行器防热层、隔热层与承力结构厚度分别 6 mm、6 mm 以及 3 mm，空气恢复焓为 3 000 kJ/kg，冷壁热流为 3 150 kW/m^2，防热材料物性参数见表 7-3。采用 Fluent 开展 CFD 分析与本书给出的传热模型计算得出的承力结构与隔热层界面温度随时间变化结果进行对比，如图 7-3 所示，末秒沿着厚度方向温度分布对比如图 7-4 所示。

表 7-3　防热材料物性参数

材料	密度/(kg/m^3)	比热/[J/(kg·K)]	导热系数/[W/(m·K)]
SPQ9	900	1200	0.22
软木	400	2030	0.09
铝合金 2A14	2800	838	168

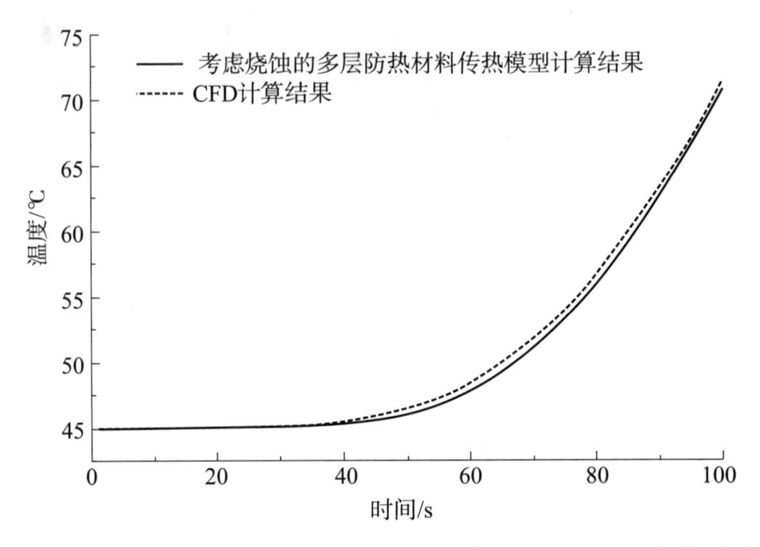

图 7-3　提出的传热模型与 CFD 计算壳体温度随时间变化结果对比

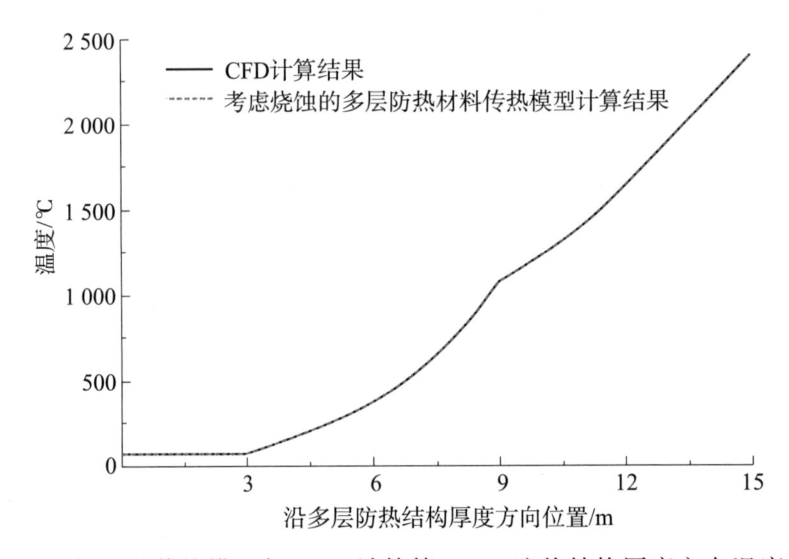

图 7-4　提出的传热模型与 CFD 计算第 100 s 防热结构厚度方向温度变化

由图 7-3 与图 7-4 可见，传热模型计算结果与 CFD 计算结果吻合，最大温差为 0.7 ℃。因此，该方法精度能够满足要求且计算效率相对更高。

开展烧蚀传热计算时，首先计算烧蚀速率以及烧蚀表面温度 T_w，然后开展传热分析，如果外壁面温度未超过烧蚀表面温度，则使用本书方法计算防热层温度响应；如果外壁面温度超过烧蚀表面温度，外壁面出现烧蚀后退，将烧蚀时外壁温度作为计算的外边界条件，即：

$$T_{N_1+N_2+N_3+1}=T_w \tag{7-19}$$

烧蚀持续时间为 t，最外侧防热层节点间距离调整为 $\Delta\delta' = (l_1 - v_{-\infty}t)/N_1$，其他节点温度计算方法同本节所述。

假设承力结构、隔热层、防热层采用前文相同材料，厚度分别为 3 mm、4 mm、5 mm，空气恢复焓为 3 000 kJ/kg，冷壁热流为 3 150 kW/m²，考虑防热层烧蚀，第 10 s，40 s 以及 70 s 时多层防热结构温度分布如图 7 - 5 所示。

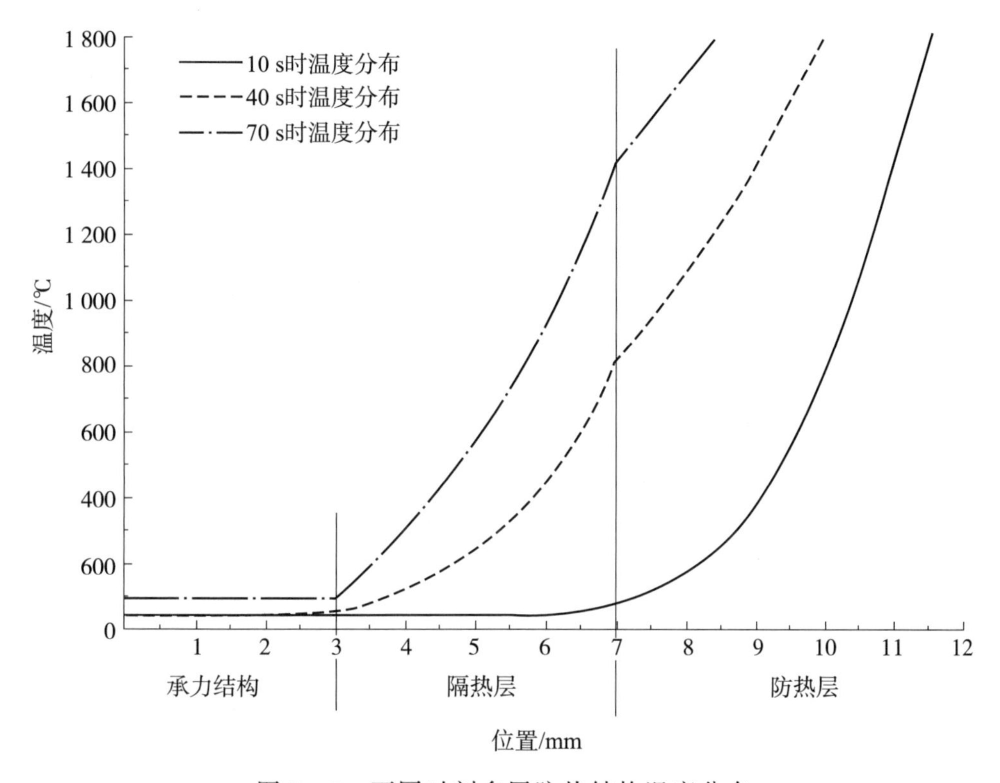

图 7 - 5　不同时刻多层防热结构温度分布

由此可见，在气动热环境下，热量向多层防热结构内部传递，最终导致承力结构温度升高。随着防热层外侧烧蚀，防热层厚度逐渐减小，进一步加速了防热结构内温度升高。此外，由于隔热层材料导热系数大于防热层材料导热系数，隔热层内温度梯度显著大于防热层内温度梯度，达到相同防热效果前提下，多层防热结构厚度小于单一防热层厚度，起到减小防热层重量以及防热层体积的作用。

7.2　热防护系统不确定性分析与优化设计

热防护系统设计过程中需要考虑诸多不确定性因素，例如防热材料属性偏差、加工制造误差、气动加热量不确定性等，这些不确定性因素可能造成飞行器防热失效，从而导致飞行任务失败。

热防护系统不确定性分析，在梳理不确定性因素清单的基础上，开展灵敏度分析，识别影响飞行器舱段内壁面温度的关键不确定性因素。之后，开展热防护系统可靠性分析，计算给出防热可靠度。最后，开展热防护系统不确定性设计优化，确定热防护系统最优设计方案，在满足防热可靠度的前提下，达到热防护系统重量最轻的目标，为提升飞行器性能提供有力支撑。

7.2.1 不确定性分类与建模

首先开展烧蚀模型输入参数与状态参数的不确定性表达研究，识别与关键故障模式相关的不确定性因素。在烧蚀传热模型中的重要不确定性参数及其不确定性来源主要包括：

（1）防热材料物性参数

防热材料物性参数的不确定性来源为材料比热容、导热系数、密度以及树脂质量分数等。这些参数属于随机不确定性参数，可用概率分布对其进行描述。

（2）环境参数

环境参数的不确定性来源主要为边界层外空气温度、冷壁热流密度，可用概率分布对其进行描述。

（3）几何尺寸参数

热防护系统几何尺寸参数不确定性来源主要为防热材料厚度，可用概率分布对其进行描述。

梳理热防护系统不确定性因素，开展不确定性建模，基于防热材料物性参数试验数据、加工精度、环境偏差，建立参数不确定性模型，包括概率分布模型及其分布参数。最后形成不确定性因素清单，见表 7－4。

表 7－4 热防护系统不确定性因素清单

序号	不确定性因素	单位
1	防热层厚度	mm
2	隔热层厚度	mm
3	金属结构厚度	mm
4	防热层比热容	J/(kg·K)

续表

序号	不确定性因素	单位
5	隔热层比热容	J/(kg·K)
6	金属结构比热容	J/(kg·K)
7	防热层导热系数	W/(m·K)
8	隔热层导热系数	W/(m·K)
9	金属结构导热系数	W/(m·K)
10	防热层密度	kg/m^3
11	隔热层密度	kg/m^3
12	金属结构密度	kg/m^3
13	防热层树脂质量分数	%
14	边界层外空气焓值	kJ/kg
15	冷壁热流	W/m^2

7.2.2　灵敏度分析

通过开展灵敏度分析，筛选出对内壁面温度具有重要影响的不确定性参数。采用的灵敏度分析公式如下：

$$\frac{\partial \boldsymbol{y}}{\partial x_j} \approx \frac{y(x^{j+}) - y(x^{j-})}{2\Delta x_j}, j = 1, 2, \cdots, m \tag{7-20}$$

式中，j 表示第 j 个参数；y 表示通过仿真计算得到内壁面温度；$\frac{\partial \boldsymbol{y}}{\partial x_j}$ 表示第 j 个不确定性参数的灵敏度；m 表示不确定性因素的总数。利用上述公式计算各不确定性因素的灵敏度并进行排序，选取灵敏度较高的因素作为关键不确定性因素。

7.2.3　防热可靠性分析

热防护系统的防热可靠性定义为在规定的飞行任务时间内，规定的飞行环境条件下，飞行器舱段内壁面温度不超过规定阈值的概率。

利用蒙特卡洛方法开展防热可靠性分析，首先根据参数概率分布抽样生成样本，之后按照式（7－21）统计各样本条件下的结构内壁温度，给出热防护系统的防热可靠度。

$$R = \frac{n(T \leqslant T_{\max})}{N} \tag{7-21}$$

式中，T_{max}为结构内壁温度设计上限；T 为各样本条件下结构内壁温度计算值；n 为满足设计要求的样本数量；N 为抽样样本总数。

7.2.4 热防护系统不确定性优化设计

在上述工作基础上，开展基于 SORA 策略的热防护系统不确定性优化设计，以热防护系统重量最轻为优化目标，以防热性能满足设计要求的概率（即金属壁面温度低于设计要求 T_{max} 的概率）为约束，优化防热层与隔热层厚度。优化问题的表述如下：

$$\min f = f(X_1, X_2) \tag{7-22}$$

$$\mathrm{Prob}\{T(X_1, X_2) \leqslant T_{max}\} \geqslant P \tag{7-23}$$

SORA 优化流程详见第 3.3 节。优化变量为防热层厚度 X_1 与隔热层厚度 X_2，其平均值表示为 X_M，进行第一次优化计算时，用随机变量的均值 X_1^M，X_2^M 代替概率约束当量约束中的 MPP（点 X_{MPP}）。确定性优化结束后，在最优解处进行可靠性分析，检验其是否满足可靠性要求并求得对应于可靠性要求的 MPP。在第二次循环中，建立当量确定性优化模型时，使用第一次循环中计算所得 MPP 信息对确定性约束进行修正，使 MPP 至少落在确定性边界上。第二次优化结束后，进行可靠性分析并更新 MPP。移动约束边界得到新的当量确定性约束边界后，前一次循环中未得到满足的概率约束在此次循环中得到改善，若仍有概率约束不符合要求，则重复进行此过程，直到目标收敛，并满足可靠性要求。

7.2.5 案例应用

在某型飞行器热防护系统初始设计方案中，热防护系统由高硅氧/酚醛防热材料以及铝合金结构组成，材料属性见表 7-5。

表 7-5 热防护系统初始设计方案材料参数

材料	导热系数/[W/(m·K)]	比热容/[J/(kg·K)]	密度/(kg/m³)	树脂质量分数
高硅氧/酚醛	0.4	2 800	1 560	0.5
铝合金	152	963	2 685	—

假设飞行器再入大气层飞行时长为 100 s，边界层恢复焓为 3 000 kJ/kg，冷壁热流密度为 3 150 kW/m²，铝合金厚度为 2 mm，飞行过程中金属结构内壁面最高温度随防热材料厚度变化如图 7-6 所示。

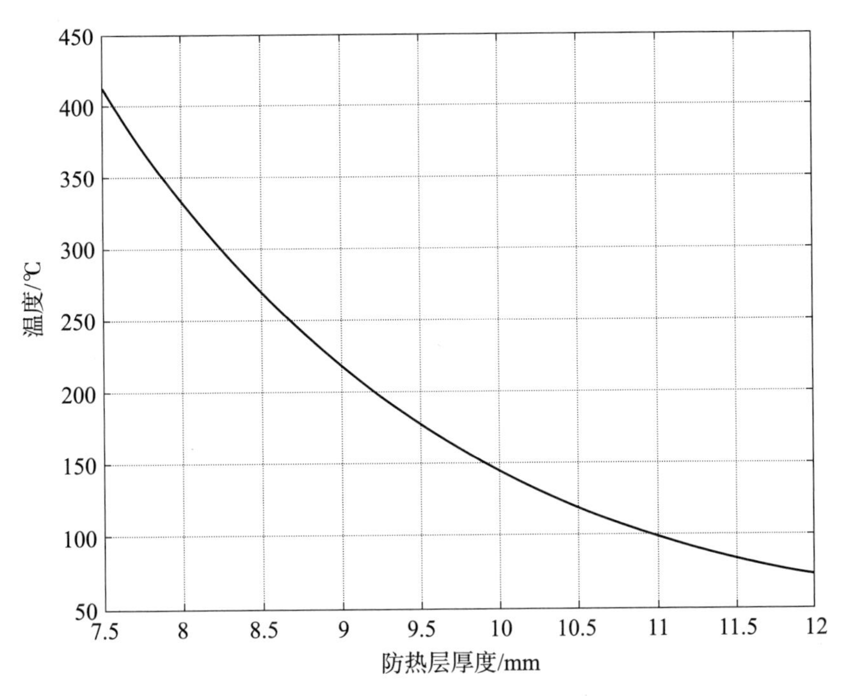

图 7－6　结构内壁面最高温度随防热层厚度变化

由图 7－6 可以看出，随着防热层厚度增大，结构内壁面温度降低。防热层厚度为 9.5 mm 时，内壁面最高温度为 176.36 ℃，满足铝合金壁面温度不超过 200 ℃的设计要求。因此，防热层初始设计厚度为 9.5 mm。

依据试验数据或工程经验确定热防护系统不确定性参数的概率分布类型及其分布参数。利用 7.2.2 节方法开展灵敏度分析，计算各参数对内壁面温度的灵敏度，各参数不确定性模型及灵敏度见表 7－6。可以看出，对内壁面温度灵敏度最大的参数为材料导热系数。

表 7－6　参数概率分布模型及其灵敏度

不确定性参数	概率分布	均值	标准差	下限	上限	灵敏度
厚度/mm	正态分布	9.5	0.475	8.55	10.45	−55.375
比热容/[J/(kg · K)]	正态分布	2 800	140	2 520	3 080	−0.089
导热系数/[W/(m · K)]	正态分布	0.4	0.02	0.36	0.44	641
密度/(kg/m^3)	正态分布	1560	78	1404	1716	−0.161
树脂质量分数	正态分布	0.5	0.025	0.45	0.55	73
边界层外空气焓值/(kJ/kg)	正态分布	3 000	150	2 700	3 300	$<10^{-4}$
冷壁热流/(kJ/m^2)	正态分布	3 150	157.5	2 835	3 465	$<10^{-4}$

根据表 7-6 中的热防护系统材料参数概率分布，忽略灵敏度较低的气动参数不确定性，利用蒙特卡洛方法生成服从各参数截断正态分布的 1 000 个随机数样本，计算各样本结构内壁面最高温度。统计得出内壁面最高温度直方图及累积概率如图 7-7 所示。

由结构内壁温度直方图可得，结构内壁温度近似服从正态分布；由累积分布函数可得，对应于温度为 200 ℃的内壁面温度要求，软木厚度为 9.5 mm 时，防热可靠度仅为 0.723，不能满足可靠性指标要求，需进行设计改进来提高防热可靠性。

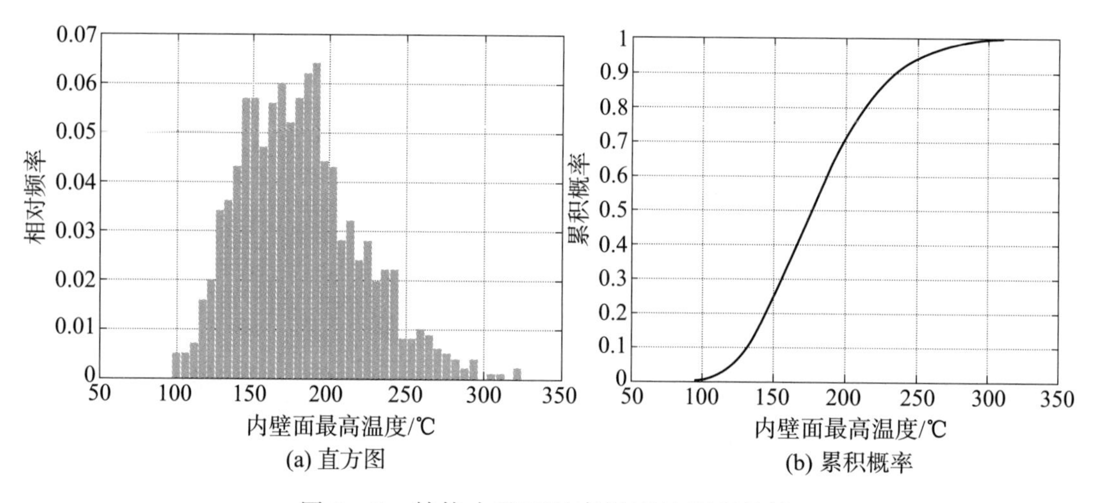

图 7-7　结构内壁面最高温度的概率特性

为了提升该型飞行器热防护系统的防热可靠性水平，一方面改进防热方案设计，采用多层防隔热结构：防热层采用防热套承受气流剪切力，并通过烧蚀过程吸收气动热，为隔热层提供耐受范围内的温度环境；隔热层采用软木，具有良好的隔热效果，阻隔气动加热向承力结构的传递；承力结构为铝合金。另一方面，开展热防护系统不确定性优化设计，以热防护系统重量最轻为优化目标，以防热性能满足设计要求的概率（即金属壁面温度低于设计要求的概率）为约束，优化防热层与隔热层厚度，给出考虑不确定性的热防护系统最优设计方案，如图 7-8 所示。

相比于单层防热结构，多层防热结构能够适应更为复杂的气动力热环境，同时，由于隔热层材料隔热性能好，密度较轻，能够显著降低防热结构重量。然而，多层防热结构设计参数较多，传热过程涉及烧蚀传热、材料导热、不同材料间传热，传热特性较为复杂，给多层防热结构优化设计带来困难。

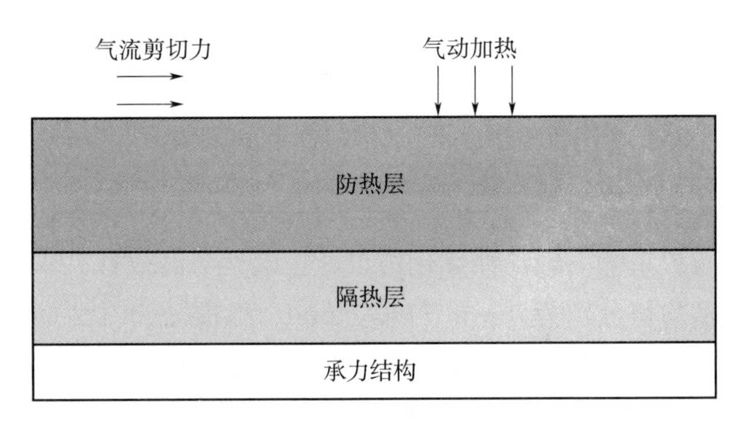

图 7-8 多层防热结构示意图

防热层、隔热层、承力结构材料属性见表 7-7。防热层、隔热层材料优化前设计厚度均值分别为 6 mm、4 mm，厚度标准差均为 0.2 mm，见表 7-8。防热层厚度的设计范围为 [5 mm，8 mm]，隔热层厚度的设计范围为[2 mm，8 mm]。飞行器飞行初始温度为 45 ℃，空气恢复焓为 3 000 kJ/kg，冷壁热流为3 150 kW/m^2，飞行器飞行时间为 70 s。要求飞行全程承力结构温度小于 150 ℃ 的概率约束为大于 0.977。

表 7-7 防热层、隔热层、承力结构材料物性参数

材料	密度/(kg/m^3)	比热/[J/(kg·K)]	导热系数/[W/(m·K)]
防热层	900	1 200	0.22
隔热层	400	2 030	0.09
承力结构	2 800	838	168

表 7-8 热防护系统优化前设计方案

设计变量	分布类型	均值	标准差
防热层厚度/mm	正态分布	6	0.2
隔热层厚度/mm	正态分布	4	0.2

采用序贯优化和可靠性分析（SORA）策略开展热防护系统不确定性优化设计，给出考虑不确定性的热防护系统最优设计方案，防热层最佳厚度为 5.0 mm，隔热层最佳厚度为 4.7 mm，优化迭代次数为 4 次，优化结果见表 7-9。

表 7-9 热防护系统不确定性优化前后的方案对比

设计变量	优化前	优化后
防热层厚度/mm	6	5.0
隔热层厚度/mm	4	4.7

为验证热防护系统不确定性优化结果的正确性与高效性，采用蒙特卡洛方法抽样生成服从均值分别为 5 mm 与 4.7 mm、标准差为 0.2 的正态分布随机数样本 1 000 个，统计得出的飞行器飞行末秒承力结构内壁面温度概率特性如图 7-9 所示。可以看出，承力结构内壁温度近似服从正态分布，针对结构温度低于 150 ℃的防热要求，热防护系统可靠度为 0.978，满足设计要求的防热可靠性概率约束，验证了基于 SORA 的热防护系统不确定性优化方法的正确性。此外，采用蒙特卡洛方法进行单次不确定性分析的耗时远大于采用所提出方法的整个优化过程的耗时，证明了基于 SORA 的热防护系统不确定性优化方法具有较高的优化设计效率。

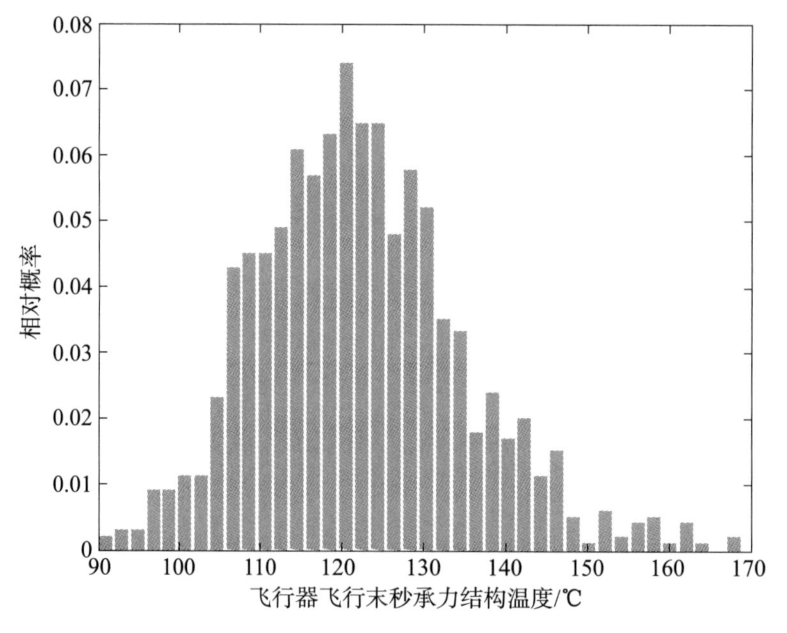

图 7-9 飞行器飞行末秒承力结构内壁面温度概率分布

7.3 小结

本章给出了飞行器热防护系统不确定性分析与优化设计方法。首先，详细介绍了飞行器热防护系统设计理论，针对烧蚀型防热材料，阐述了烧蚀机理并建立了烧蚀传热模型，给出了变厚度多层防热材料传热计算方法。在此基础上，通过开展热防护系统参数灵敏度分析，给出热防护系统主要不确定性因素，最后利用基于 SORA 策略的热防护系统设计优化方法，对热防护系统进行了不确定性优化设计。案例应用结果表明，采用基于 SORA 策略的热防护系统不确定性优化设计方法，能够在保证防热可靠性的前提下实现规模重量最优，且优化设计效率较高，具有工程实用价值。

参 考 文 献

[1] 张志成．高超声速气动热和热防护［M］．北京：国防工业出版社，2003.

[2] 卞荫贵，徐立功．气动热力学［M］．2版．合肥：中国科学技术大学出版社，2011.

[3] 刘双．高超声速飞行器热防护系统主动冷却机制与效能评估［D］．哈尔滨：哈尔滨工业大学，2010.

[4] 凌应杰．高超声速气动热数值模拟研究［D］．西安：西安电子科技大学，2014.

[5] 马忠辉，孙秦，王小军，等．热防护系统多层隔热结构传热分析及性能研究［J］．宇航学报，2004，24（5）：543－545.

[6] MAX LB. Investigation of fundamental modeling and thermal performance issures for a metallic thermal protection system design［C］. 2002，AIAA 2002－0503.

[7] 贾志强．飞行器气动加热数值与工程结合计算方法研究［D］．上海：上海交通大学，2012.

[8] 王浚，王佩广．高超声速飞行器一体化防热与热控设计方法［J］．北京航空航天大学学报，2006，32（10）：1129－1134.

[9] MICKAEL R，JEAN L，PIETRO M C. Ablative thermal protection system under uncertainties including pyrolysis gas composition［J］. Aerospace Science and Technology，2019，84：1059－1069.

[10] LAMORTE N，GLAZ B，FRIEDMANN P P. Uncertainty propagation in hypersonic aerothermoelastic analysis［C］. 51st AIAA/ASME/ASCE/AHS/ASC Structures，Structural Dynamics，and Materials Conference，12－15 April 2010，AIAA 2010－2964.

[11] GLASS D. Ceramic Matrix Composite（CMC）Thermal Protection Systems（TPS）and Hot Structures for Hypersonic Vehicles［C］. AIAA International Space Planes and Hypersonic Systems and Technologies Conference，2008.

[12] 李建峰．多层防隔热系统热力耦合计算机模拟［D］．哈尔滨：哈尔滨工业大学，2012.

[13] HUANG J，YAO W X，LI P. Uncertainty dynamic theoretical analysis on ceramic thermal protection system using perturbation method［J］. Acta Astronautica，2018，148：41－47.

[14] DAVIS D. Fundamentals of Launch Vehicle Ablative Thermal Protection System

(TPS) Materials [R] . 2018, NASA report.

[15] 朱燕伟 . 热防护材料热环境与烧蚀热响应辨识方法研究 [D]. 哈尔滨：哈尔滨工业大学，2018.

第8章　总结与展望

飞行器本质上是一个复杂的物理系统，涉及气动、结构、动力、控制等多学科及多物理尺度的耦合，具有快时变、强耦合、非线性、不确定等特点。新型飞行器不断向着高性能、高可靠的方向发展，其使用环境更恶劣、设计约束条件更严格、不确定性影响更显著。

在飞行器研制过程中，地面试验所能验证考核的耦合载荷工况及产品工作状态难以确保天地一致性。同时，由于研制周期和成本的限制，所能开展的试验样本数量有限，必须依靠建模分析手段支撑飞行器总体设计。

由于任务环境复杂多变、生产制造误差缺陷、设计人员的认知能力与经验有限等因素，在飞行器设计过程中建立的各种学科模型及其模型参数通常与客观真实物理世界不一致。这种不一致性即所谓的飞行器不确定性。

飞行器设计过程中，涉及非线性控制系统优化设计、复杂流动与结构耦合分析、复合材料结构强度分析、结构动力学响应分析，其均面临诸多不确定性问题。这些不确定性因素对飞行器设计过程和结果具有重要影响。为提高飞行器的可靠性和稳健性、降低研制风险，需要深入研究并充分利用不确定性设计分析方法。

不确定性设计分析的基本方法包括：不确定性建模、不确定性量化、不确定性优化设计、模型校核与验证。自20世纪下半叶以来，各种不确定性分析与设计理论和方法得到了迅速发展，并在工程中取得了显著成效。然而，随着飞行器性能要求越来越高，功能结构越来越复杂，且仿真分析在设计优化中的大规模应用，给不确定性分析带来了诸如维数灾难、精度低、可靠性差等难题。目前，对不确定性条件下的工程设计理论和应用的研究还远未达到成熟的地步。

2002年与2014年，NASA分别发表白皮书《基于不确定性飞行器设计优化方法的机遇和挑战》和《多学科不确定性量化的挑战》，对不确定性设计优化方法应用于飞行器设计的需求和困难进行了深入分析[1]。2015年美国DARPA的Seeds of Surprise启动项目“量化物理系统的不确定性”（Enabling Quantification of Uncertainty in Physical Systems，EQUiPS），重点研究不确定性量化方法，为有效量化、传递和管理多源不确定性提供技术支撑。

在飞行器设计中深入应用不确定性设计分析思想理念和技术方法，尚需在以下方面进一步开展研究工作。

（1）复杂环境条件不确定性精确建模及量化

不确定性建模指针对某项不确定性因素，建立其数学表达结构，获取结构参数的过程。不确定性建模是不确定性设计分析的重要基础，其精度直接决定了不确定性设计分析的精度。

飞行器全寿命周期中存在着诸多不同来源、不同类型的不确定性因素。对于极端任务环境下的飞行器来说，可获取的数据信息十分有限，不确定性因素呈现多源性和敏感性特征，这与飞行器精细化设计所需输入条件的高置信度要求构成矛盾[2]。

如何准确地量化外界环境不确定性信息（气动、大气环境、高空风等）、系统内部不确定性信息（质量特性、发动机性能、结构安装误差等），实现飞行器设计中多源不确定性精确建模与量化，是当前飞行器设计面临的主要挑战。

为了解决该难题，其一，应重视飞行器设计及使用中的数据收集整理及分析工作，持续积累高质量的数据信息，为开展参数不确定性建模奠定坚实基础。其二，应关注模型不确定性的量化确认，研究提出合理精确的模型不确定性量化方法。其三，应研究突破适用于工程的混合不确定性量化方法。

1）数据积累与数据挖掘。科研院所在飞行器研制的历史中积累了大量的数据，而新研的飞行器设计过程也会产生相应的设计数据、建模仿真数据、地面试验数据等。这些数据一方面可以对各学科模型起到验证和修正的作用，从而降低设计模型的不确定性；另一方面也可以用来加深对模型中不确定性参数的刻画和描述，以提升模型参数不确定性表征精度。当前，在飞行器研制中需要更加重视数据对于工程设计的重要作用这一观点已经得到了广泛认同。

面向不确定性设计分析领域数据积累与数据挖掘问题，当前的研究趋势是研究数据驱动的不确定性设计分析方法[5,6]，其目的在于，通过在飞行器设计过程中不断收集数据信息，在不同研制阶段对各学科模型和相关不确定性参数模型进行更新，一方面持续降低设计过程中不确定性，提升设计方案的可靠性和稳健性，另一方面为基于不确定性的设计决策提供有力支撑。

2）模型不确定性确认与量化。模型不确定性指由于知识缺乏或假设简化导致的理论模型与实际真实物理世界之间的差异。例如，气动预示所应用的计算流体力学（CFD）模型由于湍流模型的使用、物理现象的简化假设、复杂几何外形的网格扭曲、计算结果对用户 CFD 经验知识的依赖等因素，导致了 CFD 模型不确定性。

模型不确定性与模型误差的概念内涵不同。模型误差指模型编程和仿真计算过程中，由于离散化处理、舍入误差以及人为编程错误而导致的误差。模型误差一般通过模型验证（Model Verification）进行审查和消减。模型验证是确定模型程序和计算实现是否正确，具体方法包括软件程序测试、与先进计算设备仿真结果比较确认等。

针对模型不确定性，一般通过对比模型仿真数据与试验数据开展模型确认（Model Validation），量化模型不确定性[7,8]。模型确认是确定计算仿真结果与物理真实是否一致。例如，对于 CFD 模型来说，一般通过仿真计算结果与风洞试验数据对比等手段，实现模型不确定性量化。如何在飞行器设计中合理地开展模型不确定性建模，实现模型不确定性精确量化，是需要解决的重要问题。

另一方面来讲，飞行器设计中对于气动预示（湍流模拟、高空真实气效应）、疲劳分析（材料损伤）等问题，存在多种假设条件。当没有充分信息或对问题认知不足而无法确定哪种假设条件更为合理时，表征实际情况就存在多种理论模型。如何有效地对这些模型进行比较、评价、确认和融合，从而提高预示分析精度，是不确定性领域的重点发展方向。

3）混合不确定性量化方法。当前，工程实践中应用较多的是建立在概率理论基础上的随机不确定性相关技术方法。随机不确定性通常指飞行器等复杂系统及其外部环境的固有可变性。而随机不确定性建模需要较多数据信息构建概率分布模型。

在飞行器设计中，由于极端环境条件、天地一致性差异、有限试验数据等因素，某些不确定性因素可获取的数据信息十分有限，难以建立精确的概率分布模型。这就引入了由于设计人员认知不足或信息缺乏造成的认知不确定性，可以通过模糊数学理论、区间分析理论、证据理论等进行建模。

在飞行器设计中，往往既含有随机不确定性又含有认知不确定性。如何在飞行器设计中实现混合不确定性量化，是当前工程领域面临的难题，因此需要进一步研究适用于工程实践的融合随机不确定性参数和认知不确定性参数共存的混合不确定性量化方法。

（2）多学科耦合下的不确定性传播机制

从系统工程角度来看，飞行器是一个集结构、气动、控制等多学科的强耦合、快时变、不确定、非线性复杂系统[2]，需要围绕多源不确定性在学科之间的耦合交叉传播进行深入研究，重点关注不同学科之间、不同系统层次之间以及不同评价体系之间不确定性因素的传播机理和耦合效应，从分系统层面和多系统层面探索可靠性设计和稳健性设计的最佳实现途径[10]。

（3）面向复杂工程的高效不确定性设计优化

复杂飞行器设计具有高维度、非线性、多约束、极小失效概率等特点，导致了不确定性设计优化计算消耗大、求解效率低等问题。

为适应复杂工程应用需求，一方面应研究多学科耦合下的不确定灵敏度分析方法，通过评估不确定性变量的重要程度，筛选出重要不确定性因素，以缩减设计问题维度，有效降低计算复杂度。另一方面，应结合自适应代理模型、多学科解耦等技术，研究发展更高效稳健的、具备分布式并行求解能力的不确定性设计优化求解架构，有力支撑实际工程中大规模不确定性设计问题。

1）基于人工智能的自适应代理模型。当前，基于人工智能技术的代理模型方法成为该领域新的发展方向。例如，内嵌物理知识的神经网络（Physics-Informed Neural Network，PINN）在保持神经网络对数据高效利用特性的同时，在神经网络中内嵌物理知识，将神经网络的预测结果约束在物理规律之内，使机器学习方法摆脱了对试验或模型数据的根本性依赖，在提高精度的同时也大大提高了模型的可理解性，从而实现数据与物理知识的混合驱动。国防科技创新研究院无人系统技术研究中心智能设计与鲁棒学习团队（Intelligent Design and Robust Learning，IDRL），面向飞行器优化设计中物理场高效仿真问题，应用 PINN 技术进行求解，并开发形成了微分方程智能求解框架 IDRLnet，以通风管道内部流场数值仿真及其鳍片的几何参数优化为应用案例，验证了 PINN 技术的高效性与精确性[11-13]。

2）高效不确定性设计优化求解架构。飞行器设计涉及连续和离散的多维设计变量、连续和离散的多源不确定性因素，且不确定性设计优化为多层嵌套优化过程，上述因素造成了飞行器不确定性设计优化求解计算效率低、收敛困难等问题。一方面应集成计算复杂性理论、确定性多学科设计优化方法（Multidisciplinary Design Optimization，MDO）、人工智能等技术方法，研究提出收敛速度快、无需导数信息的高效不确定性设计优化求解架构[14]。另一方面，应研究分布式求解架构，实现不确定性设计优化中的学科分析自主化、高效化，持续提升不确定性设计优化方法的工程适用性。

参 考 文 献

[1] CRESPO L G, KENNY S P, GIESY D P. The NASA Langley multidisciplinary uncertainty quantification challenge [C] . AIAA Non - deterministic Approaches Conference, 2014.

[2] 中国科学院. 新型飞行器中的关键力学问题 [M]. 北京：科学出版社，2018.

[3] 陈小前，姚雯，欧阳琦．飞行器不确定性多学科设计优化理论与应用 [M]. 北京：科学出版社，2013.

[4] 熊芬芬，杨树兴，刘宇，等．工程概率不确定性分析方法 [M]. 北京：科学出版社，2014.

[5] 刘常青．数据驱动的不确定性工程设计理论与应用研究 [D]. 长沙：国防科技大学，2015.

[6] GRAY A, WIMBUSH A, ANGELIS M D, et al. From inference to design: A comprehensive framework for uncertainty quantification in engineering with limited information [J]. Mechanical Systems and Signal Processing, 2022, 165: 108 - 210.

[7] WANG N, YAO W, ZHAO Y, et al. Bayesian calibration of computer models based on Takagi - Sugeno fuzzy models [J]. Computer Methods in Applied Mechanics and Engineering, 2021, 378 (3): 113724.

[8] HU J, ZHOU Q, MCKEAND A, et al. A model validation framework based on parameter calibration under aleatory and epistemic uncertainty [J]. Structural and Multidisciplinary Optimization, 2021, 63 (2): 645 - 660.

[9] YAO W, CHEN X, OUYANG Q, et al. A reliability - based multidisciplinary design optimization procedure based on combined probability and evidence theory [J]. Struct Multidisc Optim, 2013, 48: 339 - 354.

[10] 赵民，刘百奇，粟华．面向飞行器总体设计的 UMDO 技术综述 [J]．宇航学报，2018，39 (6)：593 - 604.

[11] CHEN X, ZHOU W, et al. The heat source layout optimization using deep learning surrogate modeling [J]. Structural and Multidisciplinary Optimization, 2020, 62: 3127 - 3148.

[12] PENG W, ZHANG J, ZHOU W, et al. IDRLnet: A Physics - Informed Neural Network Library [J]. arXiv preprint arXiv: 2107: 04320.

[13] CHEN X，ZHAO X，GONG Z，et al. A deep neural network surrogate modeling benchmark for temperature field prediction of heat source layout [J]. Science China Physics，Mechanics & Astronomy，2021，11：78 - 107.

[14] 刘继红，李连升．考虑多源不确定性的多学科可靠性设计优化 [M]. 武汉：华中科技大学出版社，2018.

[15] ACAR E，BAYRAK G，JUNG Y，et al. Modeling，analysis，and optimization under uncertainties：a review [J]. Structural and Multidisciplinary Optimization，2021，64 (5) 2909 - 2945.